科学出版社"十四五"普通高等教育本科规划教材

机电一体化系统设计

王 岚 张立勋 张丽秀 王兴远 主编

科学出版社
北 京

内 容 简 介

本书从系统角度出发，讲述了机电一体化的基本概念和系统构成，以及机电一体化系统设计的基本理论和方法。为了避免与其他课程内容重复，本书重点讲解机电一体化系统基本结构要素的特点和选择方法，分析各要素之间的相互联系、相互影响和它们之间的匹配方法。最后通过典型实例分析，进一步阐述机电一体化系统的设计思想，以此来加深读者对机电一体化系统基本设计方法的理解。

全书共 7 章，内容包括绪论、机电一体化系统设计方法及工程路线、机械传动系统、驱动系统、计算机控制系统、传感器与检测系统和典型应用实例。书中每章均配有习题及其答案，以便于学生巩固所学知识。

本书可作为高等工科学校机械类各专业的本科生教材，也可供相关工程技术人员参考。

图书在版编目（CIP）数据

机电一体化系统设计 / 王岚等主编. -- 北京：科学出版社，2024.12.
(科学出版社"十四五"普通高等教育本科规划教材). -- ISBN 978-7-03-080698-7

Ⅰ. TH-39

中国国家版本馆 CIP 数据核字第 2024PP3156 号

责任编辑：朱晓颖　张丽花　／责任校对：王　瑞
责任印制：师艳茹　／封面设计：迷底书装

科学出版社 出版
北京东黄城根北街 16 号
邮政编码：100717
http://www.sciencep.com
北京建宏印刷有限公司印刷
科学出版社发行　各地新华书店经销
*
2024 年 12 月第 一 版　开本：787×1092　1/16
2024 年 12 月第一次印刷　印张：15 1/2
字数：365 000

定价：69.00 元
（如有印装质量问题，我社负责调换）

前　言

党的二十大报告指出："必须坚持科技是第一生产力、人才是第一资源、创新是第一动力，深入实施科教兴国战略、人才强国战略、创新驱动发展战略，开辟发展新领域新赛道，不断塑造发展新动能新优势。"

机电一体化系统设计课程是机械设计制造及其自动化专业本科生的核心专业课程。课程目标是使学生从系统和应用的角度出发，理解和掌握机电一体化系统的设计原理和设计方法；将机械、电子、测试、控制、计算机等课程的知识和技术有机结合，综合运用，培养学生的系统分析和总体设计能力；突出系统性、先进性，体现知识的拓展和能力的提升，培养学生的创新能力和动手能力。

本书是为配合本科生的机电一体化系统设计课程教学要求、能力培养要求而编写的。本书的编写逻辑与编写思路是遵循"两性一度"、打造金课的原则，将机电一体化关键技术融入典型的机电一体化产品系统中，将科技进步与学科发展的最新成果、最新前沿融入书中，从系统设计的角度出发，重点讲解机电一体化系统设计的基本方法和工程路线；把系统设计与综合应用作为本课程的一个特色，重点讲解机电一体化系统基本结构要素之间的相互联系、相互影响和它们之间的匹配方法。对于机电一体化系统的几个结构要素的内部介绍，重点放在每种要素的特点、适用范围和选择方法上，避免与其他课程内容重复和出现各个基本内容简单罗列现象。本书主要以机电行业中最具代表性的工业机器人、数控机床、办公自动化设备、3D 打印机等应用实例作为设计和分析的对象，进一步阐述机电一体化系统设计思想，以此来加深读者对机电一体化系统基本概念和基本设计方法的理解。

全书共分 7 章：第 1 章介绍机电一体化的基本概念、机电一体化系统的相关技术，以及其经济效益和社会效益等内容。第 2 章介绍现代系统设计的特征、系统设计的评价分析方法、机电一体化产品设计的工程路线和总体方案设计等内容。第 3 章介绍机械传动系统的特点、机电一体化对机械传动系统的要求、典型传动机构的机械特性及其控制特性、机械传动装置、典型伺服机构单元等内容。第 4 章介绍驱动系统的特点和技术要求、典型驱动元件、常用动力驱动元件的特性及选择方法等内容。第 5 章介绍控制计算机在机电一体化中的作用、常用工业控制计算机、常用计算机总线、现场总线、控制系统的选用等内容。第 6 章介绍传感器的组成及分类、传感器的特性、常用传感器及其应用等内容。第 7 章介绍机电一体化系统设计与综合、生产设备和社会服务设备的应用实例等内容。

书中部分知识点的拓展内容配有视频讲解，读者可以扫描相关的二维码进行查看。

本书编写分工如下：第 1、2 章由哈尔滨工程大学张立勋教授编写，第 3、4 章由沈阳建筑大学张丽秀教授编写，第 5、7 章由哈尔滨工程大学王岚教授编写，第 6 章由哈尔滨工程大学王兴远副教授编写。全书由王岚负责统稿。哈尔滨工程大学和沈阳建筑大学的研究生朱洪、刘依桐等为本书的图形绘制做了大量工作。在此对他们表示深深的感谢，并向本书引用的文献资料的作者致意。

由于编者水平有限，书中难免存在疏漏之处，恳请广大读者批评指正。

编 者

2024 年 3 月

目 录

第1章 绪论 ·· 1
 1.1 机电一体化的基本概念 ··· 1
  1.1.1 机电一体化的定义 ·· 1
  1.1.2 机电一体化系统的基本结构要素 ·· 2
  1.1.3 机电一体化产品的分类 ·· 3
 1.2 机电一体化系统的相关技术 ·· 4
 1.3 机电一体化技术的经济效益和社会效益 ·· 5
 习题 ··· 7

第2章 系统设计方法及工程路线 ··· 8
 2.1 现代系统设计的特征 ·· 8
 2.2 系统设计的评价分析方法 ··· 9
  2.2.1 评价分析的内容 ··· 9
  2.2.2 评价分析的方法 ·· 10
 2.3 机电一体化产品设计的工程路线 ··· 14
 2.4 总体方案设计 ··· 20
  2.4.1 总体结构方案设计 ·· 20
  2.4.2 驱动方案设计 ·· 22
  2.4.3 控制系统方案设计 ·· 23
 习题 ··· 26

第3章 机械传动系统 ·· 27
 3.1 机械传动系统概述 ·· 27
  3.1.1 机械传动系统的特点 ··· 27
  3.1.2 机电一体化对机械传动系统的要求 ··· 28
 3.2 机械传动系统的特性 ··· 30
  3.2.1 典型传动机构的机械特性 ··· 30
  3.2.2 典型传动机构的控制特性 ··· 42
 3.3 机械传动装置 ··· 44
  3.3.1 齿轮传动 ··· 44
  3.3.2 同步带传动 ·· 47

3.3.3 谐波齿轮减速器 ………………………………………………………… 49
3.3.4 滚珠丝杠副 ……………………………………………………………… 51
3.3.5 滚珠花键 ………………………………………………………………… 62
3.3.6 机械传动系统方案的选择 ……………………………………………… 63
3.4 导轨 …………………………………………………………………………… 65
3.5 典型伺服机构单元 …………………………………………………………… 70
3.5.1 丝杠模组 ………………………………………………………………… 70
3.5.2 同步带模组 ……………………………………………………………… 73
3.5.3 XYZ 型三轴模组 ……………………………………………………… 74
习题 ………………………………………………………………………………… 75

第 4 章 驱动系统 ………………………………………………………………… 76
4.1 驱动系统的特点和技术要求 ………………………………………………… 76
4.1.1 驱动系统的特点 ………………………………………………………… 76
4.1.2 驱动系统的技术要求 …………………………………………………… 77
4.1.3 驱动系统的品质 ………………………………………………………… 83
4.2 典型驱动元件 ………………………………………………………………… 85
4.2.1 步进电动机 ……………………………………………………………… 86
4.2.2 直流电动机 ……………………………………………………………… 92
4.2.3 交流电动机 ……………………………………………………………… 99
4.2.4 液压与气压伺服元件 …………………………………………………… 105
4.3 常用动力驱动元件的特性及选择方法 ……………………………………… 110
4.3.1 步进电动机的选择与计算 ……………………………………………… 111
4.3.2 直流电动机的选择与计算 ……………………………………………… 112
4.3.3 交流电动机的选择与计算 ……………………………………………… 116
习题 ………………………………………………………………………………… 119

第 5 章 计算机控制系统 ………………………………………………………… 120
5.1 计算机在机电一体化中的作用 ……………………………………………… 120
5.2 常用工业控制计算机 ………………………………………………………… 120
5.2.1 常用工业控制计算机的类型 …………………………………………… 121
5.2.2 工业控制计算机与信息处理计算机的区别 …………………………… 125
5.2.3 开放式体系结构和总线系统 …………………………………………… 126
5.3 常用计算机总线 ……………………………………………………………… 128
5.3.1 系统总线的特点 ………………………………………………………… 128
5.3.2 ISA 总线 ………………………………………………………………… 129
5.3.3 PCI 总线 ………………………………………………………………… 132
5.3.4 MULTI Ⅰ和Ⅱ总线 …………………………………………………… 137

5.3.5　USB 总线 ·· 138
5.4　现场总线 ·· 141
　　5.4.1　现场总线概述 ·· 142
　　5.4.2　CAN 总线 ··· 144
　　5.4.3　EtherCAT 总线 ·· 146
5.5　控制系统的选用 ·· 148
　　5.5.1　单板机和单片机控制系统 ··· 148
　　5.5.2　普通 PC 和工业 PC 的控制系统 ··· 148
　　5.5.3　可编程逻辑控制器 ·· 149
　　5.5.4　几种控制装置的性能比较 ··· 150
习题 ·· 157

第 6 章　传感器与检测系统 ·· 158
6.1　传感器的组成及分类 ··· 158
　　6.1.1　传感器的组成 ··· 158
　　6.1.2　传感器的分类 ··· 159
6.2　传感器的特性 ·· 161
　　6.2.1　传感器的动、静特性 ·· 162
　　6.2.2　传感器的性能指标 ·· 165
　　6.2.3　传感器的输入、输出特性和对电源、环境的要求 ······························· 166
　　6.2.4　传感器的测量电路 ·· 167
　　6.2.5　传感器的标定与校准 ··· 168
6.3　常用传感器及其应用 ··· 169
　　6.3.1　位移传感器 ·· 169
　　6.3.2　速度传感器 ·· 177
　　6.3.3　温度传感器 ·· 183
　　6.3.4　力传感器 ··· 185
　　6.3.5　开关量传感器 ··· 192
习题 ·· 194

第 7 章　机电一体化系统应用实例 ··· 196
7.1　机电一体化系统设计与综合 ·· 196
7.2　生产设备应用实例 ·· 200
　　7.2.1　直角坐标焊接机器人 ··· 200
　　7.2.2　数控旋压机 ·· 209
　　7.2.3　深水闸刀式切管机 ·· 215
　　7.2.4　3D 打印机 ··· 221

  7.3 社会服务设备应用实例 ……………………………………………………… 226
    7.3.1 行李输送机构 …………………………………………………… 226
    7.3.2 全自动洗衣机 …………………………………………………… 229
  习题 ……………………………………………………………………………… 237
习题参考答案 …………………………………………………………………………… 238
参考文献 ………………………………………………………………………………… 239

第1章 绪 论

机电一体化系统是指将机械、电子、控制等多个学科融合在一起,形成一个整体的系统。随着科技的不断进步,机电一体化系统在工业生产、交通运输、医疗设备等领域得到了广泛应用和发展。它能够提高生产效率、降低能耗、提升产品质量和安全性。随着人工智能、物联网等技术的发展,机电一体化系统将会更加智能化、自动化,为人们的生活和工作带来更多便利和效益。机电一体化技术的发展,能够提高生产效率、产品质量和资源利用效率,对于工业生产和社会发展具有重要的影响。

1.1 机电一体化的基本概念

机电一体化技术是综合运用机械技术、微电子技术、自动控制技术、信息技术、传感测试技术、电力电子技术、接口技术、信号变换技术和软件编程技术等群体技术,根据系统功能目标和优化组织结构目标,合理配置机械本体、执行结构、动力驱动装置、传感测试元件、微电子信息传输和处理单元,以及衔接接口元件等硬件元素,在软件程序的导引下,相互协调、有机融合和集成,实现特定功能价值的系统工程技术。由此而产生的功能系统,则成为一个以微电子技术为主导的、在现代高新技术支持下的机电一体化系统或机电一体化产品。

1.1.1 机电一体化的定义

"机电一体化"一词最早由日本根据英文 Mechanics(机械学)的前半部和 Electronics(电子学)的后半部相结合而构成,即 Mechatronics(机电一体化)。"机电一体化"这组汉字比较恰当地表述了一个新的概念,因而能迅速地被我国接受和使用。

1984 年,美国机械工程师协会(American Society of Mechanical Engineers,ASME)的一个专家组在给美国国家科学基金会的报告中,明确地提出现代机械系统的定义为:"由计算机信息网络协调与控制的,用于完成包括机械力、运动和能量流等动力学任务的机械和机电部件相互联系的系统。"这一含义实质上是指机电一体化的机械系统,它与以上的定义是一致的。

机电一体化技术和机电一体化产品可分别定义如下。

1) 机电一体化技术

它是微电子技术、计算机技术、信息技术与机械技术相结合的新兴的综合性高新技术,是机械技术与微电子技术的有机结合。

2) 机电一体化产品

它是新型机械与微电子器件，特别是微处理器、微型机相结合而开发出来的新一代电子化机械产品。

1.1.2　机电一体化系统的基本结构要素

一个较完善的机电一体化系统，应包括以下几个基本结构要素：机械本体、能源部分、测试传感部分、执行机构、驱动装置、控制及信息处理单元，各要素和环节之间通过接口相联系。

1) 机械本体

机械本体即系统所有功能元素的机械支持结构，包括机身、框架、机械连接等。由于机电一体化产品在技术性能、水平和功能上的提高，机械本体要在机械结构、材料、加工工艺性以及几何尺寸等方面，适应产品的高效、多功能、可靠、节能、小型、轻量和美观等要求。

2) 能源部分

能源部分按照系统的控制要求，为系统提供能量和动力，使系统正常运行。用尽可能小的动力输入，获得尽可能大的功率输出，是机电一体化产品的显著特征之一。常用能源主要有电源、气压源和液压源等。

3) 测试传感部分

测试传感部分对系统运行中所需要的本身和外界环境的各种参数及状态进行检测，变成可识别的信号，传输到信息处理单元，经过分析和处理后产生相应的控制信息。其功能一般由专门的传感器和仪表来完成。

4) 执行机构

执行机构根据控制信息和指令，完成要求的动作。执行机构是运动部件，一般采用机械、电磁、电液等机构。根据机电一体化系统的匹配性要求，需要考虑改善性能，如提高刚性，减轻质量，实现模块化、标准化和系列化，提高系统整体可靠性等。

5) 驱动装置

驱动装置在控制信息作用下提供动力，驱动各种执行机构完成各种动作和功能。机电一体化系统一方面要求驱动的高效率和快速响应特性，同时要求对水、油、温度、尘埃等外部环境的适应性和工作可靠性。由于几何尺寸上的限制，动作范围狭窄，还需考虑维修和标准化。随着电力电子技术的快速发展，高性能步进驱动、直流和交流伺服驱动方法已经大量地应用于机电一体化系统。

6) 控制及信息处理单元

控制及信息处理单元将来自各传感器的检测信息和外部输入命令进行集中、储存、分析、加工，根据信息处理结果，按照一定的程序和节奏发出相应的指令，控制整个系统有目的地运行。其一般由计算机、可编程逻辑控制器(programmable logic controller, PLC)、数控装置，以及逻辑电路、A/D 与 D/A 转换电路、I/O(输入/输出)接口和计算机外部设备等组成。机电一体化系统对控制及信息处理单元的基本要求是：提高信息处理速度和可靠性，增强抗干扰能力，完善系统自诊断功能，实现信息处理智能化，以及小型、轻量、标准化等。

机电一体化系统的六个结构要素有机地结合构成了机电一体化系统，各个要素之间的关系如图 1-1 所示。一个机电一体化系统正如一个人的身体一样，各个部分都有不同的分工，它们之间有着密切的联系，只有各个部分分工协作才能完成预期的作业任务。血液就是人体的能源，它把能量通过血管输送到人体的各个部分，为各种人体组织提供营养和能量；肌肉是人体的驱动装置，人的任何动作都是肌肉的收缩、膨胀运动的结果，而肌肉要从血液中获得能量，它的动作指令则来自人的大脑；人的皮肤和耳、鼻、口、眼等器官相当于机电一体化系统中的传感器，它们把外部信息通过神经系统传递给大脑，为大脑决策提供外部信息；人的神经系统则相当于机电一体化系统中的信号传输网络系统；人的大脑则相当于机电一体化系统中的控制及信息处理单元，它把传感器的反馈信号进行采样、存储、分析、处理、判断，根据人的想法指挥肌肉运动，使得各个器官产生相应的动作；人的骨骼则相当于机电一体化系统中的机械本体，对人的身体起到支撑、造型和美观的作用。人的手、脚相当于机电一体化系统中的执行机构。

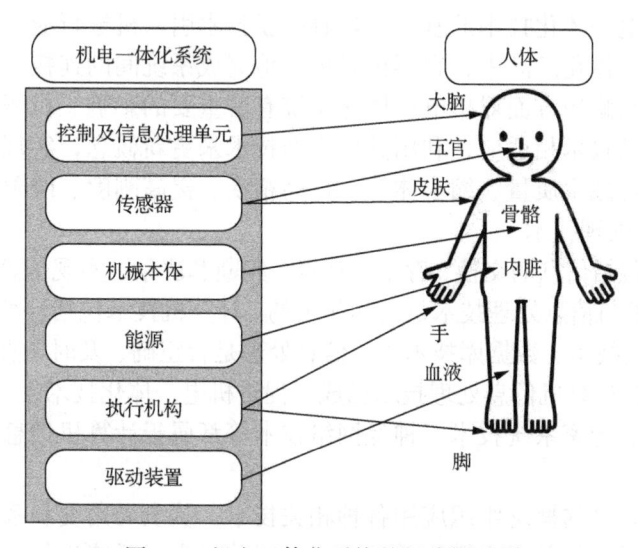

图 1-1 机电一体化系统的组成原理图

1.1.3 机电一体化产品的分类

机电一体化产品的种类非常多，应用范围也非常广泛，可以从不同角度对其进行分类。
1) 以发展水平来分类

从机电一体化技术的发展水平来看，可以分为三类系统：功能附加型初级系统、功能代替型中级系统和机电融合型高级系统。

2) 以应用范围来分类

从机电一体化系统的应用范围来看，可以分为三类系统：用于人们日常生活的机电一体化产品(系统)，如全自动洗衣机、自动照相机等，称为民用机电产品；用于社会生产的机电一体化产品，如数控机床、工业机器人等，称为产业机电产品；用于办公自动化的机电一体化产品，如复印机、打字机等，称为办公机电产品。

1.2 机电一体化系统的相关技术

机电一体化技术的核心是机械技术和电子技术，而力学、机械学、加工工艺学和控制构成了机械技术的四大支柱学科，即使一个简单的机械产品设计也需要以上技术的支持。例如，自行车是一个非常典型的机械产品。设计自行车首先要从结构设计入手，若使其具有一定的功能、外观形状和负载能力，就必须进行力学计算和机械设计，这就离不开力学和机械学；若使其具有一定的运动性能，如方向控制、速度控制、刹车制动等，就离不开控制技术(与现代控制技术不同的是它所采用的是手动控制而不是自动控制)；要制造一辆自行车，加工工艺学当然也是不可缺少的技术。可见，机械技术离不开力学、机械学、控制和加工工艺学的支持。

1) 机械技术

机械技术是机电一体化技术的基础。随着高新技术引入机械行业，机械技术面临着挑战和变革。在机电一体化产品中，它不再是单一地完成系统间的连接，而是在系统结构、质量、体积、刚性与耐用方面对机电一体化系统有着重要的影响。机械技术的着眼点在于如何与机电一体化的技术相适应，利用其他高新技术来更新概念，实现结构上、材料上、性能上的变更，满足减少质量、缩小体积、提高精度、提高刚度、改善性能的要求。

2) 计算机信息处理技术

信息处理技术包括信息的交换、存取、运算、判断和决策，实现信息处理的工具是计算机，因此计算机技术与信息处理技术是密切相关的。计算机技术包括计算机的软件技术和硬件技术、网络与通信技术、数据库技术等。信息处理是否正确、及时，直接影响到系统工作的质量和效率，因此计算机信息处理技术已成为促进机电一体化技术发展最活跃的因素。

人工智能技术、专家系统技术、神经网络技术等都属于计算机信息处理技术。

3) 系统技术

系统技术是以整体的概念组织应用各种相关技术，从全局角度和系统目标出发，将总体分解成相互有机联系的若干个概念单元，以功能单元为子系统进行二次分解，生成功能更为单一和具体的子功能单元。这些子功能单元同样可继续逐级分解，直到能够找出一个可实现的技术方案。深入了解系统的内部结构和相互关系，把握系统外部联系，对系统设计和产品开发十分重要。

接口技术是系统技术中一个重要方面，它是实现系统各个部分有机连接的保证。接口包括电气接口、机械接口和人-机接口。电气接口实现系统间电信号的连接；机械接口则完成机械与机械部分、机械与电气装置部分的连接；人-机接口提供了人与系统间的交互界面。

4) 自动控制技术

自动控制技术范围很广，主要包括基本控制理论。在此理论指导下，设计具体控制装置或控制系统；对设计后的系统进行仿真、现场调试；保证所研制系统能可靠地投入运行。由于控制对象种类繁多，所以控制技术的内容极其丰富，如位置控制、速度控制、自适应控制、自诊断校正、补偿、示教再现控制等。

由于微型计算机(简称微机)的广泛应用,自动控制技术越来越多地与计算机控制技术联系在一起,成为机电一体化中十分关键的技术。

5) 传感与检测技术

传感与检测装置是系统的感受器官,它与信息系统的输入端相连,并将检测到的信号输送到信息处理部分。传感与检测是实现自动控制、自动调节的关键环节,它的功能越强,系统的自动化程度越高。传感与检测的关键元件是传感器。现代工程技术要求传感器能快速、精确地获取信息,并能经受各种严酷环境的考验。

6) 伺服驱动技术

伺服驱动包括电动、气动、液压等各种类型的驱动装置。由微型计算机通过接口与这些驱动装置相连接,控制它们的运动,带动执行机构做回转、直线以及其他各种复杂的运动。伺服驱动技术是直接执行操作的技术,伺服系统是实现电信号到机械动作转换的装置和部件,对系统的动态性能、控制质量和功能具有决定性的影响。常见的伺服驱动元件有电液马达、油缸、步进电动机、直流伺服电动机和交流伺服电动机等。由于变频技术的进步,交流伺服驱动技术取得了突破性进展,为机电一体化系统提供了高质量的伺服驱动单元,极大地促进了机电一体化技术的发展。

1.3 机电一体化技术的经济效益和社会效益

机电一体化技术综合利用各相关技术优势,扬长避短,取得系统优化效果,有显著的技术经济效益和社会效益。

1) 提高精度

机电一体化技术使机械传动部件减少,因而使机械磨损、配合间隙及受力变形等所引起的误差大大减小,同时由于采用电子技术实现自动检测、控制、补偿和校正因各种干扰因素造成的动态误差,从而可以达到单纯机械装备所不能达到的工作精度。

2) 增强功能

现代高新技术的引入,极大地改变了机械工业产品的面貌,具备多种复合功能,成为机电一体化产品和应用技术的一个显著特征。例如,加工中心机床可以将多台普通机床上的多道工序在一次装夹中完成,并且还有刀具磨损自动补偿、自动显示刀具动态轨迹图形、自动控制和自动故障诊断等极强的应用功能;配有机器人的大型激光加工中心,能完成自动焊接、划线、切割、钻孔、热处理等操作,可加工金属、塑料、陶瓷、木材、橡胶等各种材料。这种极强的复合功能,是传统机械加工系统所不能比拟的。

3) 提高生产效率,降低生产成本

机电一体化生产系统能够减少生产准备时间和辅助时间,缩短新产品的开发周期,提高产品合格率,减少操作人员,提高生产效率,降低生产成本。例如,数控机床的生产效率比普通机床要高5~6倍,柔性制造系统可使生产周期缩短40%,生产成本降低50%。

4) 节约能源,降低消耗

机电一体化产品通过采用低能耗的驱动机构、最佳的调节控制和提高设备的能源利用率来达到显著的节能效果。例如,汽车电子点火器,由于控制最佳点火时间和状态,可大大节约汽车的耗油量;若将节流工况下运行的风机、水泵随工况变速运行,平均可节电

30%；工业锅炉若采用微型计算机精确控制燃料与空气的混合比，可节煤 5%～20%；还有被称为电老虎的电弧炉，是最大的耗电设备之一，如改用微型计算机实现最佳功率控制，可节电 20%。

5) 提高安全性和可靠性

具有自动检测监控的机电一体化系统，能够对各种故障和危险情况自动采取保护措施，及时修正运行参数，提高系统的安全可靠性。例如，大型火力发电设备中锅炉和汽轮机的协调控制、汽轮机的电液调节系统、自动启停系统、安全保护系统等，不仅提高了机组运行的灵活性，而且提高了机组运行的安全性和可靠性，使火力发电设备逐步走向全自动控制。又如，大型轧机多级计算机分散控制系统，可以解决对大型、高速冷热轧机的多参数测量与控制问题，保证系统可靠运行。

6) 改善操作性和使用性

机电一体化装置中相关传动机构的动作顺序及功能协调关系，可由程序控制自动实现，并建立良好的人-机界面，对操作参量加以提示，因而可以通过简便的操作实现复杂的控制功能，获得良好的使用效果。例如，一座高度复杂的现代大型熔炉作业控制系统，其控制内容包括最优配料、多台电炉的功率控制、球化和孕育处理、记录球铁浇铸情况、铁水成分、计划熔化和造型之间的协调平衡等，从整个系统的启动到熔炉全部作业完毕，只需要操作几个按钮就能完成。有些机电一体化系统，可通过被控对象的数学模型和目标函数，以及各种运行参数的变化情况，随机自寻最佳工作过程，协调对内、对外关系，以实现自动最优控制。例如，微型计算机控制的钢板测厚自动控制系统、电梯全自动控制系统、智能机器人等。机电一体化系统的先进性是和技术密集性与操作使用的简易性、方便性相互联系在一起的。

7) 减轻劳动强度，改善劳动条件

机电一体化，一方面能够将制造和生产过程中极为复杂的人的智力活动和资料数据记忆查找工作改由计算机来完成；另一方面又能由程序控制自动运行，代替人的紧张和单调重复的操作，以及在危险或有害环境下的工作，因而大大减轻了人的脑力和体力劳动，改善了人的工作环境条件。例如，计算机辅助设计(computer aided design，CAD)和计算机辅助工艺规划(computer aided process planning，CAPP)极大地减轻了设计人员的劳动复杂性，提高了设计效率；搬运机器人、焊接机器人和喷漆机器人取代了人的单调重复劳动；武器弹药装配机器人、深海机器人、太空工作机器人、核反应堆和有毒环境下的自动工作系统，则成为人类谋求解决危险环境中的作业问题的最佳途径。

8) 简化结构，减少质量

由于机电一体化系统采用新型电力电子器件和新型传动技术，代替笨重的老式电气控制的复杂机械变速传动机构，由微处理机和集成电路等微电子元件和程序逻辑软件，完成过去靠机械传动链来实现的关联运动，从而使机电一体化产品体积减小、结构简化、质量减少。例如，无换向器电动机，将电子控制与相应的电动机电磁结构相结合，取消了传统的换向电刷，简化了电动机的结构，提高了电动机的寿命和运行特性，并缩小了体积；数控精密插齿机可节省齿轮等传动部件 30%；一台现金出纳机用微处理机控制可取代几百个机械传动部件。采用机电一体化技术来简化结构、减少质量，对于航天航空技术而言更具有特殊的意义。

9) 降低成本

由于结构的简化、材料消耗的减少、制造成本的降低，同时由于微电子技术的高速度发展，微电子器件价格迅速下降，机电一体化产品价格低廉，而且维修性能得到改善，使用寿命得到延长。例如，石英晶振电子表以其多功能、使用方便及低价格优势，迅速占领了计时商品市场。

10) 增强柔性应用功能

机电一体化系统可以根据使用要求的变化，对产品的功能和工作过程进行调整、修改，满足用户多样化的使用要求。例如，工业机器人具有较多的运动自由度，手爪部分可以换用不同工具，通过修改程序来改变运动轨迹和运动姿态，可以适应不同的作业过程和工作内容；利用数控加工中心或柔性制造系统，可以通过调整系统运行程序，适应不同零件的加工工艺。机械工业约有75%的产品属于中小批量，利用柔性生产系统，能够经济、迅速地解决中小批量、多品种产品的自动化生产问题，对机械工业发展具有划时代的意义。

通过编制用户程序，实现工作方式的改变，可以适应各种用户对象及现场参数变化的需要，机电一体化的这种柔性应用功能，构成了机械控制"软件化"和"智能化"的特征。

习 题

1-1 机电一体化技术的定义，以及机电一体化的基本结构要素是什么？
1-2 机电一体化系统的六个基本要素的基本要求是什么？
1-3 为什么采用机电一体化技术可以提高系统的精度？
1-4 机电一体化系统的相关技术有哪些？
1-5 传感与检测技术在系统中的作用是什么？
1-6 机电一体化技术的经济效益和社会效益体现在哪几个方面？
1-7 已知一数控系统如题1-7图所示，试说明图中的各个部分分别属于机电一体化系统的哪一个基本结构要素。

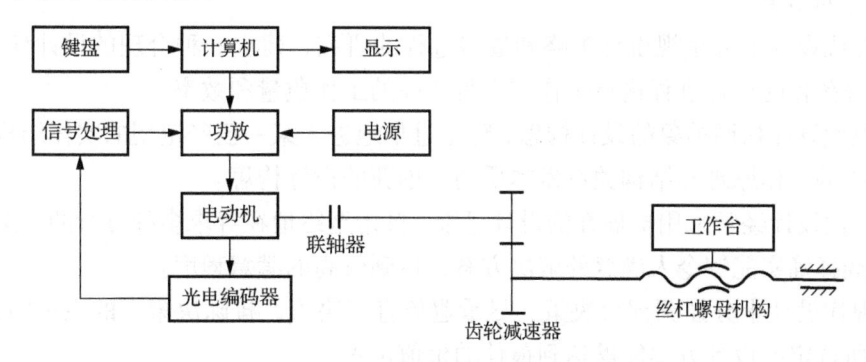

题1-7图 数控系统

第2章 系统设计方法及工程路线

系统设计方法是指在开发和构建一个系统时所采用的一系列规范和步骤。它旨在确保系统能够满足用户需求，并具备高效、可靠、可扩展和可维护的特性。通常系统设计包括需求分析、概念设计、详细设计、技术选型、开发和测试、迭代和优化等步骤。系统设计方法可以帮助开发团队规范和系统化地进行系统开发，提高开发效率和质量。

2.1 现代系统设计的特征

现代机电一体化系统和产品，面向用户、社会和市场环境，面向经济建设，受到世界经济和技术发展速度及产品更新换代速度的冲击，迫切要求大幅度地提高机电一体化系统设计工作的质量和速度。因此，开展现代设计理论和方法的研究，在机电一体化系统设计中推广和运用现代设计的方法，提高设计水平，是机电一体化设计方法发展的必然趋势。设计概念的更新，使得现代设计具有区别于传统设计的显著特征。

(1) 现代设计的实践活动是由一定的实践原理和实践理论做指导，有意识地按照事(设计活动)物(设计对象)自身的内在规律进行设计，不同于单纯依靠经验的传统设计工作。因此能够获得很高的设计成功率。

(2) 现代设计致力于澄清设计任务与设计目标，全面、系统地确定设计过程的起始条件和最终结果。因此，可以使设计过程始终不渝地从实际出发，达到预定的目的，取得优于传统设计的结果。

(3) 现代设计十分重视设计策略和战略过程的研究，建立一种合理的设计秩序，并且严格按照规范化的设计进程进行工作，求得较高的工作质量和效率。

(4) 现代设计强调抽象的设计构思，防止过早地进入某一已经定型的实体结构的分析，以便对系统的工作原理和结构关系做本质的、创新的设计构思。

(5) 现代设计经常采用扩展性的设计思维，自始至终地在寻求多种可行的方案和构思，以便从中选择确实能够令人满意的解决方案，达到较高的满意程度。

(6) 现代设计十分强调评价决策，尽量避免直接决策，排除决策中的主观因素，使得在决策中所选定的设计方案能够达到最佳的价值水平。

(7) 现代设计采用结构优化设计，即采用多种结构形式、技术参数和技术性能进行各种不同性质的优化设计方法，以求得综合优化的效果。

(8) 现代设计重视运用电子计算机辅助设计，使设计人员从繁重的设计作业中解脱出来，致力于创造性设计研究工作并提高作业质量。

这些特征反映了现代系统设计面临的挑战和要求，工程师需要具备综合性的能力和跨学科的知识，以应对复杂性和变化性。

2.2 系统设计的评价分析方法

评价分析方法可以帮助评估系统设计方案的优劣和可行性，指导决策和优化设计。根据具体的系统设计需求和目标，选择合适的评价分析方法进行评估和分析。

2.2.1 评价分析的内容

机电一体化设计方案的可行性，以及设计水平的高低和系统的优劣，可从以下几方面来分析评价。

(1) 工效实用性。一般以系统总体的技术指标的形式提出，如产量、容量、质量、精度等。

(2) 系统可靠性。可靠性指系统在预定时间内，在给定工作条件下，能够满足工作的概率。对机械系统来说，在缺乏可靠性数据时，仍沿用以疲劳强度为基础的安全系数来指明无限寿命或有限寿命下的安全程度。

(3) 运行稳定性。当系统的输入量变化或受干扰作用时，输出量被迫离开原先的稳定值。在过渡到另一个新的稳定状态的时间过程中，输出量是否发生超过规定限度的现象，或发生非收敛性的状态，是系统稳定或不稳定的标志。系统稳定性的主要指标有过渡过程时间、超调量与振荡次数、上升时间、滞后时间及稳态误差等。

(4) 操作宜人性。系统或产品的设计能够提供良好的用户体验，使用户能够轻松、高效地使用系统或产品。

(5) 人机安全性。人与机器之间的交互过程中，能够保护用户和机器免受潜在威胁和风险。

(6) 技术经济性。它具有两个作用：一是评价、比较一次投资变为系统或设备时，不同实现方案的经济性；二是评价、比较保持系统或设备正常运行时，资源利用的合理性和运行费用的经济性。

(7) 结构工艺性。系统的结构设计应当满足便于制造、施工、加工、装配、安装、运输、维修等工艺要求。

(8) 成果规范性。设计结果遵从国家政治经济法规，符合国家规定的技术规范和法令，贯彻实行标准制度等。

2.2.2 评价分析的方法

在上述评价分析内容中，一些重要的评价指标必须建立和运用量化的分析方法。

1. 技术经济性分析

在系统设计过程中，科学地运用量化分析方法，对多个方案进行技术经济效益估算分析，从而选择技术上先进、经济上合理的最优化技术方案。

1) 收益率法

收益率反映技术方案的盈利程度，可分为投资收益率和内部收益率。

(1) 投资收益率。记为 NPVR(net present value ratio)，它是方案在整个计算期内的净现值和投资现值之比。显然，投资收益率越高，表示投资的效果越好。

(2) 内部收益率。在等值的意义上使资金流入等于资金流出时的利率，它反映技术方案本身所能达到的收益率，记为 IRR(internal rate of return)。IRR 大于标准收益率的方案才是经济上可行的。

2) 回收期法

选择方案投产后获得的净收益，回收该方案实施时的初始投资所需的时间(T_r)称为回收期。

3) 年成本法

如果备选方案在效益上相差无几，那么对方案的评价就可以采用简化的方法——只分析备选方案在耗费上的差异，此时常用年成本法。

年成本一般是指用货币表示的年度耗费，包括投资、经营费用和残值，记作 AC(annual cost)。

4) 价值分析法(功能价格比)

机电一体化产品开发有两个目的：一是为社会提供效用；二是为企业获取利润。价值(F)是指产品所具有的功能与所消耗的费用之比。在价值公式中，F 不能直接与功能成本即产品消耗的费用相比较，需要用实现必要功能的必要耗费(最低成本)来代替使用价值，这时 F 称为功能评价值，其确定方法有四种。

(1) 最低成本法。根据收集到的信息资料，从具有同样功能的产品中找出成本最低者，以此最低值作为产品的最低评价值。

(2) 统计趋势法。将收集到的可满足同样需要但满足程度不同的各种同类产品的成本，分别标注在一个坐标系中，将最低点连成折线，再取其近似直线代替折线，就可以按照产品功能的要求，取直线上对应点的成本，作为产品的功能评价值。

(3) 目标利润法。对于新产品，还可以根据市场价格或合同价格，以及企业确定的目标利润推算出产品的目标成本，作为产品的功能评价值。

$$目标成本(功能评价值) = 产品售价 - (目标利润+销售费用)$$

这里的目标成本是指生产成本，目标利润实际是利税的总和。

(4) 产品销售降低额法。在竞争环境下，为了占领市场，常常出现降低产品售价的情况。为了保持原来的盈利水平，就必须降低产品成本。在这种情况下，产品售价降低的数额，就是成本应该降低的数额。

2. 可靠性分析

产品的可靠性主要取决于产品在研制和设计阶段形成的产品固有可靠性。在产品设计阶段，有计划地进行可靠性分析工作，是减少产品使用故障、提高产品工作有效性和维修性的重要设计环节。

1) 可靠性指标

可靠性指标是可靠性量化分析的尺度。

(1) 可靠度函数与失效概率。可靠度函数是产品在规定的条件下和规定的时间 t 内，完成规定功能的概率，以 $R(t)$ 表示；反之，不能完成规定功能的概率称为失效概率，以 $F(t)$ 表示。

$$R(t) = \frac{N(t)}{N(0)}$$
$$F(t) = \frac{n(t)}{N(0)} \tag{2-1}$$

式中，$N(t)$、$n(t)$ 分别为从工作到时间 t 时，尚存的有效产品数量和失效产品数量；$N(0)$ 为 0 时刻产品的总数量。

$F(t)$ 和 $R(t)$ 也可由失效分布的概率密度函数 $f(t)$ 求出，即

$$F(t) = \int_0^{t_e} f(t) \mathrm{d}t$$
$$R(t) = 1 - F(t) = \int_{t_e}^{\infty} f(t) \mathrm{d}t \tag{2-2}$$

式中，$f(t) = \dfrac{\mathrm{d}F(t)}{\mathrm{d}t}$ 也可以由 t 附近单位时间内失效数与总产品的比值 $\dfrac{\Delta n(t)}{N(0)\Delta t}$ 表示，反映了产品在所有可能工作时间内的失效分布情况。

(2) 失效率。产品工作到 t 时刻，单位时间内失效数与 t 时刻尚存的有效产品数的比称为失效率，以 $\lambda(t)$ 表示。它反映了任一时刻失效概率的变化情况。

$$\lambda(t) = \frac{\Delta n(t)}{N(t)\Delta t} = \frac{f(t)}{R(t)} \tag{2-3}$$

(3) 寿命。常用平均寿命 $\overline{T}$ 表示。

① 对于不可修复产品，$\overline{T}$ 是指从开始使用到发生故障报废的平均有效工作时间，即

$$\overline{T} = \frac{1}{N} \sum_{i=1}^{N} t_i \tag{2-4}$$

式中，t_i 为第 i 个产品无故障工作时间；N 为被测试产品总数。

② 对于可修复产品，$\bar{T}$ 是指一次故障到下一次故障的平均有效工作时间，即

$$\bar{T} = \frac{\sum_{i=1}^{n}\sum_{j=1}^{n_i} t_{ij}}{\sum_{i=1}^{n} n_i} \tag{2-5}$$

式中，t_{ij} 为第 i 个产品从第 $j-1$ 次故障到第 j 次故障之间的有效工作时间；n_i 为第 i 个产品的故障次数。

2) 可靠性预测

通过预测，对新产品设计的可靠性做出估计，提供方案修改、调整及优选的依据，并可由此对产品的维修费用以至全寿命运行费用做出估计。

可靠性预测包括元件的可靠性预测和系统的可靠性预测。元件的可靠性预测一般有两种方法。

(1) 实验统计法。通过模拟实验，确定元件在任何规定的使用时间内的可靠性。

(2) 经验法。查可靠性手册或根据类似元件的使用经验、积累的可靠性数据，考虑在新产品设计中的专用条件，估计出元件的可靠性水平。

系统的可靠性主要取决于元件的可靠性和元件的组合方式两个因素。最基本的组合方式为串联模型和并联模型，更复杂的系统模型可以从这两个基本模型引申出来。

如果系统由若干相互独立的单元组成，其中任一个单元发生故障，都会导致系统失效，这样的系统可靠性模型就是串联模型。串联系统的可靠度 R，等于各组成单元可靠度 R_i 的乘积，即

$$R = \prod_{i=1}^{n} R_i \tag{2-6}$$

并联模型也称为并联冗余系统，可分为工作储备和非工作储备，通常称为热储备和冷储备。热储备是使用多个零部件来完成同一任务的组合。在系统中，所有零部件一开始就同时工作，但其中任一零部件都单独地支持整个系统工作，因此系统的可靠度为

$$R = 1 - \prod_{i=1}^{n}(1 - R_i) \tag{2-7}$$

冷储备是指系统中零部件的某一个处于工作状态，其他的则处于"待命状态"，当工作状态的零部件出现故障后，处于"待命状态"的零部件立即转入"工作状态"。对于实际问题中比较复杂的系统，可采用网络分析或分割、连接组合方法进行等效变换预测。

3) 可靠性指标的分配

将系统要求的可靠性指标合理地分配到系统的各个组成单元，从而明确对各组成单元的可靠性设计要求，最终落实系统的可靠性指标。分配方法主要有等同分配法、按比例分配法、按重要性分配法和最优化分配法等。

4) 冗余设计

冗余设计也称为储备设计，是指在系统或设备关键部位，增加一套以上完成相同功能

的功能通道、工作元件或部件，以保证当该部分出现故障时，系统或设备仍能正常工作，减少系统或者设备的故障概率，提高系统可靠性。

3. 柔性、功能扩展及再组合性分析

通过方案对比，分析产品结构的模块组件化程度，以不同的模块组合满足不同功能要求的适应性、新功能扩展的可能性，通过编程完成不同工作任务的范围和方便性，从而对设计方案的柔性优劣做出评价和选择。

4. 系统匹配性分析

机电组成单元的性能参数相互协调匹配，是实现协调功能目标的合理有效技术方法。例如，系统中各组成单元的精度设计应符合协调精度目标的要求，某一组成单元的设计精度低，则系统精度将受到影响；某一单元精度过高，则将增加成本消耗，并不能达到提高系统精度的目的。又如，高速数控系统要求机床运行部件有相应的快速特性和机械惯量的匹配性。再如，在一些计算机控制产品中，使用 4 位、8 位等低位机已能满足产品应用要求时，如果设计方案选用高位机则成为一种浪费性设计。

5. 操作性分析

先进的机电一体化产品设计方案，应注意建立完善的人-机界面，自动显示系统工作状态和过程，通过文字和图形揭示操作顺序和内容，简化启动、关机、记录、数据处理、调节、控制、紧急处理等各种操作，并增加自检和故障诊断功能，从而降低操作的复杂性和劳动强度，提高使用方便性，减少人为因素的干扰，提高系统的工作质量、效率及可靠性。

6. 维修性分析

产品设计时，应充分考虑产品的维修性。维修性的优劣应从以下几个方面进行综合分析评价：

(1) 平均修复时间短。
(2) 维修所需元器件或零部件易购或有备件，具有互换性。
(3) 有充足的维修工作空间。
(4) 维修工具、附件及辅助维修设备的数量和种类少，准备齐全。
(5) 维修的技术复杂性低。
(6) 维修人员数量少。
(7) 维修成本低。
(8) 状态监测和自动记录指导维修。
(9) 某些产品采用维护性设计和无维修设计，使之从投入使用到报废不需要维修。
(10) 以可靠性为中心的维修性设计，把保持、恢复和提高产品的可靠性作为维修工作的主要目标。以预防为主，针对产品不同环节的实际可靠性状态，确定所需的预防性工作，分别采取监测、视情或定期维修方式，提高维修的有效性和产品的有效利用率。

7. 安全性分析

安全性是机电一体化系统必须认真解决的问题，主要包括以下方面。

(1) 机电一体化系统本身的工作安全性。自动设置安全工作区域，设计互锁安全操作，工作环境条件的监测、监控，非正常工作状态的自动停机，对操作失误的自动安全处理等。

(2) 操作人员的安全性。采取各种保障人身安全的措施，如漏电保护、报警指示、急停操作和快速制动等，同时对危险工作区要设置自动光电栅栏和工作区自动防护，以及有害物和危险物的自动封闭等。

2.3 机电一体化产品设计的工程路线

机电一体化产品和系统种类繁多，涉及的技术领域和结构的复杂程度不同，产品设计的类型也有区别，大致可分为开发性设计(全新设计)、适应性设计(原理、方案不变，仅对功能及结构进行重新设计)和变参数设计(仅改变部分结构尺寸而形成系列产品)，因此机电一体化产品的设计和产品化过程也各有其具体特点。归纳其基本规律，机电一体化产品的基本开发工程路线包括以下14个基本步骤。

(1) 拟定产品(设计)目标，确定初步技术规范。
(2) 收集资料，进行市场分析、可行性分析和技术经济性分析。
(3) 初步设计(总体方案设计)。
(4) 初步设计方案的评审、评价(不满意，修改)。
(5) 确定数学模型(理论分析)。
(6) 详细设计(样机设计)。
(7) 详细设计方案评审、评价(不满意，修改)。
(8) 试制样机。
(9) 样机试验，测试。
(10) 技术评价与审定(不满意，修改)。
(11) 小批量生产。
(12) 试销。
(13) 正常生产，收集用户意见。
(14) 销售，收集用户意见。

对于一个机电一体化产品的开发过程要经过以上14个步骤。对于原理样机的研制或一些科研项目，一般只须进行到第10步，整个过程要经过三次设计、三次评审，以确保研究质量。

在产品开发过程中，有两个容易被忽略的问题需要注意：一是系统模块设计以后，关于某些功能组件外购还是制造的问题，应充分考虑专业化组合生产方式以取得高效、高质量和高可靠性的效果；二是充分利用广告宣传开拓产品市场。

1. 拟定设计目标和技术规范

根据开发产品的用途、功能和使用要求拟定设计目标，包括主要技术参数、可靠性指标、应用的对象、产量和技术经济性等指标。

2. 收集资料及可行性分析

通过收集资料、市场分析、可行性分析、技术经济性分析等手段，评价所拟定设计目标和技术指标的合理性和可行性。

市场调查与预测是产品开发成败的、关键性的第一步。所谓市场调查就是运用科学的方法，系统地、全面地收集有关市场需求和经销方面的情况及资料，分析研究产品在供需双方之间进行转移的状况和趋势。市场预测就是在市场调查的基础上，运用科学的方法和手段，根据历史资料和现状，通过定性的经验分析或定量的科学计算，对市场未来的不确定因素和条件做出预计、测算和判断，为企业提供决策依据。

(1) 定期预测：在数据和信息缺乏时，依靠经验和综合分析能力，对未来的发展状况做出推测和估计，可采用走访调研、查资料、抽样调查、类比调查、专家调查等方法。

(2) 定量预测：运用相关系数法，对影响预测结果的各种因素进行相关分析和筛选，根据主要影响因素和预测对象的数量关系建立数学模型，对市场发展情况做出定量预测，可采用时间序列回归法、因果关系回归法、产品寿命周期法等方法。

3. 总体方案设计

总体方案设计也称为初步设计，这一步骤的主要设计任务是按照设计目标的要求确定总体结构方案、确定总体控制方案、制定研制计划、概算开发经费、分析开发风险、设计可靠性等。

一个好的产品构思，不仅能带来技术上的创新、功能上的突破，还能带来制造过程的简化、使用的方便，以及经济上的高效益。因此，机电一体化产品设计应鼓励创新，充分发挥创造力和聪明才智来构思、创造新方案。常采用以下方法。

(1) 专家调查法：请专家发表意见，选择并集中新思想来创造新方案。
(2) 头脑风暴：召集创新方案的会议，鼓励与会人员自由奔放地思考问题，发表意见。
(3) 检查提问法：通过提出问题，引导人们对设计方案提出新的构思。
(4) 检索查表法：详细列出若干值得推敲的问题进行对照检查，以求改进方案。
(5) 特性列举法：将研究对象按其特性加以表述，并逐一研究其实现方法。
(6) 缺点列举法：列举已有构思、设计方案或已有产品的各种缺点，以激发人们提出改善方案。
(7) 希望列举法：通过列举希望改进的意见，提示人们创新方案。

4. 方案评价

对多种构思和多种方案进行筛选，选择较好的可行方案进行分析组合和概略评价，从中再选几个方案，按照机电一体化系统设计评价原则和评价方法，深入地进行综合分析评价，最后确定实施方案。

5. 理论分析(建模)

按照第 4 步骤的评审意见对初步设计结果做出修改后，进入理论分析阶段。这一阶段的主要内容包括以下方面。

(1) 建立机械系统的运动学模型、静力学模型和动力学模型，进行仿真分析。

(2) 结构强度、刚度计算和驱动力计算。

(3) 控制系统的建模及仿真分析。

6. 详细设计

根据综合评价后确定的基本方案，从技术上将其细节逐层全部展开，直至完成试制产品样机所需全部技术图纸及文件的过程。

(1) 系统总体设计：包括人-机系统的详细设计，对象作业的流程系统、总体布局设计，维护及维修对策的设计，与制造单位的工艺协调、事前准备的未来发展对策设计，产品性能及最终条件的设计。

(2) 业务的分组：包括作业模块的区分，接口的任务要求，系统联调的责任及承担人员的选定和分工。

(3) 机械本体及工具设计：包括现有设备的利用与改造办法的设计，新设计产品的详细设计方案和工程图设计，对象的加工相关性指标设计(精度、基准部位、机能等)，作业工具、量具设计，安全装置的设计，特殊附加装置的设计，机器控制对策的设计，现有制造装备及添加部分的设计。

(4) 控制系统设计：包括标准及扩展方案的讨论，机器控制的顺序与方案的确定，接口设计，控制回路设计及整个机电一体化产品整体回路的设计，连锁及安全的设计，电液、气动、电气、电子器件清单及备品清单的编制。

(5) 程序设计：根据系统设计及接口设计方案进行程序编制和调试。

(6) 后备系统设计：包括故障预测及修复方法设计，故障停机时机器对策的调查和制定，控制对策和准备工作的设计。

(7) 完成详细设计书及制造图样：包括整体构成、各模块及局部的设计说明书，产品制造图样及零件清单，标准件表及标准材料表，成本核算表，综合评价表，检验规范，调整规范，预算分配方案等。

(8) 产品出厂及使用文件的设计：包括用户使用说明书、调整维护说明书、产品出厂检验证书，以及教育训练计划等。详细设计过程需要在试制、试用、用户调研的基础上经过多次循环，反复修改，逐步完善。

7. 详细设计方案评审、评价

邀请同行专家对详细设计内容进行评价和评审，提出改进意见。通过以后，对不足的内容进行修改后进入下一步骤；若通不过，则回到第 5 步骤或者第 6 步骤重新设计。

8. 试制样机

试制样机包括机械本体、执行机构、动力驱动系统、能源系统、控制系统、传感检测系统的加工、装配和调试，可以用于试验和测试的产品。

9. 样机试验测试

对样机进行测试试验和运行试验，测量各项技术参数，为产品的鉴定提供试验数据。

10. 技术评价、审定、鉴定

如果通过，则按审定意见对详细设计结果做出修改，进行小批量试生产，进行技术鉴定；如果通不过，则按审定意见返回到第5~8步骤的某一步骤，重新进行设计。

例2.1 机器人是典型的机电一体化产品，在机器人系统中包含了机电一体化系统的六个结构要素。下面以喷漆机器人为例，分析其开发过程和工程路线。机器人产品的开发应该分14个步骤进行。

1) 拟定机器人产品开发的目标，确定初步的技术规范
(1) 机器人的用途，进行自动喷漆操作。
(2) 主要工作方式。示教再现，采用手把手示教和示教盒示教两种示教方式。
(3) 主要技术参数。
① 存储容量：点位控制(PTP)最大容量为38000点，连续轨迹控制(CP)最大容量为128min。
② 最大速度：1.7m/s。
③ 位置重复精度：±2.5mm。
④ 动作时间采样频率：10Hz、40Hz、50Hz。
⑤ 自由度数：6自由度。
⑥ 承载能力：8kg。
⑦ 作业空间：垂直面投影2000mm×1000mm($H×B$)；水平面投影1800mm×90°($R×\theta$)。
(4) 使用环境要求。喷漆作业，应具有防爆功能。

2) 收集资料、市场分析、可行性分析、技术经济性分析

对机器人市场的调查、机器人的技术现状，以及喷漆机器人的市场调查，喷漆机器人的技术现状，喷漆机器人的结构形式、自由度的分布、驱动方式、控制方案、防爆设计方法等。

主要通过查阅文献资料、走访机器人厂家和用户等手段来获取相关的信息，然后对喷漆机器人的发展现状及未来发展方向做出综合评价，提出要开发的喷漆机器人的基本方案，为总体方案设计提供必要的理论依据。这一步骤的工作量很大，工作也比较烦琐，但它非常重要，是以后设计开发的工作基础，它的工作质量将直接影响机器人产品开发的质量和市场竞争力，因此必须给予充分的重视。只有充分掌握与之相关产品的市场动向及技术状态，才能取众家之长，对产品进行最优化设计。

3) 总体方案设计(初步设计)

设计工作从抽象阶段逐渐落实到实体的设计、开发阶段。总体方案的好坏直接影响产品开发的质量。在总体方案设计时，应全面地考虑问题，以系统化设计思想协调、组织总体布局和接口关系。这一步工作完成得好可以获得总体优于部分的效果，否则，如果各个部分的关系没有很好地理顺，将会出现"内耗"现象，尽管系统的各个部分的水平都很高，构成系统后总体水平往往上不去。总体方案设计主要包括以下内容。

(1) 总体结构方案。①自由度分布形式和坐标形式等；②结构形式及工作空间的大小；③驱动方式，包括驱动元件(电动机、液压缸等)和传动方式(齿轮、齿形带、丝杠螺母等)；④控制方式，是集中控制还是集散控制，采用什么类型的工业控制计算机等；⑤传感器；⑥手爪、工具的形式，与喷漆系统的连接方法等；⑦环境适应性，驱动部分、电气部分的防爆方法等；⑧应该提出多种结构方案，以便对比、优化、确定出最佳方案。

(2) 制定研制计划。①进度时间表；②每一步要解决的主要问题，主要步骤的成果形式等；③所需设备和技术人员的情况。

(3) 开发经费概算。

(4) 开发风险分析。

4) 总体方案(初步设计方案)的评审、评价

对多种方案进行筛选和优化组合，确定最佳的总体结构方案。对最优方案进行评价分析，并提供修改意见，按修改意见对总体方案进行修改，最后确定实施方案。这一步骤可以邀请有关专家和用户通过方案评审会的形式进行。总体方案是产品开发的最基本技术资料，它决定产品的最后形式和基本性能，因此在总体方案评价过程中一定要本着实事求是、严肃认真的原则，尽量提出方案的不足之处，这样可以避免给后期的开发工作留下隐患，保证开发进度和开发质量。

5) 理论分析阶段(确定数学模型)

这一步骤的主要内容是按总体方案抽象出系统的数学模型，进行必要的理论分析计算和计算机仿真，为产品的详细设计提供必要的理论依据。同时，它也可以发现总体方案的不足，对其进行修改和补充。具体包括以下方面：①机构的运动学模型及作业空间的分析；②机构的力学计算；③驱动元件的选择及动力计算；④动力学模型及仿真分析；⑤传感器的选择及精度分析；⑥控制模型的确定及控制仿真分析。

6) 详细设计

这一步骤要完成喷漆机器人产品所涉及的所有内容的设计，具体应包括以下几个主要部分。

(1) 系统总体设计：包括总体布局设计、人与机器人交互系统设计、维修对策设计等。

(2) 业务的划分：包括作业模块的区分，接口任务和接口条件(机电接口、电器之间的接口、人-机接口等)，系统的联调方法、人员分工等。

(3) 机械本体及工具设计。完成机器人系统的所有机械图纸，包括机器人本体结构、电气控制柜结构、操作台的结构等，以及机器人零件加工、装配、调试涉及的特殊工具等。

(4) 控制系统设计。

① 控制系统总体方案的详细设计，包括控制计算机的选型、硬件布局、接口方法、配电控制等；

② 控制系统硬件电路设计，包括硬件选择配套和自行研制硬件模板及模块的设计；

③ 线路布置和接口方法设计，包括布线方法、接插件选型、线号分配等；

④ 拟定所有硬件模板、模块、元器件清单，以及电线、电缆和接插件清单。

(5) 程序设计。选配通用软件模块，设计接口软件和自行开发软件，进行软件的调试。

(6) 后备系统设计。其包括检修方法、故障维修对策等。

(7) 完成设计说明书、使用说明书等产品文件。详细设计过程需要在试制、试用、用户调研的基础上经过多次循环，反复修改，逐步完成，如软硬件的反复调试、机器人驱动系统性能试验、单关节样机设计及调试、传感器及信号调理电路的试验等。

7) 详细设计方案评审、评价

对 6)的设计结果进行全面审查、评价，提出修改意见，对不满足要求的进行重新修改。

8) 试制喷漆机器人样机

这一步骤包括机械本体、驱动系统、控制系统等的加工制造，完成一个可以运行试验的样机。

9) 机器人样机的试验、测试

(1) 控制性能试验、调试控制系统；

(2) 静态精度、工作空间测试；

(3) 动态指标测试；

(4) 喷漆试验。

这一步骤要分步骤从简到繁，从部分到整体一步一步地进行，如单关节的位置控制、单关节的示教/再现试验、多关节联动位置控制、多关节联动示教/再现试验、无工件情况下模拟试验、喷漆试验等。

10) 技术评价与审定

全面评价机器人的性能，考核各项技术指标，提出评价意见和下一步的工作意见。

11) 小批量生产

生产少量产品，通过不断尝试和改进，控制生产成本和资源利用率，提高产品的质量和性能。

12) 试销

评估产品在实际市场中的表现和接受程度，发现潜在问题和改进空间。

13) 正常生产

试销后，集中用户意见，对市场需求做出评估，决定是否进行批量生产；试销满意则进入正常生产阶段。

14) 销售

制定市场推广策略和销售计划，销售产品。

2.4 总体方案设计

机电一体化是一门综合技术，是一项多级别、多单元组成的系统工程。系统的运行有两个相反的规律：一是整体效应规律，系统的各个单元有机地组成系统后，各单元的功能不仅相互叠加，而且相互辅助、相互促进与提高，使系统整体的功能大于各个单元功能的简单和，即"整体大于部分的和"的情况；另一个相反的规律是系统内耗规律，由于各个单元的差异性，在组成系统后，若对各个单元的相互作用协调不当或者约束不力，就会导致单元之间的矛盾和摩擦，出现内耗，内耗过大，则可能出现"整体小于部分和"的情况。因此，发展机电一体化的系统技术，自觉应用好系统工程的概念和方法，把握好系统的组成和作用规律，对系统设计的成败具有关键作用和重要意义。

在总体方案设计阶段，设计中的不确定因素很多，设计的可塑性和自由度很大，是最有可能体现创造力的时候。因此，在产品设计早期做出正确的决策对产品的最终设计结果至关重要。总体方案设计将决定性地影响产品的创新和后续产品的详细设计，总体方案设计的缺陷很难在后续设计过程中加以纠正。因此，在机电一体化系统设计过程中，总体方案设计是整个设计的关键。好的构思是创新设计思想的主要来源，是具有战略性和关键性的工作，其完成的质量将直接影响到产品的结构、性能和成本，关系到产品的技术水平及竞争力。

总体方案设计包含以下主要内容。

(1) 总体结构方案设计：包括总体结构方案设计、布局及外观设计等内容。

(2) 驱动方案设计：包括传动方案设计、驱动方式设计和驱动元件选择等内容。

(3) 控制方案设计：包括系统的计算机控制方案设计、伺服控制方案设计和接口方案设计等内容。

(4) 人机工程设计：主要包括人机接口设计和人机环境设计等内容。

(5) 可靠性设计：包括系统可靠性和人机安全性设计及评价等内容。

2.4.1 总体结构方案设计

机械结构是机电一体化产品的主体，也是实现系统功能的载体。从某种意义上来讲，主体机械结构对系统的总体布局有着决定性的影响。总体布局和主体机械结构也是密切相关的，两者必须协调一致。

1. 主体机械结构

机械结构是指产生所要求行为、完成预定功能的载体。它是在原理设计的基础上，确定整个产品的特征结构、形状与尺寸，在这个过程中并不涉及各个零部件的细节设计，主要是考虑功能要求在几何与结构层次上得到满足，将各种功能的输入/输出量、环境要求、工作条件等按照一定的规则或者原理变换成装配结构中的一些主要几何参数和材料参数等设计变量，作为后续详细设计的基础。

主体结构方案具体包括主要几何尺寸的确定、布局、作业空间的确定、运动自由度数的确定和操作环境的确定。总体结构方案的合理与否不单单要影响系统的基本功能，更重要的是要影响系统工作特性、制造工艺性和制造成本。例如，有多种工业机器人的结构都可以实现同样的 3 维或 6 维作业空间，单从自由度数和作业空间范围来看，它们都可以满足设计要求。但是在实现同样作业空间的前提条件下，几种结构所占用的空间是不同的，当然结构的复杂程度、所用材料的多少和制造成本也不尽相同。实际上不同的结构方案带来的影响还不止这些，它们对系统的性能还会带来更大的影响，如系统的刚度、惯量和质量的分布、驱动功率、控制的难易程度、运动灵活性和控制精度等。不同的结构形式会带来不同的质量分布和结构刚度，由此会影响系统的固有频率，从而影响系统的快速性和定位精度；不同类型的结构各个自由度之间的耦合程度也有很大的区别，例如，直角坐标型机器人的 x、y、z 三个轴是正交关系，关节位置直接反映末端位置，不需要解耦，而关节型机器人的各个关节之间耦合比较严重，控制的难度相对也比较大。

因此在确定机器人的结构方案时，单纯地考虑作业空间的要求是不够的，必须对所有的性能指标，如几何尺寸、作业空间、动态特性、静态特性、制造成本和使用环境等进行综合考虑，才能设计出最优的结构方案。

数控机床的结构方案设计与机器人也有许多类似之处，例如，数控加工中心也有多种结构方案，有立式结构，也有卧式结构，卧式结构还有不同的形式。具体选择哪种结构方案则要综合考虑加工要求、被加工零件的特点、与车间其他设备的匹配关系和制造成本等，最后确定优选方案。

总的来说，结构设计应遵循以下基本原则。

(1) 明确：结构方案应能明确体现各个方面的设计指标。首先，所选方案的工作原理应该明确，才能使所设计的结构可靠地实现所需要的功能；其次，要明确工作条件，如载荷情况和运行速度等；另外，还要明确作业空间参数和使用环境条件。

(2) 简单：这里的"简单"是指广义含义下的简单，包含简化、简要、简便和减少等多种含义。最主要的是在满足设计目标要求的条件下，系统的结构要尽量简单，组成系统的零部件数量应尽量少，几何形状尽量地简单规则，便于装配、安装、维修和操作，简化工艺、降低成本。

(3) 安全可靠：包括机器的工作安全性和操作安全性两个方面的内容，是总体结构方案设计时必须考虑的内容。

2. 总体布局

总体布局是总体设计的重要环节。布局的设计任务是，确定系统各个主要部件的相对位置关系以及它们所需要的相对运动关系。布局设计是全局性的问题，它对产品的制造、使用和造价都有很大的影响。总体布局设计应遵循以下基本原则。

(1) 功能合理：各个子功能要便于实现，无论是在系统的内部还是外观上都应考虑到功能目标的总体布局。

(2) 结构紧凑：内部结构的紧凑要便于装配和维护，外部结构的紧凑是艺术造型的良好基础。

(3) 层次分明：总体结构的所有部件的布置应层次分明，一目了然。

(4) 比例协调：比例的安排要符合艺术造型的原则，以获得美观的外形。

总体布局由装置或者零部件的形状、大小、数量、位置和顺序 5 个基本因素来决定，是这些因素的综合。总体布局要与主体机械结构、电气控制装置、辅助装置、人机操作接口的设计，以及使用环境的要求一起来考虑。

2.4.2 驱动方案设计

不同方案的机器人的综合性能和生产成本也不会是一样的。因此在确定系统结构时，除了要满足主要性能指标要求，还要考虑执行机构与其他结构要素之间的关系，合理地匹配执行机构与驱动元件可以提高系统的综合性能，降低系统的成本。常用的执行机构按运动形式的不同可以划分为直线输出型和转动输出型两大类。与每一类执行机构相匹配的驱动元件既可以是转动输出型又可以是直线输出型。

1. 直线输出型驱动机构

1) 直线驱动元件直接驱动

直线步进电机、阀控油缸、气缸都可以直接驱动负载，产生直线运动。直接驱动的优点是负载与驱动元件直接连接，不需要中间转换机构，负载的运动精度不受中间机构的影响，直接反映驱动元件的精度，执行机构结构简单。缺点是直线驱动元件的种类相对较少，尺寸较大。气缸和油缸的结构比较简单，但需要控制阀、动力源等附件，占地空间较大，液压源的噪声较大，也有环境污染问题。功率型直线步进电机和直流电机的体积都比较大，价格也比较昂贵。

2) 回转型驱动元件实现的直线运动驱动

回转型驱动元件如直流电动机、步进电机、交流伺服电机经过一定传动装置将其转动变换成直线运动就实现了直线驱动。常用的驱动方式有电动机丝杠螺母机构、电动机齿轮齿条(齿形带)机构和电动机连杆机构，这种驱动方式的特点是通过一个中间传动机构将电动机的运动传递给负载，通常中间机构可以实现很大的传动比、具有较大的驱动能力和较小的折算惯量、控制性能较好；可以使用转动型传感器，也可以使用直线型传感器。当使用转动型传感器时，负载的行程不受传感器工作范围的限制，但传动机构的间隙、刚度等参数要影响定位精度，对于高精度的控制系统要使用无间隙或小间隙的传动机构。回转型驱动元件实现的直线输出运动驱动系统在数控机床中应用较多，在并联机器人中也有应用。

用电动机实现直线驱动时，采用转动电动机驱动比直线电动机直接驱动结构紧凑，控制性能好,成本低。对于气源方便、对控制精度要求不高、采用开关量控制就能满足要求的各类自动生产线、包装机械等,使用气压缸驱动比较合理。对于工作环境恶劣,有防爆、防水要求,如冶金、化工、水下作业等多使用液压缸实现直线驱动。对于一些负载很小、体积要求较严格的仪器仪表,往往采用一些特殊的直线驱动机构,如计算机软盘驱动器采用"α"钢带结构驱动磁头直线移动。

2. 转动输出型驱动机构

转动输出型驱动机构的负载是以转动形式运动的,实现负载的转动运动既可以使用回转型驱动元件,也可以使用直线型驱动元件。回转型驱动元件主要有电动机、气压或液压马达。使用气压或液压马达驱动时,一般不使用中间传动机构,将马达轴与负载轴直接耦合,传动机构简单、结构紧凑;使用电动机驱动时要使用较大传动比的减速器,以获得合适的运动速度和负载能力,也可以采用电动机直接驱动。在相同的负载条件下,液压马达比电动机齿轮机构尺寸小、负载刚度大、快速性好。使用液压马达驱动时需要使用电液伺服阀和专用的液压动力源,对环境有污染,成本也比较高。使用液压缸通过杠杆机构也可以实现转动驱动。由于液压缸较液压马达结构简单、成本低,在实际中应用也很普遍。

3. 驱动方式的选择

工作环境与驱动系统也有着密切的关系,在选择动力源和驱动元件时应考虑工作环境的情况。

(1) 家用电器、医疗器械。这类设备应满足无污染、低噪声、体积小、重量轻的要求。显然不宜使用液压或气压驱动,应尽量选用电子能源,且尽量使用二相 220V 市电,避免使用三相动力电。在选择传动方式时应尽量选择噪声低的传动方法,如同步齿形带传动。对于便携式家电或医疗仪器则应考虑用电池供电。

(2) 食品、医药生产机电产品。这类设备应避免污染,可采用气动或电动驱动方式,不宜采用液压驱动。

(3) 水下设备。这类设备包括石油钻井平台、水下机器人、水下电缆铺设设备、水下维修设备、水下施工设备等。应充分考虑高压下的密封问题,如采用液压驱动较电驱动易实现密封、使用复合材料轴承代替普通滚动轴承可以延长寿命、改善关节性能等。

(4) 一般工业设备。电、气、液三种驱动方法都可以用于一般工业设备的驱动,在选择驱动方法时可以根据工厂、车间的具体情况进行具体分析。若对噪声的要求比较高,则不宜采用气动和液压驱动;若对污染要求比较高,宜采用气动或电动。对气压源方便的场合可以尽量采用气动。

2.4.3 控制系统方案设计

控制系统包含两大部分,即局域伺服驱动系统和计算机综合控制系统。局域伺服驱动系统的作用是实现某一个单项运动的伺服控制,一般由局域控制器来实现;计算机综合控制系统主要承担整个系统运行管理的控制，包括为伺服驱动系统传送控制命令、检测系统的反馈信息、人机界面的控制、作业任务规划和系统运行管理等。

1. 伺服驱动方案设计

伺服驱动系统由伺服控制器、动力驱动元件、传感器和执行机构等组成。它接受控制计算机发来的控制命令，控制伺服驱动元件动作实现对执行机构的运动控制。伺服驱动控制系统的作用可归纳如下。

(1) 伺服驱动系统是"机"和"电"之间的接口，通过它把电信号转换成执行机构的动力输出量。

(2) 系统的精度和动态性能指标主要是由伺服驱动系统的性能决定的。

(3) 伺服驱动系统的工作可靠性直接影响整个系统的可靠性。

(4) 伺服驱动系统的成本对系统的成本影响很大。

(5) 伺服驱动系统对系统的噪声、对环境的影响起决定作用。

如果说计算机控制系统是机电系统的大脑，则伺服驱动系统就是系统的心脏，它的工作质量将会直接影响系统的综合性能。

对伺服驱动系统的要求可以归纳如下。

(1) 好的动、静态指标。

(2) 合理的结构，体积小、重量轻。

(3) 高效率、低功耗。

(4) 高可靠性、低成本。

(5) 环境无害。

按照控制器的实现方法，伺服驱动控制系统可以分为模拟式和数字式。按照控制原理，可以分为开环控制、半闭环控制和闭环控制。伺服控制方案的选择与驱动元件、系统的动态指标和静态指标的要求密切相关。例如，以步进电机作为驱动元件实现位置控制，既可以采用开环控制也可以采用闭环控制；如果以直流电动机作为驱动元件实现位置控制，则必须采用闭环控制；同样是直流电动机的速度闭环控制系统，可以采用模拟式控制器也可以采用数字式控制器。可见，伺服驱动控制方案的选择是比较复杂的，必须综合考虑多种因素后才能确定。

模拟式伺服控制系统一般只用在双闭环控制系统的内环、精度要求不高的交流或者直流调速系统。数字式伺服控制系统比较常用，常用的控制方式主要有开环控制、闭环控制和半闭环控制。

2. 计算机控制系统方案

1) 基于产品类型的控制方案设计

对于一个机电一体化系统，要实现某些功能可采用多种控制方案、多种控制方法。计算机系统的主要作用是实现一定的控制策略和完成一定的信息处理。当控制系统的功能和主要性能指标确定后，对计算机的基本要求也就随之确定了。由于工业控制计算机有很多种类型，每种类型又包含许多产品，往往有多种方案可以实现同一控制目标。例如，一个多自由度的工业机器人，可以用工业 PC 对各自由度进行集中控制，也可以用两台工业控制机构成多级控制系统，还可以采用多个单片机分别控制每一个关节，然后由工业 PC 与多个单片机进行通信，形成集散控制系统。这些控制方案都可以满足机器人的控制要求，但是，不同的计算机控制系统的复杂程度、成本、研发周期、可维护性等都是不同的。因此，在选择控制计算机时，除了要考虑保证实现系统的基本控制功能、满足性能指标要求外，还要综合考虑其他一些因素，综合多种因素做出最佳选择，这些因素包括以下方面。

(1) 单件小批量还是大批量生产。对大批量生产主要考虑生产效率、生产成本和可维护性，可以考虑设计专用计算机控制系统。这样有利于提高计算机资源的利用率，降低生产成本，提高系统的可靠性。对单件小批量产品，在开始阶段应该尽量选用通用计算机产品，以便降低成本，缩短生产周期。

(2) 一般的工业产品还是满足特殊要求的产品。对一般的工业产品，成本和生产周期应作为主要指标来考虑；对军事、航天、水下等有特殊要求的场合，主要考虑的因素不再是成本和研发周期，更重要的是可靠性和环境适应性。

(3) 产品开发还是科研样机。对于产品开发要考虑将来的生产成本、生产周期、可维修性等因素。例如，当考虑采用集中控制和集散控制时应尽量采用集散控制计算机系统；对科研样机的研制主要是要研究装置的工作原理、获取必要的数据，这时应该选择硬件接口资源比较丰富、软件开发方便及速度比较快、兼容性好的专用计算机系统，如德国生产的 Dspace 实时控制系统，它采用双 CPU 主板，根据要求可以配置 D/A、A/D、Encoder、I/O 等多种硬件接口，软件基于 Windows 平台设计，可以用 MATLAB 语言以模块方式直接编程进行实时控制。这种计算机系统的优点是硬件资源丰富、软件开发速度快、兼容性好，对不同的样机进行控制只要改变少量的引线和编制不同的软件即可。

(4) 工业产品与民用产品。对于小型家电、便携式仪器仪表，以及需要经常移动的机电一体化产品等，体积、重量、功耗、成本等应优先考虑，这些产品应尽量考虑使用专用的单片机控制系统或微处理器。对一般的工业产品，可靠性应作为主要考虑的因素。

2) 基于系统规模的控制方案设计

(1) 分级控制。它的特点是：功能分散、任务分散、维护容易、可靠性高，适用于回路较多的控制系统。上位机实现命令及数据的输入、状态显示，接收下位机反馈回来的信息，经过轨迹规划、控制算法，向下位机发出控制命令。它应满足：良好的实时性；快的运算速度，在一个采样周期内要完成全部控制算法(轨迹规划)的运算和数据处理、信号采样和与下位机的数据通信；快速实时通信能力；一定的接口扩展能力。复杂系统可以采用工业 PC、PC104 等系统机；简单系统采用 DSP 或者单片机。

下位机接收上位机发来的信息并向上位机反馈工作状态，完成反馈信息采样、滤波算法、伺服控制算法和控制信号的输出。它应满足：良好的实时性；快的运算速度，在一个采样周期(毫秒量级)内要完成局域回路的全部控制算法、信号采样、滤波算法、与上位机的数据通信；快速实时通信能力；输出接口(PWM 或者 D/A)；输入接口(快速 A/D、编码器接口、数字 I/O)。下位机可以采用单片机、DSP 或者专用控制器。

(2) 集中控制。轨迹规划、系统管理、伺服控制都由一台计算机完成，要求速度快、实时性好、接口功能强，一般采用工业 PC 等系统机或者 DSP。控制计算机应满足：良好的实时性；快的运算速度，在一个采样周期(毫秒量级)内要完成系统的各个伺服回路的控制算法、信号采样、滤波算法，完成轨迹规划等，人机接口程序；输出接口(PWM 或者 D/A)；输入接口(快速 A/D、编码器接口、数字 I/O)。

3) 基于工作环境的控制方案设计

由于许多环境都存在各种电辐射、电网干扰、振动等干扰因素，这些对控制系统是非常有害的，如果处理不当会直接威胁系统的工作安全。因此，在选择机电一体化系统的控制方法时，必须考虑工作环境的特点，采取必要的措施，这样才能保证机电一体化系统安全可靠地工作。

(1) 家用电器。家用电器的工作环境相对较好，短时的停止或失控一般不会造成太严重的后果，提高家用电器的抗干扰能力会增加其成本，因此一般不需要对其进行抗干扰设计。但是，对于一些涉及家电安全和人身安全的问题，在开发家电产品时就必须加以考虑。例如，热水淋浴器的缺水保护、断电保护、漏电保护；电冰箱突然停电，对压缩机的保护等。

(2) 办公设备。办公设备的工作环境相对较好，办公室内一般不会有大功率的设备，各种干扰相对较小，一般并不需要对控制系统提出特殊的要求。在选择控制系统时主要考虑使其体积小、移动方便、操作简便、功耗小、噪声低、通用性好等问题。

(3) 生产设备。数控机床、工业机器人、自动包装机、自动生产线等用于工业生产的机电一体化设备，长期地在工厂、车间内工作，环境的电磁干扰、电网干扰都很大，车间的温差也很大。因此，对这类机电一体化产品必须进行抗干扰设计。

常见的抗干扰设计方法有以下方面：①选择抗干扰能力强的控制计算机；②采用抗干扰电源；③屏蔽、接地保护；④系统防尘、防潮设计；⑤抗振设计；⑥抗干扰软件；⑦抗干扰硬件；⑧冗余设计；⑨恒温控制。

习　题

2-1　机电一体化产品设计的工程路线(主要步骤)是什么？
2-2　简述总体方案设计的作用及其包含的主要内容。
2-3　详细设计的主要内容是什么？
2-4　简述结构设计应遵循的基本原则。
2-5　简述总体布局应遵循的基本原则。
2-6　家用全自动洗衣机具有洗涤、漂洗、脱水、烘干、温度控制等功能，能够自动识别衣量、衣质，自动识别肮脏程度，自动决定水量，自动投入适当的洗涤剂等。试写出家用全自动洗衣机的开发步骤，并确定其总体方案。

第3章 机械传动系统

传统的机械一般由动力件、传动件、执行件和电气控制(或机械控制)组成,而机电一体化技术的发展使得传统的机械发生了根本性的变化。由此可知,现代机械是一个机电一体化的机械系统,其核心是由计算机控制的,包括机械、电力电子、液压、光学等技术的伺服系统。

机电一体化系统中的机械传动机构不仅是转速和转矩的变换器,而且还是伺服系统的一部分。如何根据伺服控制的要求进行选择设计,以满足整个机械部分良好的伺服性能也是本章要讨论的内容。

3.1 机械传动系统概述

在机电一体化系统中,计算机控制功能的提高,使传统机械中作为动力源的电动机转换为具有动力、变速与执行等多种功能的伺服电动机,其伺服变速功能又在很大程度上代替了机械传动中对传动比有严格要求的变速机构。伺服电动机的使用,缩短了机械传动中的传动链,取代了几个执行装置之间的传动联系。这就使得机械系统能够大量减少传动件,从而简化了机构,并使动力件、传动件与执行件逐步向着合为一体的系统发展。在现代机械系统中,每个机械运动可由单独的控制电动机、传动部件和执行机构组成的若干子系统来完成。这些机械运动由计算机来协调和控制,就能够使系统的总体布局、机械选型和结构造型更加合理化、多样化。

3.1.1 机械传动系统的特点

机电一体化系统的机械传动系统与传统的机械系统相比,除要求具有较高的定位精度之外,还应具有良好的动态响应特性,即响应速度要快、稳定性要好。对工作中的传动机构,既要求能实现运动的变换,又要求能实现动力的变换;对信息机械中的传动机构,则主要要求有运动的变换功能,只须克服惯性力和各种摩擦阻力及较小的负载即可。机电一体化传动系统的主要特点如下。

(1) 精密化。对某种特定功能的机电一体化系统,应根据其性能要求提出适当的精密度要求。虽然不是越精密越好,但随着产品定位精度的要求越来越高,机械传动机构的精密度也越来越高。

(2) 高速化。为适应机电产品高速运动的要求,机械传动部件的运动速度也应越来越高。

(3) 小型化和轻量化。为提高机电产品的运动灵敏度(快速响应性)、减小冲击、降低能耗，尽可能做到使机械传动部件短小轻薄化。

3.1.2　机电一体化对机械传动系统的要求

近年来，由于控制电动机不通过机械传动装置而直接驱动负载的"直接驱动"(direct drive，DD)技术得到了发展，但一般都需要低转速、大转矩的伺服电动机，并要考虑负载的非线性、耦合性等因素对执行电动机的影响，从而增加了系统的复杂性。由此可知，由于受到当前技术发展水平的限制，用于机电一体化系统的各种元器件还不能完全满足需要，机械传动还不能完全被取消。机电一体化系统中的机械传动装置，已不仅仅是变换转速和转矩的变换器，而是成为伺服系统的组成部分，要根据伺服控制的要求来进行选择和设计。

1. 机械传动要满足伺服控制的要求

机械传动的主要性能取决于传动类型、传动方式、传动精度、动态特性以及传动的可靠性。在机电一体化系统中，还要考虑其对伺服系统的精度、稳定性和快速响应性的影响。

1) 精度

精度是指系统的输出量对系统的输入量复现的准确程度。机电一体化产品的技术性能、功能和工艺水平比普通机械产品都有很大提升，其中机械系统本身的高精度是首要的要求，如果机械系统的精度不能满足要求，则无论采用何种控制方式也不可能达到机电产品的设计要求。机械传动的精度与传动部件的布置、制造安装精度有关，也与系统的刚度、阻尼等参数有关。

2) 稳定性

机电一体化系统的稳定性是指系统工作性能不受外界环境的影响和抗干扰的能力。对于稳定的伺服系统，当扰动信号消失后，系统能够很快恢复到原有的稳定状态下运行。而不稳定的伺服系统则易受干扰，甚至可能产生振荡。机械传动部件的转动惯量、刚度、阻尼、固有谐振频率等因素皆对系统的稳定性产生影响，这些参数要合理选择，做到互相匹配。

3) 快速响应性

系统的快速响应性是要求机械系统从接到运行指令到开始执行指令之间的时间尽可能短。这样机械系统的运行情况能快速反馈到控制系统，以便控制系统能及时下达指令，使机械系统准确运行。影响机械系统快速响应性的主要参数是系统的阻尼比和固有频率。

此外，机电一体化系统中的传动链还需要满足小型、轻量、高速、低冲击振动、低噪声和高可靠性等要求。

2. 传动机构动力学特性的主要影响因素

影响机电一体化系统中传动机构动力学特性的因素一般有以下几个方面。

1) 负载的变化

在机电一体化系统中，执行机构的机械运动有直线运动、回转运动、间歇运动等多种形式，其负载包括工作负载(外力)、惯性负载和摩擦负载等。在设计机械系统时，应对执行机构及其运动做出分析，确定负载的数值大小，从而合理选择驱动部件和设计传动部件，使之与负载的变化相匹配。

2) 传动系统的惯性

在机械传动中，从驱动元件、传动部件到执行机构，系统各部分的惯性都是需要考虑的。惯性不但影响传动系统的启停特性，也影响控制的快速性、位置偏差和速度偏差。传动机构的惯性可用转动惯量来计算，它取决于机构中各部件的质量和尺寸参数。

3) 传动系统的固有频率

在机械传动系统中，各传动部件并非刚体而是具有弹性的，机械传动系统可视为质量-弹簧系统，并具有一定的固有频率。当外界传来的振动的激振频率接近或等于系统的固有频率时，系统会产生谐振而不能正常工作。机械传动系统实际上是一个多自由度系统，包括一个基本固有频率和若干高阶固有频率。为减少机械传动部件扭矩反馈对电动机动态性能的影响，机械传动系统的基本固有频率应高于电气驱动部件的固有频率 2~3 倍。同时，传动系统的固有频率还应远离系统的工作频率，以免系统产生振荡而失去稳定性。

4) 传动系统中的摩擦与润滑

两物体间有相对运动趋势或已产生相对运动，其接触面间会存在摩擦力，摩擦力影响传动机构的传动精度和运动平稳性。工作中，机械导轨的摩擦特性是很复杂的，它们与摩擦性质、导轨材料和表面状态有关，也受润滑条件和环境温度的影响。

此外，静摩擦力使机械传动部件发生弹性变形而造成位置误差，运动反向时，位置误差形成回程误差。

综上所述，机械传动部件的摩擦特性应为：静摩擦力尽可能小；动摩擦力应为尽可能小的正斜率，若为负斜率则易产生爬行，降低精度，缩短寿命。

5) 传动系统中的间隙

在机械传动系统中，各类传动零件的传动间隙都会产生回程误差和传动误差，会影响到系统的传动精度和运动平稳性。

齿轮传动的啮合间隙会造成一定的传动死区，即主动齿轮要转过一间隙角后从动齿轮才能转动，传动死区也称为失动量。若在闭环系统中，传动死区还可能使系统以 1~5 倍的间隙产生低频振荡。为此，应采用齿侧间隙小、精度较高的齿轮，或采用各种调整齿侧间隙的结构来减小或消除啮合间隙。

3.2 机械传动系统的特性

机械传动系统的特性包含机械特性和控制特性,是由传动系统、驱动元件和控制校正方法综合作用决定的。

3.2.1 典型传动机构的机械特性

传动系统的机械特性主要有转动惯量摩擦系数与阻尼系数、传动误差、刚度等参数。

1. 转动惯量

在不影响系统刚度的条件下,机械部分的质量和转动惯量应尽可能小。转动惯量大产生的影响有:使机械负载增大;使系统响应速度变慢,降低灵敏度;使系统固有频率下降,容易产生谐振。转动惯量使电气驱动部件的谐振频率降低,而阻尼增大。

图 3-1 为外载荷对谐振频率的影响。图中横坐标为外载荷折算到电动机轴的当量负载转动惯量 J_e 与电动机转子转动惯量 J_m 之比,纵坐标为折算到电动机轴上的外载荷转动的谐振频率 f_{oa} 与不带外载荷的谐振频率 f_{oa}^* 之比。

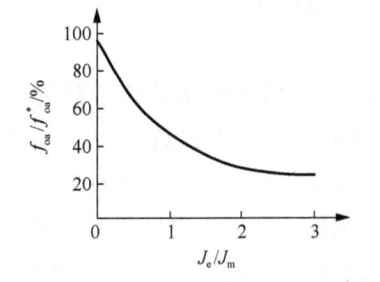

图 3-1 外载荷对谐振频率的影响

1) 圆柱体的转动惯量

$$J = \frac{1}{8}md^2 \tag{3-1}$$

式中,m 为质量,kg;d 为圆柱直径,m。

2) 直线运动物体的转动惯量

图 3-2 为直线运动传动示意图。其中,图 3-2(a)为丝杠传动。由导程为 L_0 的丝杠驱动质量为 m_r 的工作台和质量为 m_w 的工件,折算到丝杠上的总折算转动惯量 $J_{r,w,s}$ 为

$$J_{r,w,s} = (m_r + m_w)\left(\frac{L_0}{2\pi}\right)^2 \tag{3-2}$$

图 3-2(b)为齿轮齿条传动。图中由齿条驱动的工作台与工件质量折算到节圆半径为 r_0 的小齿轮上的转动惯量 $J_{r,w,j}$ 为

$$J_{r,w,j} = (m_r + m_w)r_0^2 \tag{3-3}$$

3) 传动齿轮

轴 1 上的传动齿轮 1 的转动惯量 J_1 折算到轴 2 上的折算转动惯量 $J_{1,2}$ 为

$$J_{1,2} = i_{1,2}^2 J_1 \tag{3-4}$$

式中,$i_{1,2}$ 为轴 1 与轴 2 之间的总传动比。

(a) 丝杠传动　　　　　　　　　(b) 齿轮齿条传动

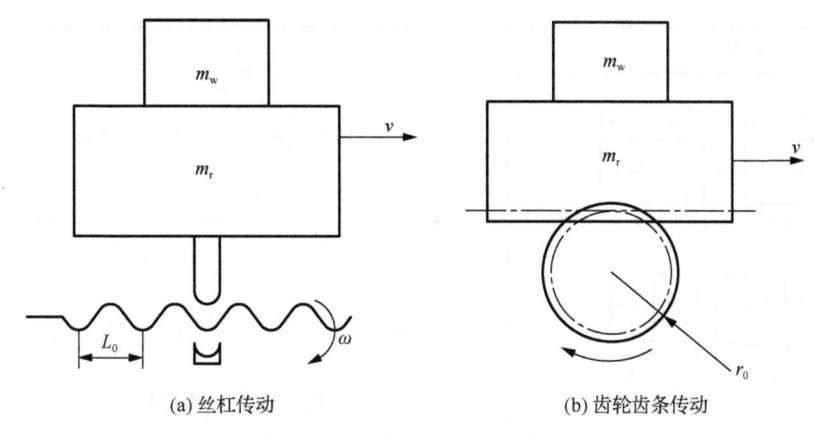

图 3-2　直线运动传动示意图

2. GD^2

与转动惯量等价的 GD^2 是回转体的重力 G 与回转直径 D 的平方的乘积。GD^2 与转动惯量 J 的关系为

$$GD^2 = 4gJ \tag{3-5}$$

式中，g 为重力加速度。

1) 回转体的 GD^2

表 3-1 为典型形状回转体的 GD^2。

表 3-1　典型形状回转体的 GD^2

物体形状	W、各轴 GD^2
（圆柱体，长 l，直径 D）	$W = \dfrac{\pi}{4}\gamma D^2 l$ $GD_x^2 = GD_y^2 = W\left(\dfrac{D^2}{4} + \dfrac{l^2}{3}\right)$ $GD_z^2 = \dfrac{1}{2}WD^2$
（空心圆柱体，长 l，外径 D_2，内径 D_1）	$W = \dfrac{\pi}{4}\gamma(D_2^2 - D_1^2)l$ $GD_x^2 = GD_y^2 = W\left(\dfrac{D_1^2 + D_2^2}{4} + \dfrac{l^2}{3}\right)$ $GD_z^2 = \dfrac{1}{2}W(D_1^2 + D_2^2)$
（椭圆柱体，长 l，长轴 a，短轴 b）	$W = \dfrac{\pi}{6}\gamma abl$ $GD_x^2 = W\left(\dfrac{b^2}{4} + \dfrac{l^2}{3}\right)$，$GD_y^2 = W\left(\dfrac{a^2}{4} + \dfrac{l^2}{3}\right)$ $GD_z^2 = \dfrac{W}{4}(a^2 + b^2)$

续表

物体形状	W、各轴 GD^2
（长方体，边长 a, b, c）	$W = \gamma abc$ $GD_x^2 = \dfrac{1}{3}W(b^2+c^2)$, $GD_y^2 = \dfrac{1}{3}W(c^2+a^2)$ $GD_z^2 = \dfrac{1}{3}W(a^2+b^2)$
（梯形柱体） $\dfrac{c(2b_1+b_2)}{3(b_1+b_2)}$	$W = \dfrac{1}{2}\gamma a(b_1+b_2)c$ $GD_x^2 = \dfrac{1}{6}W(b_1^2+b_2^2) + \dfrac{1}{9}Wc^2\left[3 - \left(\dfrac{b_2-b_1}{b_2+b_1}\right)^2\right]$ $GD_y^2 = \dfrac{1}{3}Wa^2 + \dfrac{1}{9}Wc^2\left[3 - \left(\dfrac{b_2-b_1}{b_2+b_1}\right)^2\right]$ $GD_z^2 = \dfrac{1}{3}Wa^2 + \dfrac{1}{6}(b_1^2+b_2^2)$

2) 直线运动体的 GD^2

图 3-3 为丝杠传动示意图。导程为 L_0 (m) 的丝杠驱动总重力为 W(N) 的工作台与工件折算到丝杠上的等效 GD_0^2 为

$$GD_0^2 = W\left(\dfrac{L_0}{\pi}\right)^2 \tag{3-6}$$

图 3-4 为传送带传动示意图。传送带上重力为 W(N) 的物体折算到驱动轴上的等效 GD_0^2 为

$$GD_0^2 = 4W\left(\dfrac{v}{\omega}\right) = 365W\left(\dfrac{v}{n}\right)^2 \tag{3-7}$$

式中，v 为传送带上物体的速度，m/s；ω 为驱动轴的角速度，rad/s；n 为驱动轴的转速，r/min。

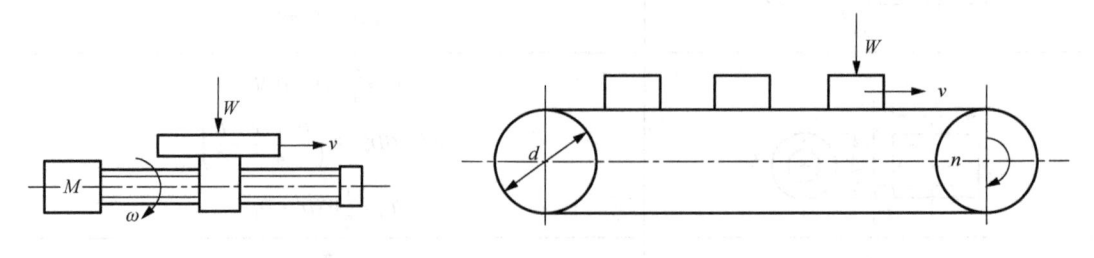

图 3-3　丝杠传动示意图　　　　图 3-4　传送带传动示意图

图 3-5 为自行式台车示意图，自行式台车等效 GD_0^2 为

$$GD_0^2 = WD^2 \tag{3-8}$$

式中，W 为车体重力，N；D 为车轮直径，m。

例 3.1　图 3-6 为某数控机床伺服进给系统传动简图。已知电动机轴的转动惯量

$J_\mathrm{m}=3.2\times10^{-3}\mathrm{kg\cdot m^2}$，工作台及刀架质量 $m=600\mathrm{kg}$，滚珠丝杠直径 $d=50\mathrm{mm}$，导程 $L_0=8\mathrm{mm}$，丝杠长度 $L=1840\mathrm{mm}$。齿轮齿数分别为 $z_1=20$，$z_2=40$，$z_3=20$，$z_4=48$，模数 $m=2.5\mathrm{mm}$，齿宽 $b=25\mathrm{mm}$。试求负载折算到电动机轴上的总等效转动惯量及电动机轴上的总转动惯量 J。

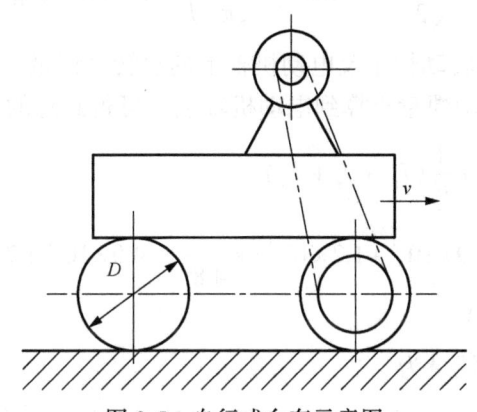

图 3-5 自行式台车示意图

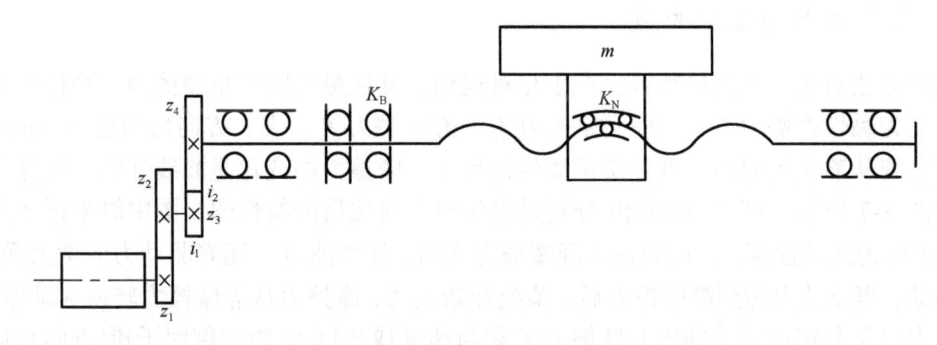

图 3-6 某数控机床伺服进给系统传动简图

解：(1)计算各传动件的转动惯量。

材料密度 $\rho=7.8\times10^3\mathrm{kg/m^3}$，齿轮的计算直径按分度圆直径计算，丝杠的计算直径取丝杠中径 $\phi48\mathrm{mm}$。

由

$$J=\frac{1}{8}md^2=\frac{\pi\rho d^4 l}{32}$$

得

$$J_{z_1}=J_{z_3}=\frac{\pi\times7.8\times10^3\times0.05^4\times0.025}{32}\approx1.2\times10^{-4}(\mathrm{kg\cdot m^2})$$

$$J_{z_2}=\frac{\pi\times7.8\times10^3\times0.1^4\times0.025}{32}\approx1.9\times10^{-3}(\mathrm{kg\cdot m^2})$$

$$J_{z_4}=\frac{\pi\times7.8\times10^3\times0.12^4\times0.025}{32}\approx4.0\times10^{-3}(\mathrm{kg\cdot m^2})$$

$$J_s = \frac{\pi \times 7.8 \times 10^3 \times 0.048^4 \times 1.84}{32} \approx 7.5 \times 10^{-3} (\text{kg} \cdot \text{m}^2)$$

工作台折算到丝杠上的转动惯量为

$$J_w = m \left(\frac{L_0}{2\pi}\right)^2 = 600 \times \left(\frac{0.008}{2\pi}\right)^2 \approx 9.7 \times 10^{-4} (\text{kg} \cdot \text{m}^2)$$

(2)计算负载的总等效转动惯量及电动机轴上的总转动惯量。

把以上各传动件的转动惯量折算到电动机轴上，可得到总的等效转动惯量为

$$J_e = J_{z_1} + \frac{1}{i_1^2}(J_{z_2} + J_{z_3}) + \frac{1}{i_2^2}(J_{z_4} + J_s + J_w)$$

$$= 1.2 \times 10^{-4} + \frac{1}{2^2} \times (1.9 \times 10^{-3} + 1.2 \times 10^{-4}) + \frac{1}{4.8^2} \times (4.0 \times 10^{-3} + 7.5 \times 10^{-3} + 9.7 \times 10^{-4})$$

$$\approx 1.17 \times 10^{-3} (\text{kg} \cdot \text{m}^2)$$

电动机轴上的总转动惯量为

$$J = J_m + J_e = 3.2 \times 10^{-3} + 1.17 \times 10^{-3} = 4.37 \times 10^{-3} (\text{kg} \cdot \text{m}^2)$$

3. 摩擦系数与阻尼系数

两物体或有相对运动趋势或已产生相对运动，其接触面间产生摩擦力。摩擦力在应用上可简化为黏性摩擦力 $B \cdot v$、库仑摩擦力 f_c 与静摩擦力 f_s 三类，方向均与运动方向相反。

在系统从静止到启动、到正常运动的过程中，摩擦力的变化是非线性的，摩擦力特性曲线如图 3-7 所示。图 3-7(a)和(b)分别是简化前和简化后的特性图。图中纵坐标 f 为摩擦力，横坐标为运动速度。在达到最大静摩擦力之前，静摩擦力 f_s 随着驱动力的增大而增大，系统不动；当驱动力达到静摩擦力后，系统开始运动，摩擦力从静摩擦力转换为动摩擦力；动摩擦力包括与速度无关的库仑摩擦力 f_c 和与速度成比例（B 为比例因子）但方向与运动方向相反的黏性摩擦力。

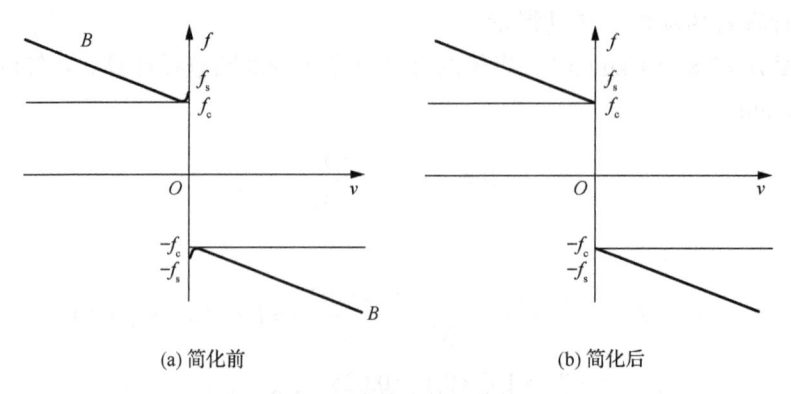

(a) 简化前　　　　(b) 简化后

图 3-7　摩擦力特性曲线

实际机械导轨的摩擦特性随材料和表面状态的不同有很大的不同。图 3-8 为在质量 3200kg 的重物作用下，不同导轨的摩擦特性。滑动摩擦导轨易产生爬行现象，低速运动稳

定性差。滚动摩擦导轨和静压摩擦导轨不产生爬行,但有微小超程。贴塑导轨的特性接近于滚动导轨,但是各种高分子塑料与金属的摩擦特性有较大的差别。另外,摩擦力与机械传动部件的弹性变形产生位置误差,运动反向时,位置误差形成反转误差(回差)。

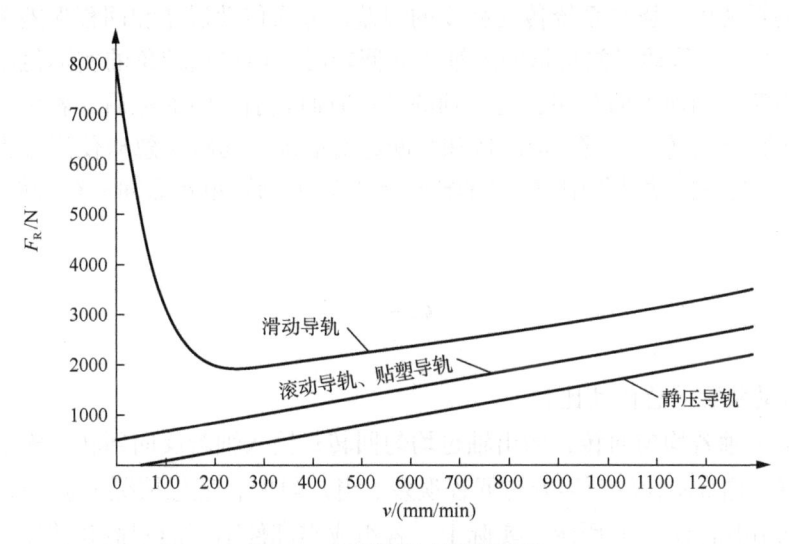

图 3-8　不同导轨的摩擦特性

综上所述,机械传动部件的摩擦特性应为静摩擦力尽可能小;动摩擦力应为尽可能小的正斜率,若为负斜率则易产生爬行,降低精度,缩短寿命。

4. 刚度

刚度是使弹性体产生单位变形量所需的作用力,包括构件产生各种基本变形时的刚度和两接触面的接触刚度。静态力和变形之比为静刚度,动态力(交变力、冲击力)和变形之比为动刚度。

包括机械传动部件在内的弹性系统,若阻尼不计,可简化为质量-弹簧系统。单自由度直线运动弹性系统固有频率为

$$\omega_n = \frac{1}{2\pi}\sqrt{\frac{k}{m}} \tag{3-9}$$

式中,ω_n 为固有频率;m 为质量,kg;k 为压刚度系数。

单自由度旋转运动弹性系统的固有频率为

$$\omega_n = \frac{1}{2\pi}\sqrt{\frac{k}{J}} \tag{3-10}$$

式中,J 为转动惯量,kg·m²;k 为扭转刚度系数。

由式(3-9)和式(3-10)可知,提高刚度、减小折算转动惯量,对提高系统的固有频率有利。

5. 传动误差

1) 传动系统的误差分析

机械传动系统中，影响系统传动精度的误差可分为传动误差和回程误差两种。

(1) 传动误差。传动误差是指输入轴单向回转时，输出轴转角的实际值相对于理论值的变动量。由于传动误差的存在，输出轴的运动时而超前，时而滞后。若传动装置的各组成零部件(齿轮、轴、轴承、箱体)制造和装配绝对准确，同时又忽略使用过程中的温度变化和弹性变形，则在传动过程中，输出轴转角 φ_o 与输入轴转角 φ_i 之间应符合如下理想关系，即

$$\varphi_o = \frac{\varphi_i}{i_t} \tag{3-11}$$

式中，i_t 为传动装置的总传动比。

这时，输入轴若均匀回转，输出轴也均匀回转；输入轴若反向回转，输出轴也无滞后立即反向回转。图 3-9 为传动误差与回程误差。当 $i_t = 1$ 时，理想情况下 φ_o 与 φ_i 之间的关系曲线如图 3-9(a)中的直线 1 所示。实际上，各组成零部件不可能制造和装配得绝对准确，而在使用过程中还会存在温度变形和弹性变形。因此，在传动过程中输出轴的转角总会存在误差。图 3-9(b)中的曲线 2 表示单向回转时，存在传动误差 $\Delta\varphi$，输出轴 φ_o 与输入轴的 φ_i 之间的关系。

(2) 回程误差。回程误差是与传动误差既有联系又有区别的另一类误差。回程误差可以定义为输入轴由正向回转变为反向回转时，输出轴在转角上的滞后量，也可以把它理解成输入轴固定时，输出轴可以任意转动的转角量。回程误差使输出轴不能立即随着输入轴反向回转，即反向回转时，输出轴产生滞后运动。输入轴转角与输出轴转角的关系曲线与磁滞回线相似，如图 3-9(c)中的曲线 3 所示。

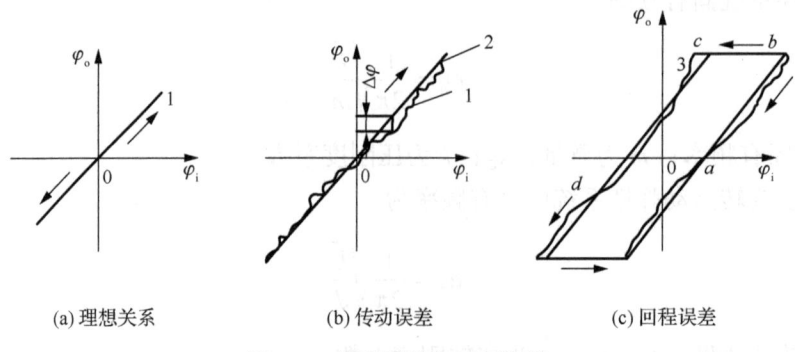

(a) 理想关系　　　(b) 传动误差　　　(c) 回程误差

图 3-9　传动误差与回程误差

当主动轮从 $\varphi_i = 0$ 正转时，φ_o 无输出；过 a 点后，两轮啮合，从动轮按速比正向转动；从 b 点开始 φ_i 反向时，φ_o 无变化，主动轮转过齿间(从 b 到 c)；从 c 点开始两轮在齿的另一

侧接触，从动轮才开始按速比反向转动；φ_i 回到零时，φ_o 不是零，主动轮继续反转到 d，φ_o 达到零。这就是常说的齿隙滞迟回线。

需要注意以下两点。

(1) 定义传动误差和回程误差时，均是对转角而言的，因此其单位均为角度单位，角分(′)或角秒(″)。当在齿轮节圆上来讨论时，传动误差和回程误差具有线值的形式，单位常为微米(μm)。对一个齿轮来讲，转角误差的角值 $\Delta\varphi$ 中及其在节圆上的线值 Δ 之间有下列关系，即

$$\Delta\varphi = 3.44\frac{\Delta}{r} = 6.88\frac{\Delta}{d} \tag{3-12}$$

式中，$\Delta\varphi$ 为转角误差，(′)；Δ 为在节圆上对应的线值误差，μm；r 为齿轮节圆半径，mm；d 为齿轮节圆直径，mm。

(2) 回程误差并不一定只在反向时才有意义，即使是单向回转，回程误差对传动精度也可能有影响。例如，在单向回转中，当输出轴上受到一个与其回转方向一致的足够大的外力矩作用时，由于回程误差的存在，其转角可能产生一个超前量；又如，在单向回转过程中，当输入轴突然减速时，若输出轴上的惯性力矩足够大，由于回程误差的存在，输出轴的转角也有可能产生一个超前量。

传动链的传动误差和回程误差对机电传动系统性能的影响，随其在系统中所处的位置不同而不同。

2) 减小传动误差的措施

减小传动误差、提高传动精度的结构措施有：适当提高零部件本身的精度；合理设计传动链，减少零部件制造、装配误差对传动精度的影响；采用消除间隙机构，以减小或消除回程误差。

(1) 提高零部件本身的精度。这是指提高各传动零部件本身的制造、装配精度。例如，为了减小传动误差，一般可采用 6 级精度的齿轮，甚至采用 5 级或 4 级精度。为了减小回程误差，一般可选用较小的侧隙或零侧隙，甚至"负侧隙"。负侧隙是在加工齿轮时，使实际齿厚比理论齿厚稍许增加。这样，传动时在轮齿发生干涉的部位，借助微量的弹性变形来补偿。采用"负侧隙"后，传动效率将显著下降。选用较小的中心距偏差，也可减小回程误差的影响。

对减速传动链来说，提高末级的精度，效果最为显著。例如，有的动力传动装置，前几级均采用 7 级精度的齿轮，而末级选用了 6 级精度的齿轮。

此外，传动装置的输出轴与负载轴之间的联轴器本身的精度，对传动精度的影响也很显著，要予以足够的重视。

(2) 合理设计传动链。

① 合理选择传动形式。在传动链的设计中，各种不同形式的传动，达到的精度是不同的。一般来说，圆柱直齿轮与斜齿轮机构的精度较高，蜗杆、蜗轮机构次之，而圆锥齿轮较差。在行星齿轮机构中，谐波齿轮的精度最高，渐开线行星齿轮机构、少齿差行星齿轮机构次之，摆线针轮行星齿轮机构则较差。

② 合理确定传动级数和分配各级传动比。减少传动级数，就可减少零件数量，也就减少了产生误差的环节。因此，在满足使用要求的条件下，应尽可能减少传动级数。对减速传动链，各级传动比宜从高速级开始，逐级递增，且在结构空间允许的前提下，尽量提高末级传动比。一般来说，减速传动采用大的传动比，可使从动轮半径增大，从而提高角值精度。

③ 合理布置传动链。在减速传动中，精度较低的传动机构(如圆锥齿轮机构、蜗杆蜗轮机构)应布置在高速轴上，这样可减小低速轴上的误差。

图 3-10 为传动链布置方案。图 3-10(a)为合理分配，在方案中，A 为主动，D 为从动；图 3-10(b)为不合理分配，在方案中，C 为主动，B 为从动。

设齿轮副在小齿轮轴上的角值误差为 Δ_{AB}，蜗轮副在蜗轮轴上的角值误差为 Δ_{CD}，并令 $\Delta_{AB} = \Delta_{CD} = \Delta$，则图 3-10(a)所示方案中，从动轴 D 的总误差为

$$\Delta_a = \Delta_{CD} + \frac{\Delta_{AB}}{i_{CD}} = \left(1 + \frac{1}{60}\right)\Delta = \frac{61}{60}\Delta$$

而图 3-10(b)所示方案中，从动轴 B 的总误差为

$$\Delta_b = \Delta_{AB} + \frac{\Delta_{CD}}{i_{AB}} = \left(1 + \frac{1}{6}\right)\Delta = \frac{7}{6}\Delta$$

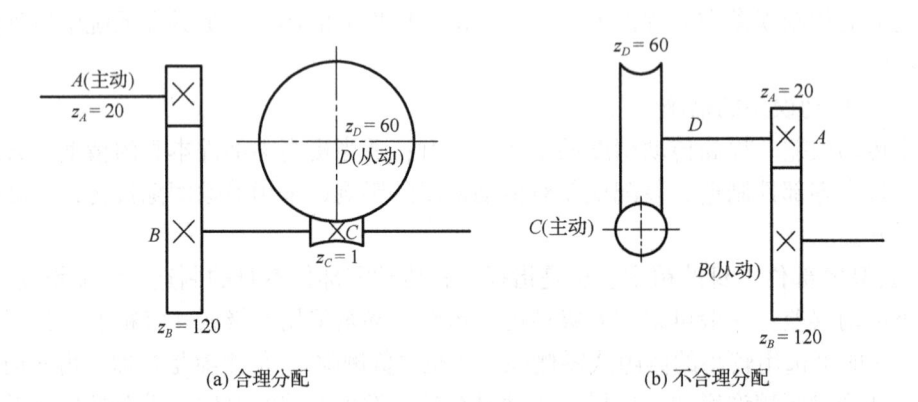

图 3-10　传动链布置方案

显然，图 3-10(a)所示方案要比图 3-10(b)所示方案好。一般来说，当要求减小由传动零件的制造、装配误差所引起从动轴的角值误差时，应在从动轴之前选用减速链。

(3) 采用消除间隙机构。消隙机构可有效地减小或消除传动中的回程误差。在机电一体化机械系统中，传动机构的消隙方法有很多种，本书主要介绍螺旋传动机构和齿轮机构的消隙方法。

① 螺旋传动间隙的消除。图 3-11 为螺旋传动消除间隙方法。图 3-11(a)所示为轴向消除间隙方法，螺母分两部分，拧动小螺钉，可使左边部分螺母变形，从而调整轴向间隙。图 3-11(b)为不等螺距消除间隙方法，图中螺距 S_1 不等于 S_2，但 $S_1 \approx S_2$。图 3-11(c)为径向消除间隙方法。图 3-12 为弹簧加载消除间隙机构，由于螺母在弹簧作用下，始终与丝杠螺纹单面接触，从而达到消除间隙的目的。

(a) 轴向消除间隙方法　　(b) 不等螺距消除间隙方法　　(c) 径向消除间隙方法

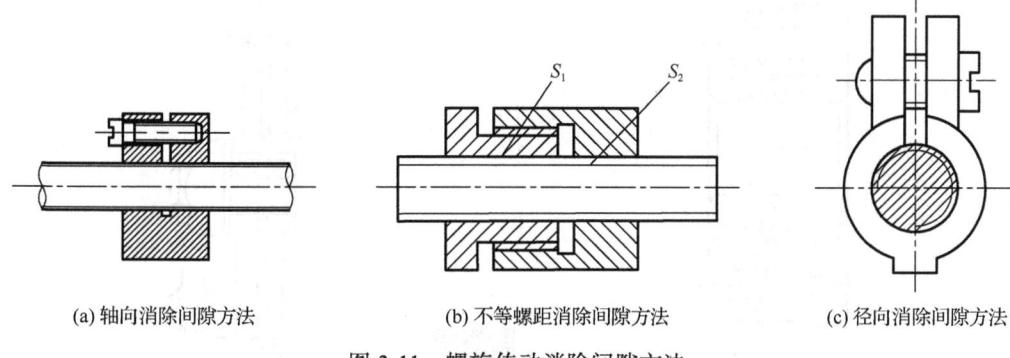

图 3-11　螺旋传动消除间隙方法

② 齿轮传动齿侧间隙的消除。

a. 刚性消除间隙法：必须在严格控制齿轮齿厚和齿距误差的条件下使用，调整后齿侧间隙不能自动补偿，但能提高传动刚度。

图 3-13 为偏心轴套式消除间隙机构。电动机 1 通过偏心轴套 2 装在箱体上。转动偏心轴套可调整两齿轮中心距，消除齿侧间隙。

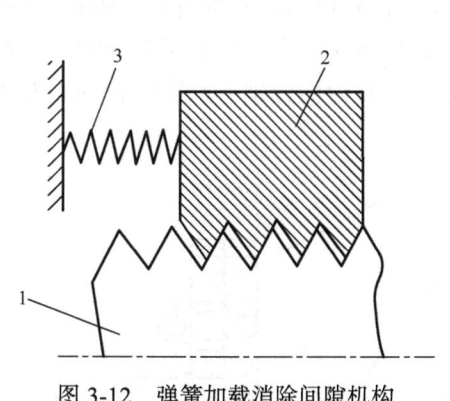

图 3-12　弹簧加载消除间隙机构
1-丝杠螺纹；2-螺母；3-弹簧

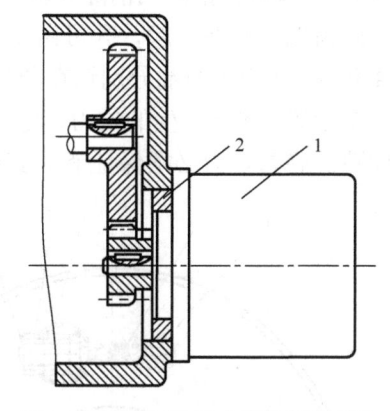

图 3-13　偏心轴套式消除间隙机构
1-电动机；2-偏心轴套

图 3-14 为锥度齿轮消除间隙机构。把齿轮 1 和 2 原分度圆柱改为带锥度的圆锥面，使齿轮的齿厚在轴向产生变化。装配时改变垫片 3 的厚度，以改变两齿轮的轴向相对位置，从而消除侧隙。

图 3-15 为斜齿轮消除间隙机构。宽齿轮 4 同时与两相同齿数的窄斜齿轮 1 和 2 啮合。窄斜齿轮 1 和 2 的齿形和键槽均拼装起同时加工，加工时在两窄斜齿轮间装入厚度为 t 的垫片 3。装配时，通过改变垫片 3 的厚度，使两齿轮的螺旋面错位，两齿轮的左右两齿面分别与宽齿轮齿面接触，以消除齿侧间隙。

b. 柔性消除间隙法：调整后，齿侧间隙可以自动补偿。这种方法对齿轮齿厚和齿距的精度要求可适当降低，但要影响传动平稳性，且传动刚度低，结构也较复杂。

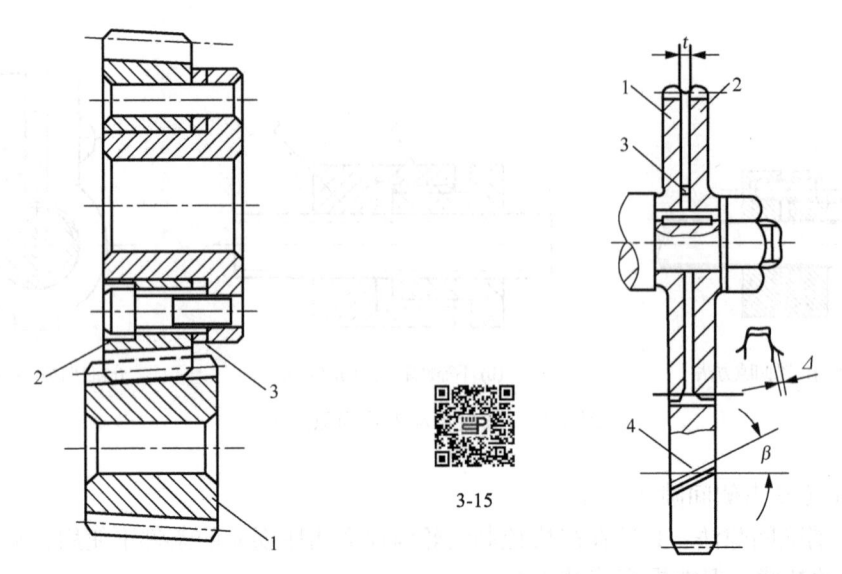

图 3-14 锥度齿轮消除间隙机构

1、2-齿轮；3-垫片

图 3-15 斜齿轮消除间隙机构

1、2-窄斜齿轮；3-垫片；4-宽齿轮

图 3-16 为双齿轮错齿式消除间隙机构。相同齿数的两薄片齿轮 1 和 2 同时与另一宽齿轮啮合，两齿轮套装在一起，并可做相对回转。每个齿轮齿面均布置有四个螺孔，分别安装凸耳 4 和 8。弹簧 3 两端分别钩在凸耳 4 和调节螺钉 5 上，由螺母 6 调节弹簧 3 的拉力，再由螺母 7 锁紧。弹簧产生的拉力，使两薄片齿轮的左右齿面分别接触宽齿轮的左右齿面，以消除侧隙。弹簧拉力必须保证能承受最大转矩。

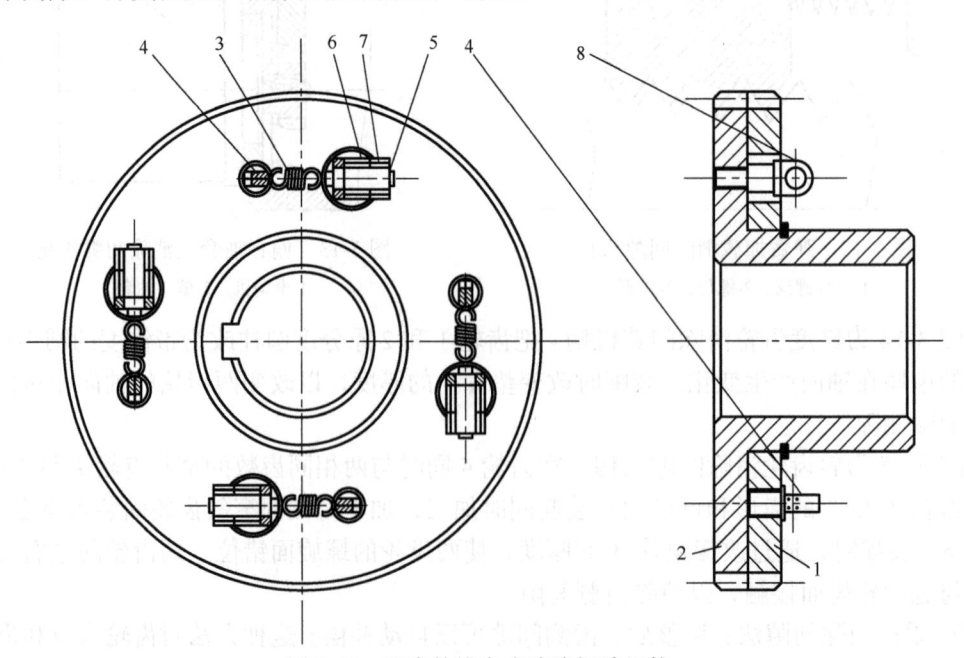

图 3-16 双齿轮错齿式消除间隙机构

1、2-薄片齿轮；3-弹簧；4、8-凸耳；5-调节螺钉；6、7-螺母

图 3-17 为蝶形弹簧消除斜齿圆柱齿轮侧隙的机构。薄片斜齿轮 1 和 2 同时与宽齿轮 6 啮合，螺母 5 通过垫片 4 调节蝶形弹簧 3，保证一定压力消除侧隙。

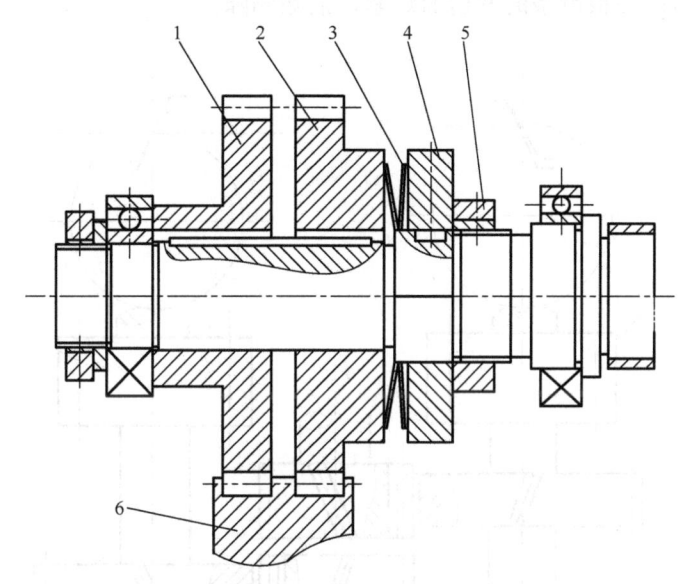

图 3-17　蝶形弹簧消除斜齿圆柱齿轮侧隙的机构
1、2-薄片斜齿轮；3-蝶形弹簧；4-垫片；5-螺母；6-宽齿轮

图 3-18 为齿轮的压力弹簧消除间隙机构。一个锥齿轮由内外两个可在切向相对转动的锥齿圈 2 和 1 组成。齿轮的外圈 1 有三个周向圆弧槽 8，齿轮的内圈 2 端面有三个凸爪 4，套装在圆弧槽内。弹簧 6 的两端分别顶在凸爪 4 和镶块 7 上，使内外两齿圈切向错位进行消隙。螺钉 5 在安装时用，用毕卸去。

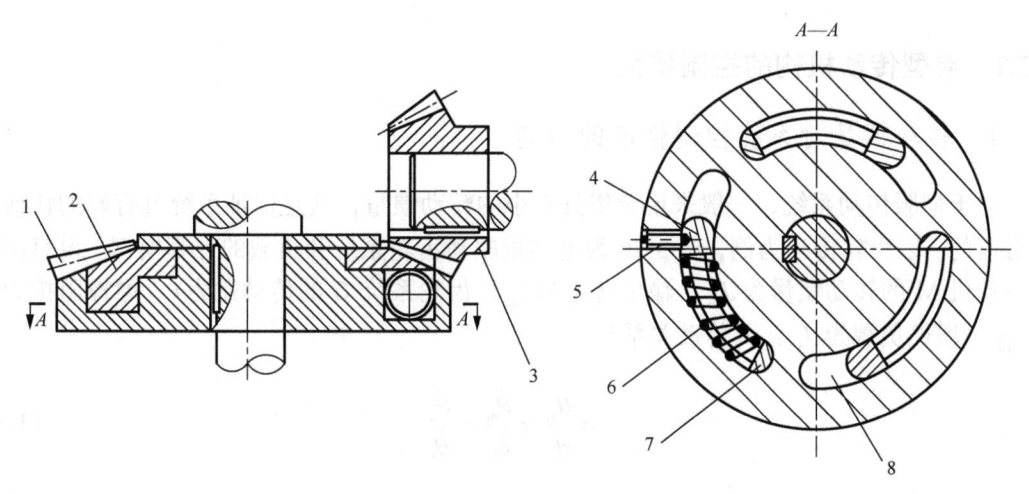

图 3-18　齿轮的压力弹簧消除间隙机构
1-锥齿轮外圈；2-锥齿轮内圈；3-锥齿轮；4-凸爪；5-螺钉；6-弹簧；7-镶块；8-圆弧槽

图 3-19 为双斜齿轮消除间隙机构。轴 2 输入进给运动，通过两对斜齿轮将运动传给轴

1 和轴 3，再由直齿轮 4 和 5 去传动齿条。轴 2 上两个斜齿轮的螺旋方向相反。弹簧在轴 2 上产生轴向力 F，使斜齿轮产生微量轴向运动，轴 1 和轴 3 以相反方向转过微小角度，直齿轮 4 和 5 分别与同一根齿条的两齿面贴紧，消除侧隙。

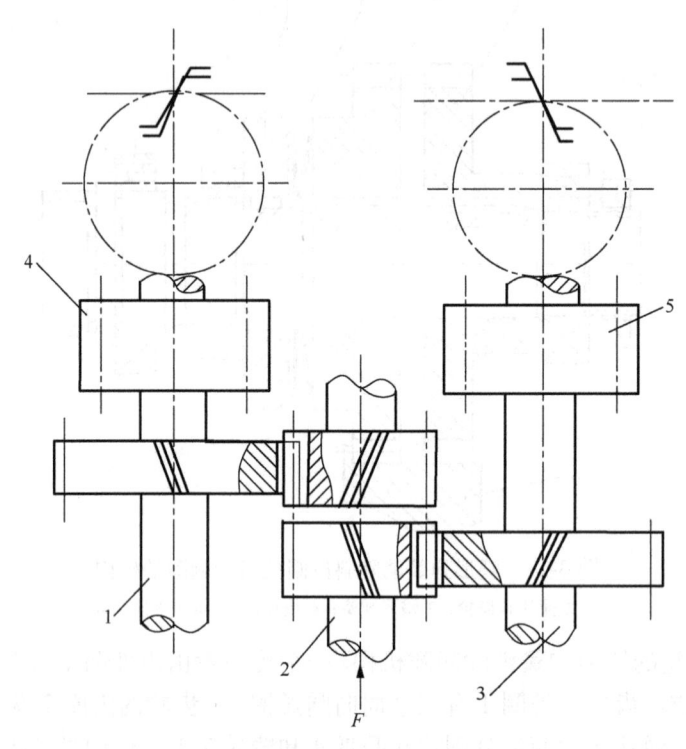

图 3-19 双斜齿轮消除间隙机构
1、3-被动斜齿轮轴；2-主动齿轮轴；4、5-直齿轮

3.2.2 典型传动机构的控制特性

1. 转动惯量对系统控制性能的影响

对于伺服传动系统，一般来说希望具有小的转动惯量，这是保证系统具有好的快速性所必需的。以齿轮传动为例，图 3-20 为电动机驱动齿轮系统和负载的计算模型。设直流伺服电动机 M 的转动惯量为 J_m，输出转矩为 T_m，齿轮系统 G 的传动比为 i，摩擦阻抗力矩为 T_{LF}，惯性负载为 J_L。其传动关系有

$$i = \frac{\theta_m}{\theta_L} = \frac{\dot{\theta}_m}{\dot{\theta}_L} = \frac{\ddot{\theta}_m}{\ddot{\theta}_L} \tag{3-13}$$

式中，θ_m、$\dot{\theta}_m$ 和 $\ddot{\theta}_m$ 分别为主动齿轮的角位移、角速度和角加速度；θ_L、$\dot{\theta}_L$ 和 $\ddot{\theta}_L$ 分别为从动齿轮的角位移、角速度和角加速度。

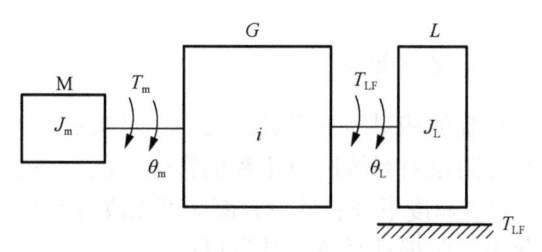

图 3-20 电动机驱动齿轮系统和负载的计算模型

换算到主动齿轮的等效转动惯量为 $J_m+\frac{1}{i^2}J_L$；换算到主动齿轮的等效力矩为 $T_m-\frac{1}{i}T_{LF}$。根据旋转运动方程，主动齿轮轴上的合转矩为

$$T_a = T_m - \frac{1}{i}T_{LF} = (J_m + \frac{1}{i^2}J_L)\ddot{\theta}_m = (J_m + \frac{1}{i^2}J_L)i\ddot{\theta}_L \tag{3-14}$$

$$\ddot{\theta}_L = \frac{T_m i - T_{LF}}{J_m i^2 + J_L} \tag{3-15}$$

从式(3-15)可以看出，转动惯量影响系统的快速性。

以数控机床为例，传动方式一般有三种：丝杠传动、齿轮齿条传动和蜗轮蜗杆传动。一般当行程较大时(>4m)，由于刚度和制造等可选择齿条传动，实际应用中**丝杠传动的应用最多**。

以丝杠传动为例，丝杠与伺服电动机的连接方式有两种：①直接传动；②中间用齿轮或者同步齿形带传动。在同样的工作条件下，丝杠的参数和齿轮的传动比也可以不同。例如，要求进给力 F_v 为 12kN、快进行程速度为 12m/min 的传动装置，采用不同传动方案的特性参数如表 3-2 所示。表中 T_R 为额定扭矩，n_R 为额定转速，GD^2 为折算转动惯量，ε_m 为线加速度，v 为快进速度，ω_n 为固有频率。由表 3-2 可知，三种方案都可以满足最大进给力和最高进给速度的要求，但它们的折算转动惯量相差却很大。可见，在选择传动方案时，不但要满足驱动力和运动速度的要求，还要考虑折算转动惯量的大小，这对提高系统的综合性能非常重要。

表 3-2 不同传动方案的特性参数

传动	电动机	T_R/(N·m)	n_R/(r/min)	GD^2	ε_m/(m·s^2)	F_v/kN	v/(m/min)	ω_n/(rad/s)
L_0=10mm	1HU3104	25	1200	0.30	3.5	12.5	12	137
i=25, L_0=10mm	1HU3076	10	3000	0.05	2.5	12.5	12	308
L_0=15mm	1HU3108	38	800	0.68	6.1	12.5	18	107

2. 阻尼对系统控制性能的影响

黏性摩擦阻尼会影响系统的相对阻尼系数的大小，对系统的动态特性和快速响应都有影响。应该注意到黏性摩擦阻尼对系统既有不利的影响，也有好的作用。一方面它使系统的功耗增大、磨损增加、响应速度下降；另一方面又可以改善系统的响应特性，减小振幅。机械传动部件若简化为二阶振动系统，其阻尼比 ξ 为

$$\xi = \frac{B}{2\sqrt{mk}} \tag{3-16}$$

式中，B 为黏性阻尼系数；m 为系统质量；k 为系统刚度系数。

根据经验，一般可将阻尼比取为 $0.4 \leqslant \xi \leqslant 0.7$。

3. 刚度对系统控制性能的影响

对于伺服系统的失动量来说，系统刚度越大，失动量越小。对于系统的固有频率来说，系统刚度越大，固有频率越高，超出系统的频带宽度，不易产生共振。对于伺服系统的稳定性来说，刚度对开环系统的稳定性没有影响，而对闭环系统的稳定性有很大影响，提高刚度可增加闭环系统的稳定性。但是，刚度的提高如果伴随着转动惯量、摩擦和成本的增加，则要综合考虑，选择多个方案做优化设计。

3.3 机械传动装置

3.3.1 齿轮传动

机电一体化系统中目前使用最多的是齿轮传动，主要原因是齿轮传动的瞬时传动比为常数，传动精确，可做到零侧隙无回差、强度大、能承受重载、结构紧凑、摩擦力小、效率高。

1. 总传动比选择方法

用于伺服系统的齿轮传动一般是减速系统，其输入是高速、小转矩，输出是低速、大转矩，用以使负载加速。要求齿轮系统不但有足够的强度，还要有尽可能小的转动惯量，在同样的驱动功率下，其加速度响应为最大。此外，齿轮副的啮合间隙会造成不明显的传动死区。在闭环系统中，传动死区能使系统以 1~5 倍的间隙角产生低频振荡，为此，要调小齿侧间隙，或采用消隙装置。在上述条件下，要使伺服电动机驱动负载产生的加速度最大，需按下述方法选择总传动比。

由式(3-14)和式(3-15)可知：

$$\ddot{\theta}_L = \frac{T_m i - T_{LF}}{J_m i^2 + J_L} = \frac{iT_a}{J_m i^2 + J_L} \tag{3-17}$$

令 $\partial \dot{\theta}_L / \partial i = 0$，则

$$i = \frac{T_{LF}}{T_m} + \sqrt{\left(\frac{T_{LF}}{T_m}\right)^2 + \frac{J_L}{J_m}} \qquad (3\text{-}18)$$

若 $T_{LF} = 0$，则

$$i = \sqrt{J_L/J_m} \qquad (3\text{-}19)$$

图 3-21 为用于齿轮传动比选择的机械特性曲线。处于电动机曲线以下的阴影面积所代表的齿轮传动比均可选择，而 T_a 最大的是最佳值。但当作用于负载的干扰很大时，为减小其影响时，可能选用较大的传动比。

2. 齿轮传动链的级数和各级传动比的分配

虽然各种周转轮系可以满足总传动比的要求，且结构紧凑，但由于效率等，常用多级圆柱齿轮传动副串联组成齿轮系。确定齿轮副的级数和分配各级传动比，按不同原则有以下三种方法。

1) 最小等效转动惯量原则

(1) 小功率传动装置：以图 3-22 所示两级传动齿轮系为例。假定各主动小齿轮具有相同的转动惯量 J_1，轴与轴承转动惯量不计，各齿轮均为实心圆柱体，且齿宽和材料均相同，效率不计，则

$$i_2 \approx i_1^2 / \sqrt{2} \qquad (3\text{-}20)$$

$$i_1 \approx (\sqrt{2}i)^{1/3} \qquad (3\text{-}21)$$

式中，i_1、i_2 分别为齿轮系中第一、二级齿轮副的传动比；i 为齿轮系总传动比，$i = i_1 i_2$。

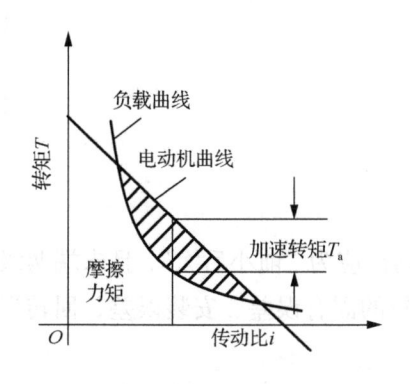

图 3-21 用于齿轮传动比选择的机械特性曲线

图 3-22 两级传动齿轮系

同理，对于 n 级齿轮系有

$$i_1 = 2^{\frac{2^n - n - 1}{2(2^n - 1)}} \cdot \frac{1}{i^{2^{n-1}}} \qquad (3\text{-}22)$$

$$i_k = \sqrt{2}\left(\frac{i}{2^{n/2}}\right)^{\frac{2(k-1)}{2n-1}}, \quad k = 2,3,4,\cdots,n \tag{3-23}$$

各级传动比分配的结果应为"前大后小"。

(2) 大功率传动装置：大功率传动装置传递的转矩大，各级齿轮副的模数、齿宽直径等参数逐级增加。这时，小功率传动的假定不适用，分配结果应为"前小后大"。

2) 质量最小原则

(1) 小功率传动装置：仍以图 3-22 所示的传动齿轮系为例。假定各主动小齿轮的模数、齿数、齿宽均相同，轴与轴承转动惯量不计，各齿轮均为实心圆柱体，且齿宽与材料均相同，效率不计，则

$$i_1 = i_2$$

同理，对 n 级传动可得

$$i_1 = i_2 = \cdots = i_n$$

(2) 大功率传动装置：仍以图 3-22 所示的齿轮系为例。假设所有主动小齿轮的模数为 m_1、m_3，分度圆直径为 d_1、d_3，齿宽为 b_1、b_3，都与所在轴上的转矩 T_1、T_3 的三次方根成正比，即

$$m_3/m_1 = d_3/d_1 = b_3/b_1 = \sqrt[3]{T_3/T_1} = \sqrt[3]{i_1} \tag{3-24}$$

另设每个齿轮副中齿宽相等，即 $b_1 = b_2$，$b_3 = b_4$，可得

$$i = i_1\sqrt{2i_1+1} \tag{3-25}$$

$$i_2 = \sqrt{2i_1+1} \tag{3-26}$$

所得各级传动比应为"前大后小"。

3) 输出轴转角误差最小原则

在减速传动链中，从输入端到输出端的各级传动比应为"前小后大"，且末端两级传动比应尽可能大，齿轮副精度应提高，这样可减小齿轮的固有误差、安装误差、回转误差对输出轴运动精度的影响。

上述三项原则的选择，应根据具体的工作条件而定。

(1) 对于以提高传动精度和减小回程误差为主的降速齿轮传动链，可按输出轴转角误差最小原则设计。对于升速传动链，则应在开始几级就增速。

(2) 对于要求运动平稳、启停频繁和动态性能好的伺服降速传动链，可按最小等效转

动惯量和输出轴转角误差最小原则进行设计。对于负载变化的齿轮传动装置,各级传动比最好采用不可约的比数,避免同时啮合。

(3) 对于要求质量尽可能小的降速传动链,可按质量最小原则进行设计。

(4) 对于传动比很大的齿轮传动链,应把定轴轮系和行星轮系结合使用。若同时要求传动精度高、功率大、效率高、传动平稳、体积小、质量轻等,就要综合运用上述原则进行设计。

3.3.2 同步带传动

1. 同步带的特点

同步带传动如图 3-23 所示,是一种综合了带链传动优点的新型传动。它在带的工作面及带轮外周上均制成齿轮,通过带齿与轮齿的嵌合,做啮合传动。带内采用了承载后弹性伸长极小的材料作为强力层,以保持带的节距不变,使主、从动带轮能做无滑差的同步传动。

1) 同步带传动的优点

(1) 无滑动,传动比准确;

(2) 传动效率高,可达 0.98,有明显的节能效果;

(3) 传动平稳,能吸振,噪声小;

(4) 使用范围较广,传递功率由几瓦至数百千瓦,速度可达 50m/s,速比可达 10 左右;

(5) 维护保养方便,不需要润滑。

2) 同步带传动的缺点

(1) 安装要求高,中心距要求严格;

(2) 带与带轮的制造工艺较复杂,制造成本高。

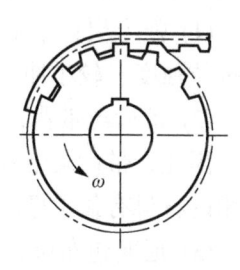

图 3-23 同步带传动

2. 同步带的分类

1) 按用途分

按用途分类,它可分为一般用同步带传动和高转矩同步带传动两大类。

(1) 一般用同步带传动即梯形齿同步带传动,适用于中小功率传动,如各种仪器、办公机械、纺织机械中均采用此类同步带传动。

(2) 高转矩同步带传动即圆弧齿同步带传动,国外称为 HTD(high torque drive)、STPD(super torque positive drive)。它适用于大功率,传递功率可达数百千瓦,常用于重型机械传动中,如运输机构、石油机构、机床等。

2) 按尺寸规格分

(1) 模数制:根据带的模数来确定带、带轮的各部分尺寸。由于模数制在结构上不合理及给国际交流带来不便,已逐渐被节距制所代替。

(2) 节距制:带的主要参数为带齿节距,表 3-3 为目前列入 ISO 标准的同步带的型号和节距。相应地，随带节距增大，带的各部分尺寸也增大，所传递功率增加。本节只讨论节距制的梯形齿同步带传动。

表 3-3　同步带的型号和节距

型号	节距/mm	型号	节距/mm
MXL	2.032	H	12.7
XL	5.08	XH	22.225
L	9.525	XXH	31.75

3. 同步带及带轮结构

1) 同步带的结构

同步带的结构如图 3-24 所示。同步带由强力层 1、带齿 2、带背 3 组成。在采用氯丁橡胶为基体的同步带中还增设尼龙包布层 4。

(1) 强力层：它是带的抗拉元件，用来传递动力并保证带的节距不变，故多采用有较高抗拉强度、较小伸长率的材料制造，目前采用的有钢丝、尼龙、玻璃纤维等。

(2) 带齿与带背：带齿为啮合元件，带背用来连接带齿、强力层，并在工作中承受弯曲。因此，带齿与带背均要求有较好的抗剪切、抗弯曲能力及较高的耐磨性和弹性。目前常用的材料有氯丁橡胶、聚氨酯等。

(3) 尼龙包布层：在氯丁橡胶制成的同步带上，其齿面覆盖一层尼龙包布，以增加带齿的耐磨性及带的抗拉强度。其材料多用尼龙帆布、锦纶布等制成。

有关节距的梯形齿同步带的尺寸、规格见 GB/T 11616—2013。

2) 带轮结构与尺寸

同步带轮的结构如图 3-25 所示。目前在国际上采用的带轮齿形有直边齿形和渐开线齿形两种。两种齿形的尺寸见 GB/T 11361—2018 同步带轮标准。

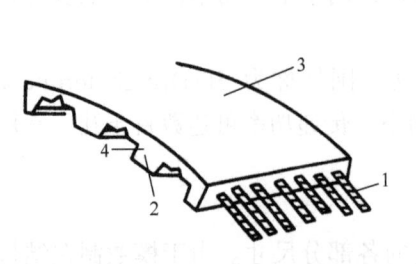

图 3-24　同步带的结构
1-强力层；2-带齿；3-带背；4-尼龙包布层

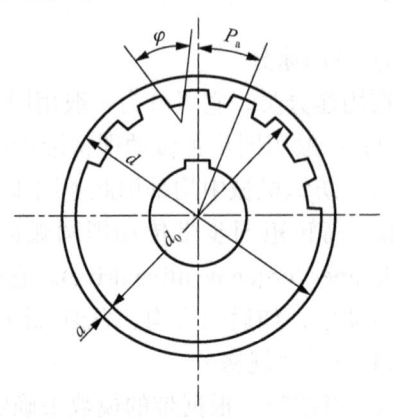

图 3-25　同步带轮的结构

带轮的主要参数如下。

(1) 带轮的齿数：在一定速比下，取较少的带轮齿数，可使传动结构紧凑，但齿数过少，将使带包绕于带轮上时，同时啮合的齿数减少，易造成带齿受载过大而剪断，因此要求同时啮合的齿数应不小于 6。此外，带轮齿数过少，在节距已定时带轮直径相应减少，使带的弯曲应力增大，带会过早疲劳断裂，故对于带轮最少许用齿数已有规定，表 3-4 为带轮最少许用齿数。

表 3-4 带轮最少许用齿数

小带轮轮速/(r/min)	带型号					
	MXL	XL	L	H	XH	XXH
900 以下	—	10	12	14	22	22
900 至 1200 以下	12	10	12	16	24	24
1200 至 1800 以下	14	12	14	18	26	26
1800 至 3600 以下	16	12	16	20	30	—
3600 至 4800 以下	—	15	18	22	—	—

(2) 带轮的节线与节圆直径：在同步带上，通过强力层中心、长度不发生变化的线称为节线。而当同步带包绕于带轮时，带轮上与带的节线相切，并与节线做纯滚动的圆称为带轮的节圆。在节圆上度量所得的相邻两齿对应点的距离称为带轮的节距，用 P_a 表示。带轮的节圆直径为

$$d = zP_a/\pi \tag{3-27}$$

式中，d 为带轮的节圆直径，mm；z 为带轮齿数；P_a 为节距。

(3) 带轮齿形角 φ：梯形齿同步带的带轮齿形角 φ 取 40°。

(4) 带轮齿顶圆直径 d_0：由图 3-25 可得

$$d_0 = d - 2a \tag{3-28}$$

式中，$2a$ 为节顶距，即带轮节圆至齿顶圆间的距离，对于每种不同节距的带轮，a 作为常数给出，其数值见 GB/T 11361—2018。

带轮上其他参数如轮齿顶部、根部圆角半径、齿槽深度、齿槽底宽、齿轮宽度，均见 GB/T 11361—2018。

3.3.3 谐波齿轮减速器

1. 工作原理

谐波齿轮减速器如图 3-26 所示，轴 1 带动波发生器凸轮 2，经柔性轴承 3，使柔轮 5 的齿在产生弹性变形的同时与刚轮 4 的齿相互作用，完成减速功能。

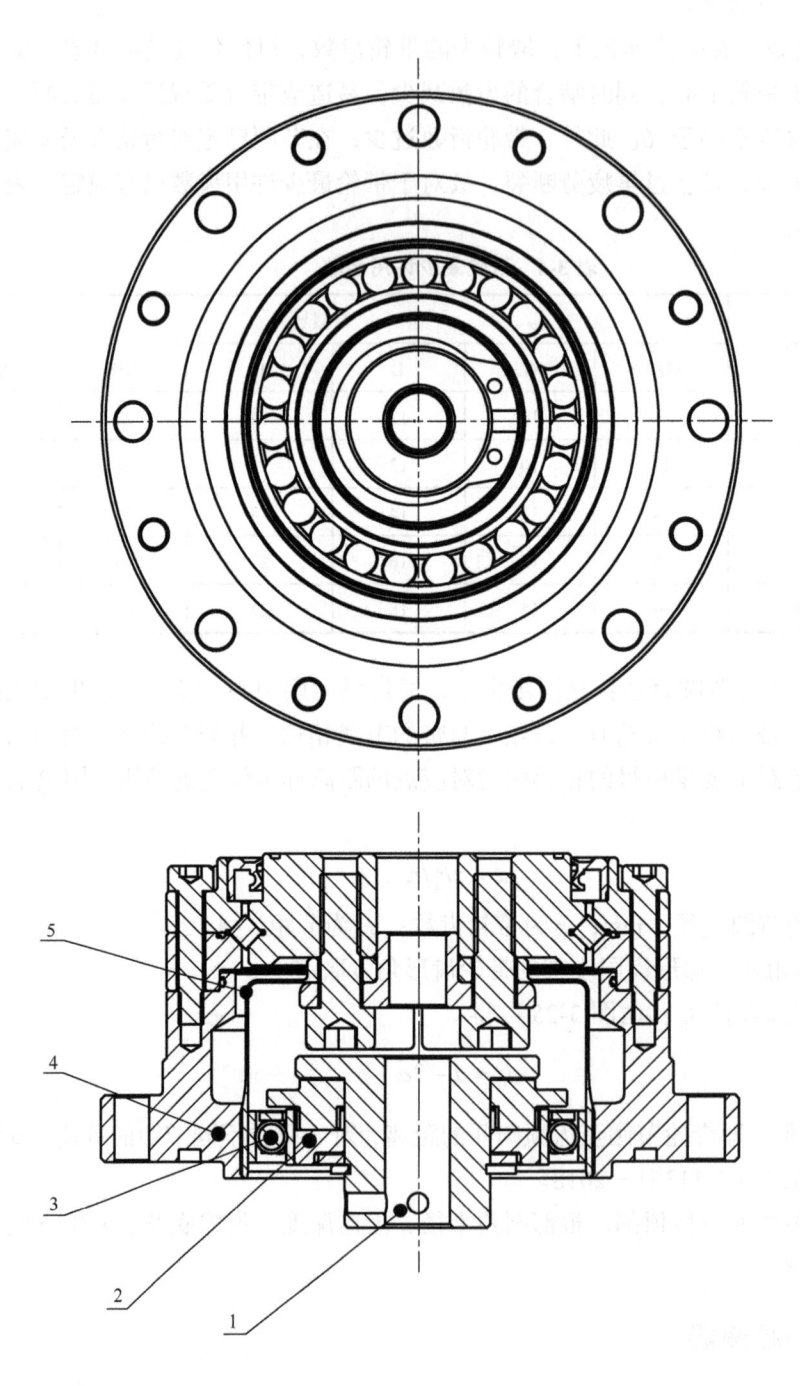

图 3-26 谐波齿轮减速器
1-输入轴；2-凸轮；3-轴承；4-刚轮；5-柔轮

谐波齿轮减速器的工作原理如图 3-27 所示。若将刚轮 4 固定，波发生器凸轮 2 装入柔轮 5，使原形为圆环形的柔轮产生弹性变形，柔轮两端的齿与刚轮的齿完全啮合，而柔轮短轴两端的齿与刚轮的齿完全脱开，长轴与短轴间的齿侧逐渐啮入和啮出。当高速轴带动波发生器凸轮和柔性轴承逆时针连续转动时，柔轮上原来与刚轮啮合的齿对开始啮出后脱开，再转入啮入，然后重新啮合，这样柔轮就相对于刚轮沿着与波发生器相反的方向低速旋转，通过低速轴输出运动。若将柔轮固定，由刚轮输出运动，其工作原理完全相同，只是刚轮的转向将与波发生器的转向相同。

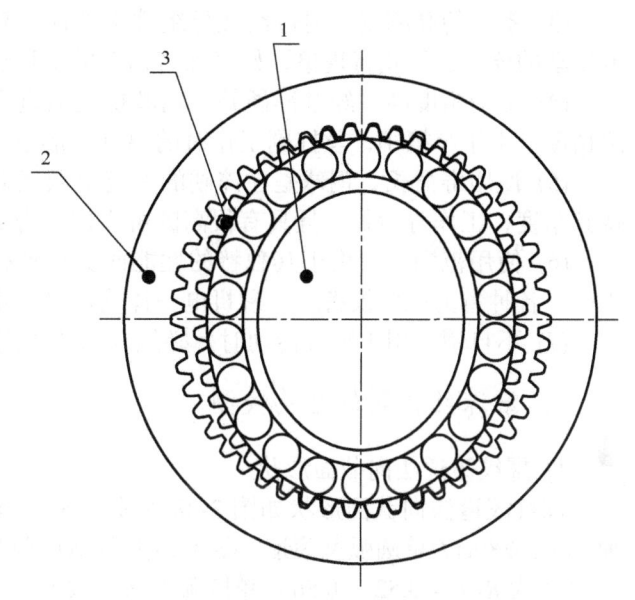

图 3-27 谐波齿轮减速器的工作原理
1-凸轮；2-刚轮；3-柔轮

2. 工作特点

与一般齿轮传动相比，谐波齿轮传动有下列特点。

(1) 传动比大。单级谐波齿轮传动比为 50～500；多级或复式传动比更大，可达 30000 以上。

(2) 承载能力大。在传输额定输出转矩时，谐波齿轮传动同时啮合的齿对数可达总齿对数的 30%～40%。

(3) 传动精度高。在同样的制造精度条件下，谐波齿轮的传动精度比一般齿轮的传动精度至少要高一级。

(4) 齿侧间隙小。通过调整，齿侧间隙可减到最小，以减小回程误差。

(5) 传动平稳。基本上无冲击振动。

(6) 传动效率高。单级传动的效率为 65%～90%。

(7) 结构简单、体积小、质量轻。在传动比和承载能力相同的条件下，谐波齿轮减速器比一般齿轮减速器的质量减少 1/3～1/2。

3.3.4 滚珠丝杠副

滚珠丝杠副有以下特点。

(1) 很高的传动效率。效率高达 90%～95%，耗费的动力仅为滑动丝杠的 1/3，可使驱动电动机乃至机械小型化。

(2) 运动的可逆性。逆传动效率几乎与正传动效率相同，既可将回转运动变成直线运动，又可将直线运动变成回转运动，以满足一些特殊要求的运动场合。

(3) 系统的高刚度。通过给螺母组件施加预压来获得较高的系统刚度，可满足各种机械传动的要求，无爬行现象，始终保持运动的平稳性。

(4) 传动精度高。经过淬硬并经精磨螺纹滚道后的滚珠丝杠副，本身就具有很高的进给精度。由于摩擦小，丝杠副工作时的温升变形小，容易获得较高的定位精度。

(5) 使用寿命长。钢球是在淬硬的滚道上做滚动运动，摩擦极小，长期使用后仍能保持其精度，工作寿命长，且具有很高的可靠性，寿命一般要比滑动丝杠高5~6倍。

(6) 使用范围广。由于其独特的性能而受到极高的评价，因而已成为数控机床、精密机械、各种省力机械设备及各种机电一体化产品中不可缺少的元件。

(7) 不自锁。用于竖直传动时，必须在系统中附加自锁或制动装置。

1. 滚珠丝杠副的结构类型

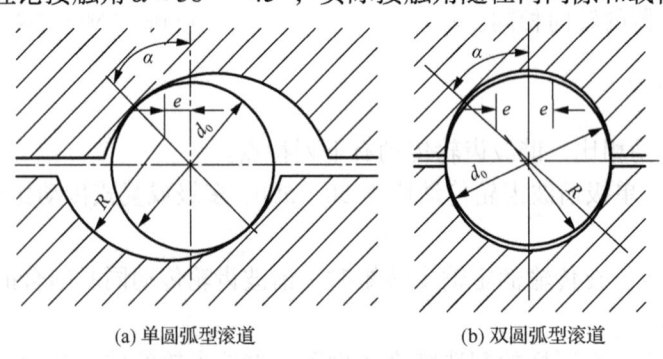

1) 螺纹滚道法向截面形状

螺纹滚道法向截面形状如图 3-28 所示。螺纹滚道法向截面形状有单圆弧和双圆弧两种，图 3-28(a)为单圆弧型滚道，图 3-28(b)为双圆弧型滚道。滚道沟曲率半径 R 与滚珠直径 d_0 之比为 $R/d_0 \approx 0.52 \sim 0.56$。单圆弧型滚道要有一定的径向间隙，使实际接触角 $\alpha \approx 45°$。双圆弧型滚道的理论接触角 $\alpha \approx 38° \sim 45°$，实际接触角随径向间隙和载荷而变。

(a) 单圆弧型滚道　　(b) 双圆弧型滚道

图 3-28　螺纹滚道法向截面形状

2) 滚珠循环方式

(1) 内循环方式。滚珠在循环过程中始终与丝杠的表面接触，这种循环称为内循环。如图 3-29 所示，在螺母孔内接通相邻滚道的反向器，引导滚珠越过丝杠的螺纹外径进入相邻滚道，形成一个循环回路。一般在一个螺母上装有 2~4 个均匀分布的反向器，称为 2-4 列。内循环结构回路短、摩擦小、效率高、径向尺寸小，但精度要求高，否则误差对循环的流畅性和传动平稳性有影响。

(2) 外循环方式。滚珠在循环过程中，有一段离开丝杠表面，这种循环称为外循环。如图 3-30 所示，回程引导装置两端插入与螺纹

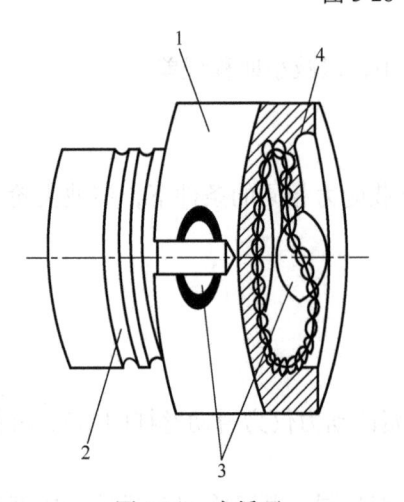

图 3-29　内循环

1-螺母；2-丝杠；3-反向器；4-滚珠

滚道相切的孔内，引导滚珠进出弯管，形成一个循环回路，再用压板将回程引导装置固定，可做成多列，以提高承载能力。插管式外循环结构简单、制造容易，但径向尺寸大，且弯管两端的管舌耐磨性和抗冲击性能差。若在螺母外表面上开槽与切向孔连接，代替弯管，则为螺旋槽式外循环，径向尺寸较小，但槽与孔的接口为非圆滑连接，滚珠经过时易产生冲击。若在螺母两端加端盖，端盖上开槽引导滚珠沿螺母上的轴向孔返回，则为端盖式外循环，如图 3-31 所示。后两种外循环结构紧凑，但滚珠所经接口处要连接光滑，且坡度不能太大。

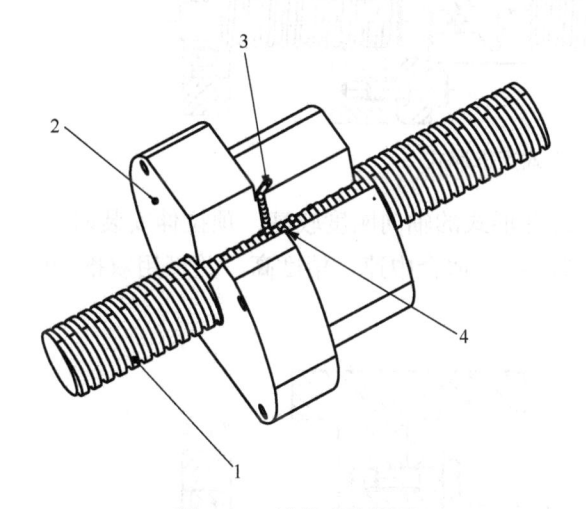

图 3-30 插管式外循环
1-丝杠；2-螺母；3-回程引导装置；4-滚珠

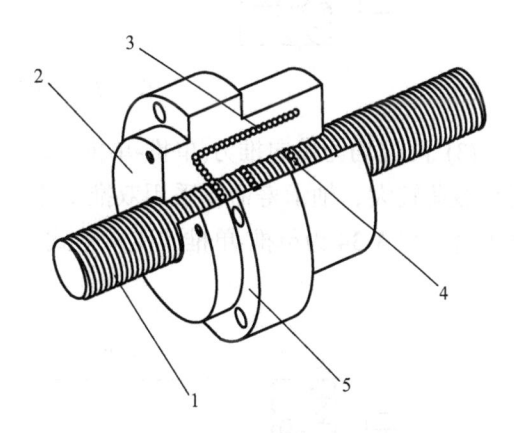

图 3-31 端盖式外循环
1-丝杠；2-端盖；3-循环滚珠；4-承载滚珠；5-螺母

2. 滚珠丝杠副的支承结构形式

滚珠丝杠副的支承作用主要是约束丝杠的轴向窜动，其次才是径向约束。

(1) 两端固定(双推-双推，F-F)。这种形式的轴向刚度最高，预拉伸安装时，需加载荷较小，轴承寿命较长，适合高速、高刚度、高精度的工作条件。这种形式结构复杂，工艺困难，成本最高。图 3-32 为两端固定式支承形式。

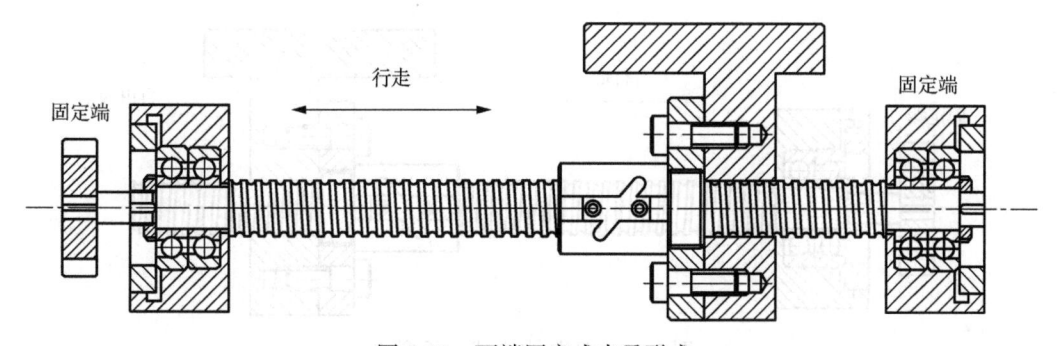

图 3-32 两端固定式支承形式

(2) 一端固定、一端游动(双推-简支，F-S)。这种形式的轴向刚度不高，与螺母位置有关，双推端可预拉伸安装，适合中速、精度较高的长丝杠。图 3-33 为双推-简支式支承形式。

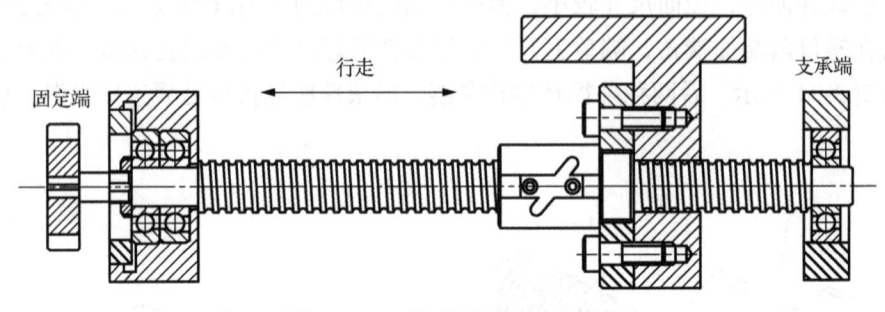

图 3-33　双推-简支式支承形式

(3) 两端均为单向推力(单推-单推，J-J)。这种形式的轴向刚度较高，预拉伸安装时，需加载荷较大，轴承寿命比采用双推-双推形式的短，适合中速、精度高，并可用双推-单推组合。图 3-34 为单推-单推式支承形式。

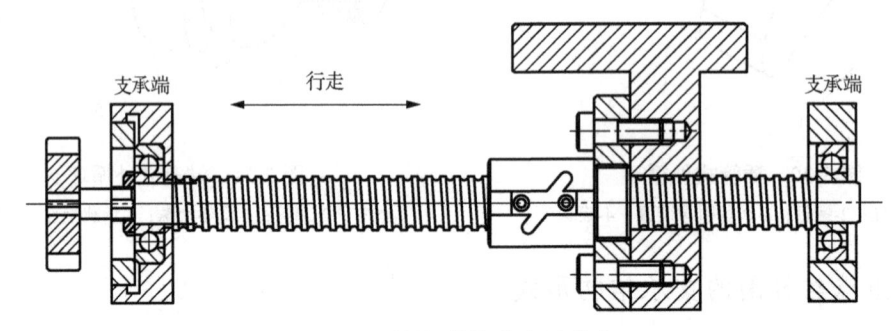

图 3-34　单推-单推式支承形式

(4) 一端固定、一端自由(双推-自由，F-O)。这种形式的轴向刚度低，双推端可预拉伸安装，适合中小载荷与低速，更适合竖直安装，在短丝杠上常采用。图 3-35 为双推-自由式支承形式。

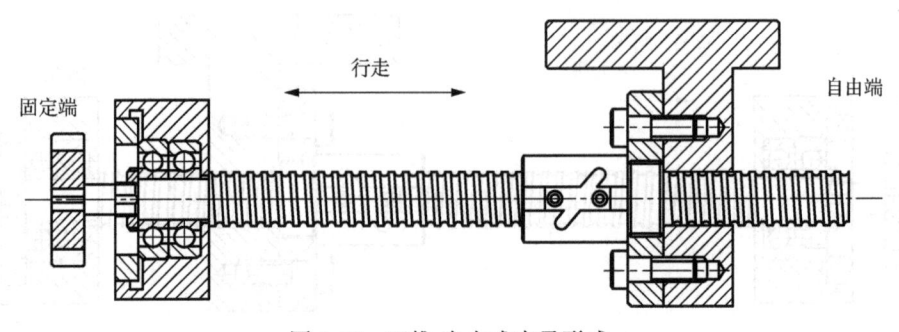

图 3-35　双推-自由式支承形式

3. 滚珠丝杠副的精度等级

以经济性为前提选择符合要求的精度等级。滚珠丝杠的精度等级与下述性能有关：导程误差、表面粗糙度、几何公差、间隙、预紧力变动范围、温升及噪声。精密级滚珠丝杠应用在需要高定位精度、高稳定性及长寿命要求的场合。转造级滚珠丝杠应用在需要高效率和长寿命但精度要求不高的场合。精密转造级滚珠丝杠精度介于精密级和转造级之间，可取代许多相同精度等级研磨级滚珠丝杠的应用领域。

台湾 HIWIN 精密研磨级滚珠丝杠分为 7 个等级。一般来说，HIWIN 精密研磨级滚珠丝杠是由 v_{300}（任意 300mm 导程变动量）来定义的。表 3-5 为台湾 HIWIN 精密研磨级滚珠丝杠的精度等级。图 3-36 为导程测量曲线。

表 3-5 台湾 HIWIN 精密研磨级滚珠丝杠的精度等级

参数		\multicolumn{14}{c	}{精度等级}
		\multicolumn{2}{c	}{C0}	\multicolumn{2}{c	}{C1}	\multicolumn{2}{c	}{C2}	\multicolumn{2}{c	}{C3}	\multicolumn{2}{c	}{C4}	\multicolumn{2}{c	}{C5}	\multicolumn{2}{c	}{C6}
单一导程变动 v_{2p}		\multicolumn{2}{c	}{3}	\multicolumn{2}{c	}{4}	\multicolumn{2}{c	}{4}	\multicolumn{2}{c	}{6}	\multicolumn{2}{c	}{8}	\multicolumn{2}{c	}{8}	\multicolumn{2}{c	}{8}
任意 300mm 导程变动 v_{300}		\multicolumn{2}{c	}{3.5}	\multicolumn{2}{c	}{5}	\multicolumn{2}{c	}{6}	\multicolumn{2}{c	}{8}	\multicolumn{2}{c	}{12}	\multicolumn{2}{c	}{18}	\multicolumn{2}{c	}{23}
\multicolumn{2}{c	}{牙长}	\multicolumn{14}{c	}{精度项目}
以上	以下	e_p	v_u	e_p	v_u	e_p	v_u	e_p	v_u	e_p	v_u	e_p	v_u	e_p	v_u
—	315	4	3.5	6	5	6	6	12	8	12	12	23	18	23	23
315	400	5	3.5	7	5	7	6	13	10	13	12	25	20	25	25
400	500	6	4	8	5	8	7	15	10	15	13	27	20	27	26
500	630	6	4	9	6	9	7	16	12	16	14	30	23	30	29
630	800	7	5	10	7	10	8	18	13	18	16	35	25	35	31
800	1000	8	6	11	8	11	9	21	15	21	17	40	27	40	35
单一导程变动 v_{2p}		\multicolumn{2}{c	}{3}	\multicolumn{2}{c	}{4}	\multicolumn{2}{c	}{4}	\multicolumn{2}{c	}{6}	\multicolumn{2}{c	}{8}	\multicolumn{2}{c	}{8}	\multicolumn{2}{c	}{8}
任意 300mm 导程变动 v_{300}		\multicolumn{2}{c	}{3.5}	\multicolumn{2}{c	}{5}	\multicolumn{2}{c	}{6}	\multicolumn{2}{c	}{8}	\multicolumn{2}{c	}{12}	\multicolumn{2}{c	}{18}	\multicolumn{2}{c	}{23}
\multicolumn{2}{c	}{牙长}	\multicolumn{14}{c	}{精度项目}
以上	以下	e_p	v_u	e_p	v_u	e_p	v_u	e_p	v_u	e_p	v_u	e_p	v_u	e_p	v_u
1000	1250	9	6	13	9	13	10	24	16	24	19	46	30	46	39
1250	1600	11	7	15	10	15	11	29	18	29	22	54	35	54	44
1600	2000			18	11	18	13	35	21	35	25	65	40	65	51
2000	2500			22	13	22	15	41	24	41	29	77	46	77	59
2500	3150			26	15	26	17	50	29	50	34	93	54	93	69
3150	4000			30	18	32	21	60	35	62	41	115	65	115	82
4000	5000							72	41	76	49	140	77	140	99
5000	6300							90	50	100	60	170	93	170	119

续表

牙长		精度项目												
以上	以下	e_p	v_u	e_p	v_u	e_p	v_u	e_p	v_u	e_p	v_u	e_p	v_u
6300	8000					110	60	125	75	210	115	210	130
8000	10000									260	140	260	145
10000	12000									320	170	320	180

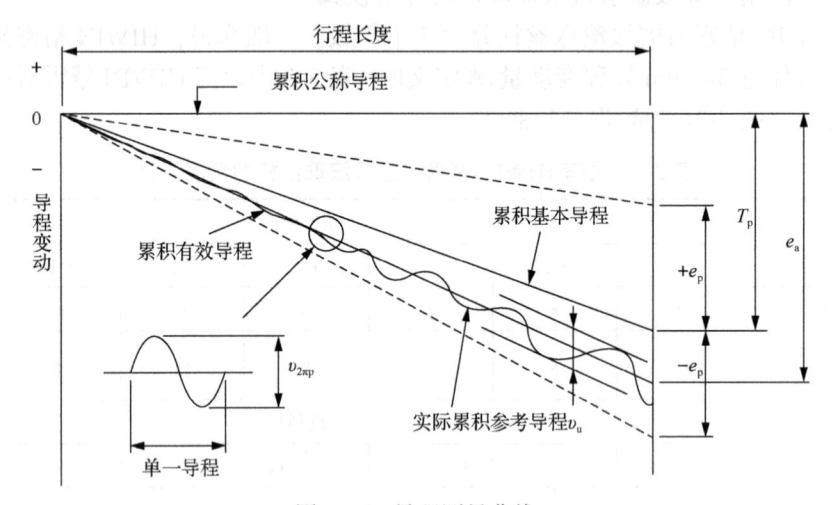

图 3-36 导程测量曲线

4. 滚珠丝杠副的尺寸与代号

滚珠丝杠副国家标识符号的内容如图 3-37(a)所示。不同生产厂家的标注方法略有不同，一般厂商往往省略 GB 字符，以其产品的结构类型号开头。以山东济宁博特精密丝杠制造有限公司生产的滚珠丝杠副为例，其标注方法如图 3-37(b)所示，结构类型如表 3-6 所示。

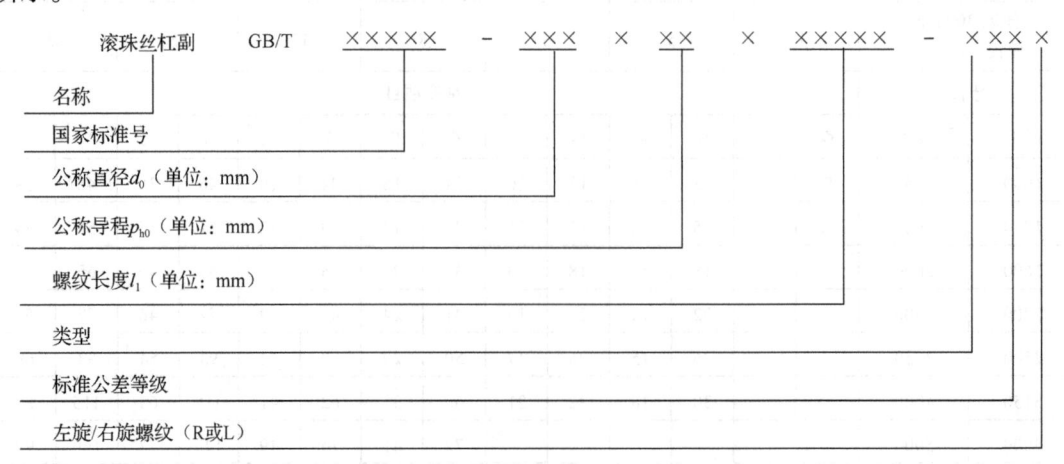

滚珠丝杠副 GB/T ×××××—××× × ×× × ×××××—×××

- 名称
- 国家标准号
- 公称直径d_0（单位：mm）
- 公称导程p_{h0}（单位：mm）
- 螺纹长度l_1（单位：mm）
- 类型
- 标准公差等级
- 左旋/右旋螺纹（R或L）

(a) 国家标识符号

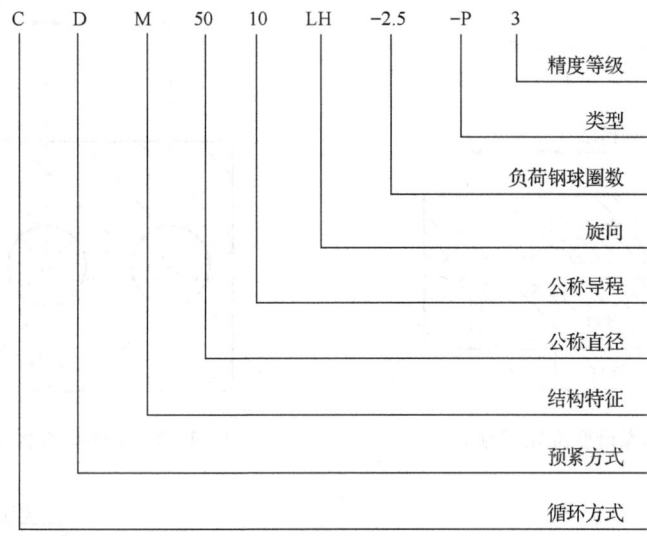

```
C D M 50 10 LH —2.5 —P 3
```
- 3 — 精度等级
- P — 类型
- 2.5 — 负荷钢球圈数
- LH — 旋向
- 10 — 公称导程
- 50 — 公称直径
- M — 结构特征
- D — 预紧方式
- C — 循环方式

(b) 企业标注示例

图 3-37 滚珠丝杠副的标注方法

表 3-6 滚珠丝杠副的结构类型

型号	结构类型	型号	结构类型
G	内循环固定反向器单螺母	CT	外循环插管凸出式单螺母
GD	内循环固定反向器双螺母垫片预紧	CDT	外循环插管凸出式双螺母垫片预紧
CM	外循环插管埋入式单螺母	CBT	外循环插管凸出式单螺母变位导程预紧
CDM	外循环插管埋入式双螺母垫片预紧		

5. 滚珠丝杠副的间隙调整及预紧方式

滚珠丝杠副的传动间隙是轴向间隙。为了保证反向传动精度和轴向刚度，必须消除轴向间隙。通常采用以下几种预紧方式。

(1) 单螺母变位导程预紧。如图 3-38 所示，仅仅是在螺母中部将其导程增加一个预压量 δ，以达到预紧的目的。

(2) 单螺母增大钢球直径预紧。为了补偿滚道的间隙，设计时将滚珠的尺寸适当增大，产生预紧力。滚道截面需为双圆弧，预紧力不可太大，结构最简单，但预紧力大小不能调整，如图 3-39 所示。

(3) 双螺母垫片预紧。如图 3-40 所示，修磨垫片厚度，使两螺母的轴向距离改变。根据垫片厚度不同分成两种形式，当垫片厚度较大时即产生"预拉应力"，如图 3-40(a)所示。而当垫片厚度较小时即产生"预压应力"以消除轴向间隙，如图 3-40(b)所示。后者垫片预紧刚度高，但调整不便，不能随时调隙预紧。

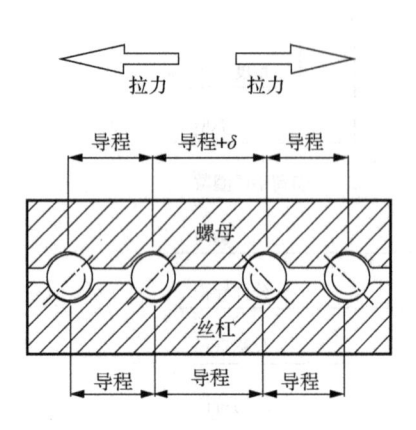

图 3-38 单螺母变位导程预紧

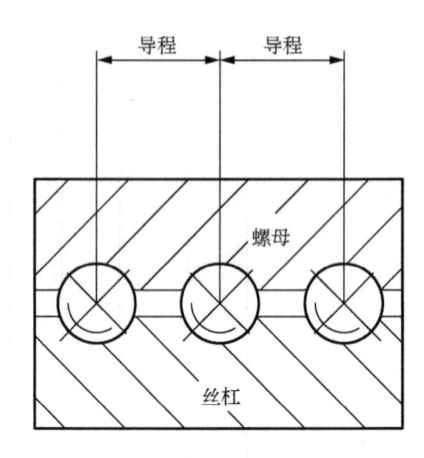

图 3-39 单螺母增大钢球直径预紧

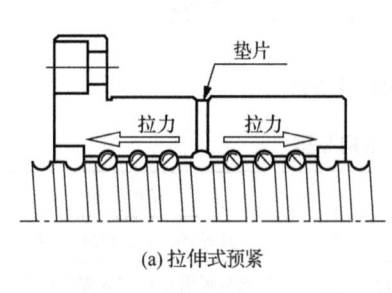

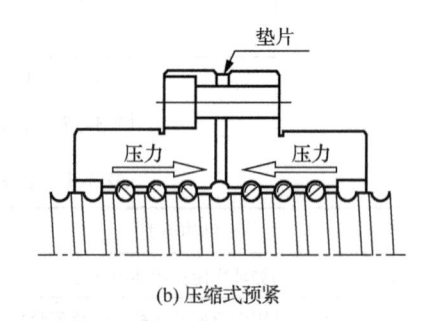

(a) 拉伸式预紧

(b) 压缩式预紧

图 3-40 双螺母垫片预紧

(4) 双螺母螺纹预紧。如图 3-41 所示，调整圆螺母使丝杠右螺母向右，产生拉伸预紧。这种方法调整方便，但预紧量不易掌握。

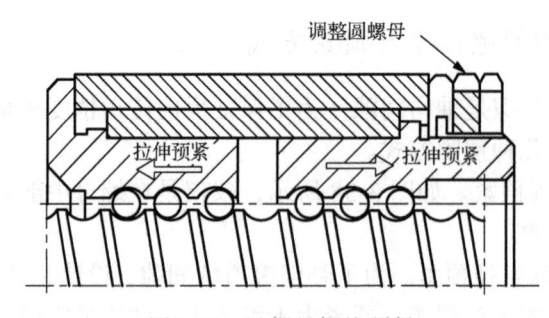

图 3-41 双螺母螺纹预紧

(5) 双螺母齿差预紧。如图 3-42 所示，两螺母端面分别加工出齿数为 z_1、z_2 的内齿圈，分别与双联齿轮啮合，一般 $z_2 = z_1 + 1$。若两螺母同向各转过 1 个齿，则两螺母的相对轴向位移为 $\delta = \dfrac{p_h}{z_1 z_2}$（$p_h$ 为导程）。这种方法调整精确且方便，但结构较复杂。例如，$z_1 = 99$，$z_2 = 100$，$p_h = 10$mm，$\delta = \dfrac{10}{9900} \approx 1\mu m$。这种结构调整准确可靠，精度较高，但结构较复杂。

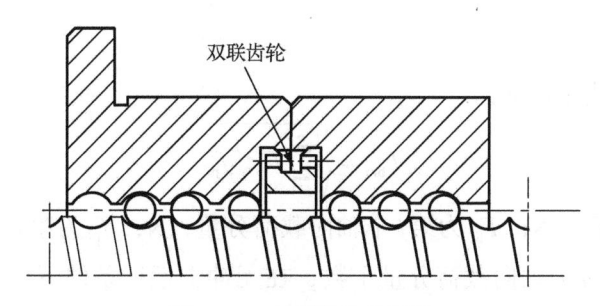

图 3-42 双螺母齿差预紧

6. 滚珠丝杠副的主要尺寸参数(GB/T 17587—2017)

滚珠丝杠副的主要尺寸参数如图 3-43 所示。

(1) 公称直径 d_0。用于标识的尺寸值(无公差)。

(2) 节圆直径 D_{pw}。节圆直径指滚珠与滚珠螺母体及滚珠丝杠位于理论接触点时,滚珠球心包络的圆柱直径。节圆直径通常与滚珠丝杠的公称直径相等。

(3) 导程 p_h。导程指滚珠螺母相对滚珠丝杠旋转 2π 弧度时的行程。

(4) 公称导程 p_{h0}。公称导程通常用作尺寸标识的导程值(无公差)。

(5) 行程 l。行程指转动滚珠丝杠或滚珠螺母时,滚珠丝杠或滚珠螺母的轴向位移量。

(6) 有效行程 l_u。有效行程指有指定精度要求的行程部分(即行程加上滚珠螺母体的长度)。

此外,还有丝杠螺纹外径 d_1、丝杠螺纹底径 d_2,螺母体外径 D_1、螺母体螺纹底径 D_2、螺母体螺纹内径 D_3、滚珠直径 D_w、丝杠螺纹全长 l_1 等。

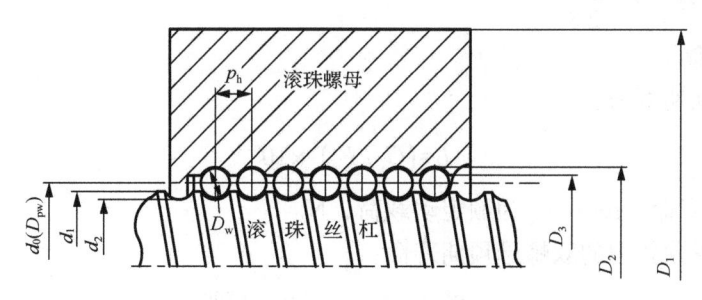

图 3-43 主要尺寸参数

7. 滚珠丝杠副的选择计算

1) 寿命计算

(1) 平均转速。平均转速的计算公式为

$$n_{av} = n_1 t_1' + n_2 t_2' + n_3 t_3' + \cdots \tag{3-29}$$

式中,n_{av} 为平均转速,r/min;t_1'、t_2' 和 t_3' 分别为转速 n_1、n_2 和 n_3 所占时间百分比,%。

(2) 平均载荷。

① 在变载荷匀速条件下：

$$F_{bm} = \sqrt[3]{\sum_{i=1}^{n} F_{bi}^3 t_i' f_{pi}^3} \tag{3-30}$$

式中，F_{bm} 为平均载荷，N；F_{bi} 为第 i 个轴向载荷分量，N；f_{pi} 为第 i 个轴向载荷分量条件系数，$i=1,2,\cdots,n$，n 为轴向载荷分量个数，在无冲击运行条件下，$f_{pi}=1.1\sim1.2$；在正常运转条件下，$f_{pi}=1.3\sim1.8$；在冲击及振动条件下，$f_{pi}=2.0\sim3.0$。

② 在变载荷变速条件下：

$$F_{bm} = \sqrt[3]{\sum_{i=1}^{n} F_{bi}^3 \frac{n_i}{n_{av}} t_i' f_{pi}^3} \tag{3-31}$$

③ 在线性载荷匀速条件下：

$$F_{bm} = \frac{F_{bmin} f_{p1} + 2F_{bmax} f_{p2}}{3} \tag{3-32}$$

(3) 轴向载荷。

① 无预紧力的单螺母：

$$F_a = F_{bm} \tag{3-33}$$

② 有预紧力的单螺母：

$$F_a = F_{bm} + P \tag{3-34}$$

式中，P 为预紧力，$P=\dfrac{P_{bm}}{2.8}$。

(4) 预期寿命。

① 单螺母预期寿命：

$$L = (C_a / F_a)^3 \times 10^6 \tag{3-35}$$

式中，L 为预期寿命，rev；C_a 为额定动载荷，N。

② 对称配置预紧力的双螺母预期寿命：

$$L = \left[L(1)^{-10/9} + L(2)^{-10/9} \right]^{-9/10} \tag{3-36}$$

式中，$L(1)$ 为大螺母寿命，$L(1) = (C/F_{bm}(1))^3 \times 10^6$；$L(2)$ 为小螺母寿命，$L(2) = (C/F_{bm}(2))^3 \times 10^6$。$F_{bm}(1)$ 为大螺母平均载荷；$F_{bm}(2)$ 为小螺母平均载荷。

$$F_{bm}(1) = P\left(1 + F_{bm}/(3P)\right)^{3/2} \tag{3-37}$$

$$F_{bm}(2) = F_{bm}(1) - F_{bm} \tag{3-38}$$

(5) 以小时表示的寿命。以小时表示的寿命的计算公式为

$$L_h = \frac{L}{n_{av} \times 60} \tag{3-39}$$

2) 滚珠丝杠副的选择

选择滚珠丝杠副的已知条件是：平均工作载荷 F_{bm}，使用寿命 L_h，丝杠的行程 l，丝杠的平均转速 n_{av} 或最大转速 n_{max}，以及滚道硬度 HRC 和运转情况。

工作载荷的计算：

$$F_c = K_F K_H K_A F_{bm} \tag{3-40}$$

式中，K_F 为载荷系数，按表 3-7 选取；K_H 为硬度系数，按表 3-8 选取；K_A 为精度系数，按表 3-9 选取；F_{bm} 为平均工作载荷，N。

表 3-7 载荷系数

载荷性质	无冲击平稳运转	正常运转	有冲击和振动运转
K_F	1~1.2	1.2~1.5	1.5~2.5

表 3-8 硬度系数

滚道实际硬度	≥58	55	50	45	40
K_H	1.00	1.22	1.56	2.40	3.85

表 3-9 精度系数

精度等级	C、D	E、F	G	H
K_A	1.00	1.10	1.25	1.43

额定动载荷的计算：

$$C_a' = F_c \sqrt{\frac{n_{av} L_h}{1.67 \times 10^4}} \tag{3-41}$$

根据 C_a' 值从滚珠丝杠副系列中选择所需要的规格，使所选规格的丝杠副的额定动载荷 C_a 值等于或大于 C_a'，并列出其主要参数值。

3) 滚珠丝杠副的验算

(1) 压杆稳定性。当滚珠丝杠受到一定的轴向力时，会造成严重的径向变形，产生失稳，所以在设计时应验算其安全系数 S，其值应大于丝杠副传动结构的允许安全系数。不同支承类型的稳定性系数如表 3-10 所示。

表 3-10 稳定性系数

类型	[S]	μ	f_c
一端固定、一端自由(F-O)	3~4	2	1.875
一端固定、一端游动(F-S)	2.5~3.3	2/3	3.927
两端固定(F-F)	—	—	4.730

丝杠不发生失稳的最大载荷称为临界载荷 F_{cr}：

$$F_{cr} = \frac{\pi^2 E I_a}{(\mu l)^2} \tag{3-42}$$

式中，E 为丝杠材料的弹性模量，对于钢，$E = 206\text{GPa}$；l 为丝杠行程，m；I_a 为丝杠危险截面的轴惯性矩，m^4；μ 为长度系数。

安全系数的计算公式为

$$S = \frac{F_{cr}}{F_{bm}} \tag{3-43}$$

(2) 传动效率的计算。滚珠丝杠副的传动效率为

$$\eta = \frac{\tan\lambda}{\tan(\lambda+\rho)} \tag{3-44}$$

式中，η 一般为 0.8~0.9；λ 为丝杠的螺旋升角，由 $\arctan(p_h/(\pi d_0))$ 算得；ρ 为摩擦角。

(3) 刚度的验算。滚珠丝杠副的轴向变形将引起丝杠导程发生变化，从而影响定位精度和运动平稳性。轴向变形主要包括丝杠的拉伸或压缩变形等。

丝杠的拉伸或压缩变形量 δ 在总变形量中占的比例较大，可按式(3-45)计算：

$$\delta = \pm\frac{F_m a}{EA} \pm \frac{Ta^2}{2\pi JG} \tag{3-45}$$

式中，F_m 为丝杠的最大工作载荷，N；a 为丝杠两端支承间的距离，mm；E 为丝杠材料的弹性模量，对于钢，$E = 2.1\times 10^5$；A 为丝杠按底径 d_2 确定的截面积，mm^2；T 为转矩，$\text{N}\cdot\text{m}$；J 为丝杠按底径 d_2 确定的截面惯性矩（$J = \pi d_2^4/64$），mm^4；G 为丝杠的切变模量，对钢来说，$G = 83.3\text{GPa}$；"+"号用于拉伸，"−"号用于压缩。由于转矩 T 一般较小，式中第 2 项在计算时可酌情忽略。

3.3.5 滚珠花键

滚珠花键的结构如图 3-44 所示。花键轴的外圈均布设三条凸起轨道，配有六条负荷滚珠列，相对应有六条退出滚珠列。轨道横截面为近似滚珠的凹圆形，以减小接触应力。承受载荷转矩时，三条负荷滚珠列自动定心。反转时，另三条承载并自动定心。这种结构使切向间隙(角冲量)减小，必要时还可用一个花键螺母的旋转方向施加预紧力后再锁紧，刚度高，定位准确。外筒上开键槽，以备连接其他传动件。保持架使滚珠互不摩擦，且拆卸时不会脱落。用橡胶密封垫防尘，以延长使用寿命，通过油孔润滑以减少磨损。这种花键用于机器人、机床、自动搬运车等各种机械。

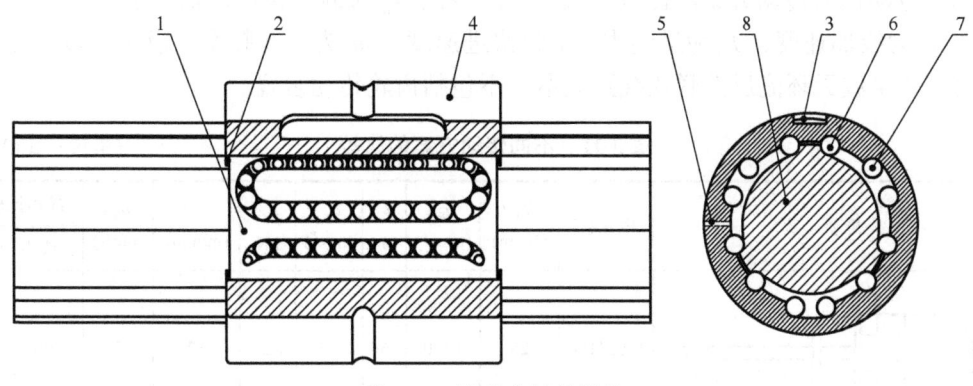

图 3-44 滚珠花键的结构

1-保持架；2-橡胶密封垫；3-键槽；4-外筒；5-油孔；6-负荷滚珠列；7-退出滚珠列；8-花键

3.3.6 机械传动系统方案的选择

机电一体化机械系统要求高精度、运行平稳、工作可靠，这不仅是机械传动和结构本身的问题，还要通过控制装置，使机械传动部分与伺服电动机的动态性能相匹配，要在设计过程中综合考虑这三部分的相互影响。

对于伺服机械传动系统，一般应达到高的机械固有频率、高的刚度、合适的阻尼、线性的传递性能、小的转动惯量等，这些都是保证伺服系统具有良好的伺服特性(精度、快速响应和稳定性)所必需的。应考虑多种设计方案，进行优化评价决策，反复比较，选出最佳方案。

以数控机床进给系统为例，可以有三种选择：丝杠传动、齿条传动和蜗杆传动(蜗轮、旋转工作台)。如图 3-45 所示，若丝杠行程大于 4m，由于刚度原因，可选择齿条传动。

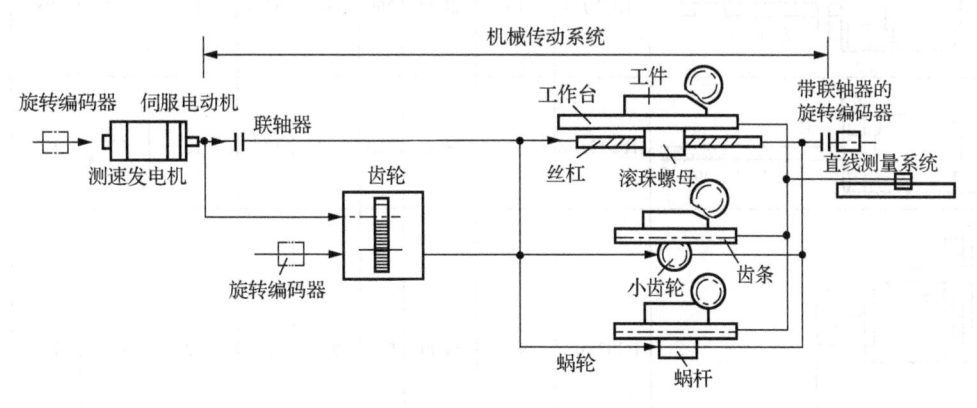

图 3-45 数控机床进给系统方案示例

当选择丝杠传动后，丝杠与伺服电动机的连接关系有两种：直接传动，以及中间用齿轮或同步带传动。在同样的工作条件下，选择不同类型的电动机，相应的丝杠尺寸和齿轮传动比也不同。例如，要求进给力 $F_v = 12.5\text{kN}$，快速行程 $v = 12\text{m/min}$，采用不同类型的直流伺服电动机的传动方案的比较见表 3-11。表中 T_R 为额定转矩，n_R 为额定转速，E 为能量，ε_m 为线加速度，F_v 为进给力，v 为快进速度，ω_n 为固有频率。成本比较只是三相全波与三相半波无环流反并联式线路成本，不包括齿轮传动装置。

表 3-11　不同传动方案的比较　　　　　　　　　　（单位：μm）

传动	电动机	T_R/(N·m)	n_R/(r/min)	E/J	ε_m/(m/s²)	F_v/kN	v/(m/min)	ω_n/(rad/s)	成本比较/% 6脉冲	成本比较/% 3脉冲
L_0=10 mm	1HU3104	25	1200	364	3.5	12.5	12	137	100	112
i=1.66, L_0=10 mm	1HU3078	14	2000	250	4.7	11.6	12	244	88	98
i=2.5, L_0=10 mm	1HU3076	10	3000	510	2.5	12.5	12	308	85	98
L_0=6 mm	1HU3078	14	2000	290	4	11.6	12	232	88	98
L_0=15 mm	1HU33108	38	800	210	6.1	12.5	18	107	121	138
i=5, L_0=10 mm	1GS3107	6.8	6000	590	2.9	17	12	143	106	114

注：①1HU 型为永磁式 DC 伺服电动机；1GS 型为电磁式 DC 伺服电动机，均为德国电动机型号。
　　②工作台与工件质量为 3000kg。

3.4 导 轨

直线滚动导轨副具有摩擦因数小、不易爬行、便于安装和预紧、结构紧凑等优点,广泛应用于精密机床、数控机床和测量仪器等。其缺点是抗振性较差、成本较高。图 3-46 为直线滚动导轨副的外形。

1. 直线滚动导轨副的工作原理

直线滚动导轨副由导轨和滑块两部分组成。一般滑块中装有两组滚珠,当滚珠从工作轨道滚到滑块端部时,会经端面挡板和滑块中的返回轨道返回,在导轨和滑块之间的滚道内循环滚动。装配时常将两根导轨固定在支承件上,每根导轨上一般有两个滑块,滑块固定在移动件上。若移动件较长,可在一根导轨上装两个以上的滑块;若移动件较宽,可选用两根以上的导轨。两根导轨中,一根为基准导轨,另一根为从动导轨,基准导轨上有基准面 A,其上滑块有基准面 B。安装时先固定基准导轨,之后以基准导轨校正从动导轨,达到装配要求时再紧固从动导轨。图 3-47 为直线滚动导轨副结构。

图 3-46 直线滚动导轨副的外形

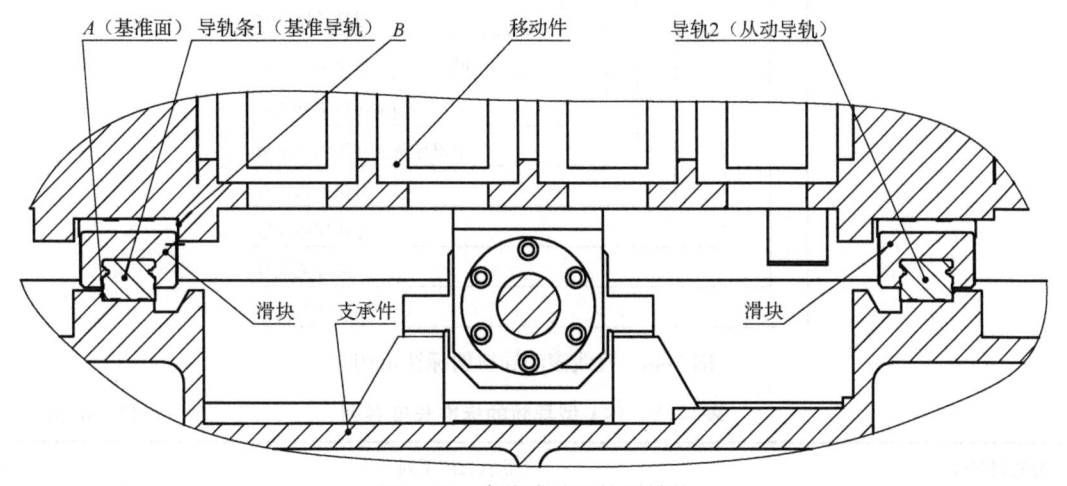

图 3-47 直线滚动导轨副结构

直线滚动导轨按滚动体的形状可分为钢球和滚柱两种。滚柱式由于为线接触,所以其承载能力较强,但是摩擦力也较大,同时加工装配也比较复杂,故目前使用较多的为钢球。按导轨截面形状可分为矩形和梯形两种。当截面形状为矩形时四方向等载荷。梯形截面导轨能够承受较大的垂直载荷,而其他方向的承载能力较低,但是对于安装垂直基准的误差调节能力较强。

2. 直线滚动导轨副的特点

(1) 载荷能力强。钢球与圆弧滚道的接触载荷能力比与平面接触的载荷能力可提高 13 倍。

(2) 刚性强。在制作时,给定预加载荷而获得较高系统刚度,能承受较大的切削力、冲击与振动。

(3) 四方向等载荷。全方位上的刚度值一致,具有良好的减振特性。

(4) 寿命长。由于是纯滚动,摩擦因数为滑动导轨的 1/50 左右,主机消耗低,节省电能,便于机械小型化。

(5) 传动平稳可靠。动作轻便灵活,定位精度高,微量移动灵活准确。

(6) 具有结构自调整能力。相对配件加工精度要求可降低,且安装使用方便。

3. 标注方法及长度系列

不同厂家的标注方法略有不同。山东济宁博特精密丝杠制造有限公司生产的导轨副标注示例如图 3-48 所示。导轨长度系列一般由厂家给出,表 3-12 给出了该公司生产的 JSA 型导轨的标准长度系列。

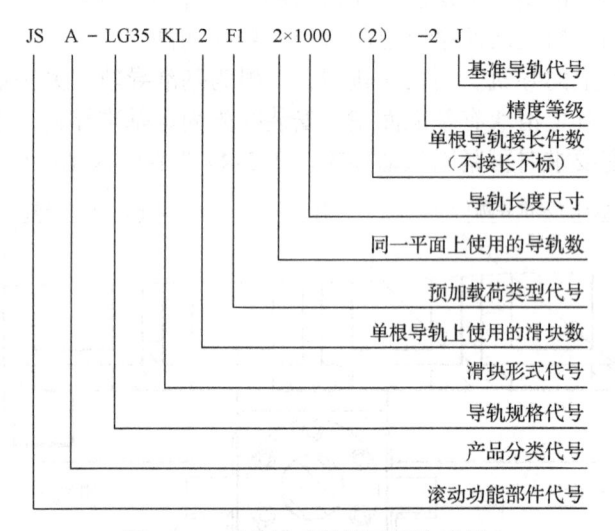

```
JS  A - LG35 KL 2 F1 2×1000 (2) -2 J
                                    └─ 基准导轨代号
                                 └──── 精度等级
                            └───────── 单根导轨接长件数
                                       (不接长不标)
                       └──────────────── 导轨长度尺寸
                     └────────────────── 同一平面上使用的导轨数
                  └───────────────────── 预加载荷类型代号
                └─────────────────────── 单根导轨上使用的滑块数
             └────────────────────────── 滑块形式代号
        └─────────────────────────────── 导轨规格代号
    └─────────────────────────────────── 产品分类代号
└─────────────────────────────────────── 滚动功能部件代号
```

图 3-48 直线滚动导轨副标注示例

表 3-12 JSA 型导轨的标准长度系列 (单位:mm)

导轨副型号	导轨长度系列									
JSA-LG15	280	340	400	460	520	580	640	700	760	820	940
JSA-LG20	340	400	520	580	640	760	820	940	1000	1120	1240
JSA-LG25	460	640	800	1000	1240	1360	1480	1600	1840	1960	3000
JSA-LG35	520	600	840	1000	1080	1240	1480	1720	2200	2440	3000
JSA-LG45	550	650	750	850	950	1250	150	1850	2050	2550	3000
JSA-LG55	660	780	900	1020	1260	1380	1500	1980	2220	2700	3000
JSA-LG65	820	970	1120	1270	1420	1570	1720	2020	2320	2770	3000

第3章 机械传动系统

4. 直线滚动导轨副的计算与选型

1) 工作载荷的计算

工作载荷是影响导轨副使用寿命的重要因素。对于水平布置的十字工作台，多采用双导轨、四滑块的支承形式。常见的工作台受力示意图如图 3-49 所示，任一滑块所受到的工作载荷可由式(3-46)~式(3-49)计算得到。

$$F_1 = \frac{F+G}{4} - \frac{F}{4}\left(\frac{L_1-L_2}{L_1+L_2} + \frac{L_3-L_4}{L_3+L_4}\right) \tag{3-46}$$

$$F_2 = \frac{F+G}{4} + \frac{F}{4}\left(\frac{L_1-L_2}{L_1+L_2} - \frac{L_3-L_4}{L_3+L_4}\right) \tag{3-47}$$

$$F_3 = \frac{F+G}{4} - \frac{F}{4}\left(\frac{L_1-L_2}{L_1+L_2} - \frac{L_3-L_4}{L_3+L_4}\right) \tag{3-48}$$

$$F_4 = \frac{F+G}{4} + \frac{F}{4}\left(\frac{L_1-L_2}{L_1+L_2} + \frac{L_3-L_4}{L_3+L_4}\right) \tag{3-49}$$

式中，$F_1 \sim F_4$ 为滑块上的工作载荷，kN；F 为垂直于工作台面的外加载荷，kN；G 为工作台的重力，kN；$L_1 \sim L_4$ 为距离尺寸，mm。

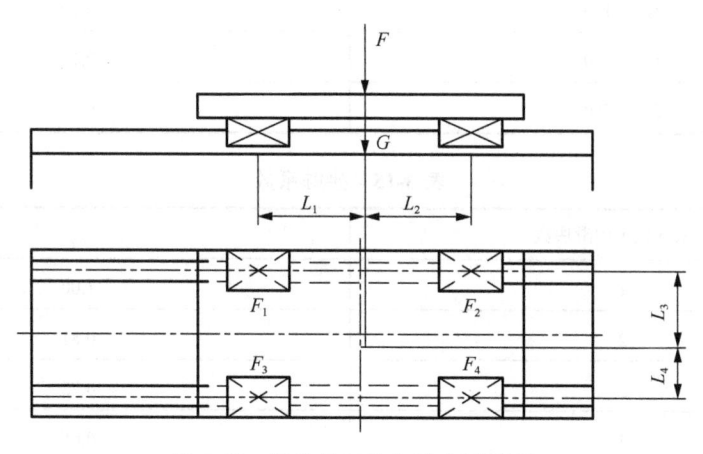

图 3-49 常见的工作台受力示意图

2) 距离额定寿命的计算

直线滚动导轨副的寿命计算，是以在一定载荷下行走一定距离后，90%的支承不发生点蚀为依据。这个载荷称为额定动载荷 C_a，该行走距离称为距离额定寿命。滚动体不同时，距离额定寿命 L 的计算公式也不同。

滚动体为球时：

$$L = \left(\frac{f_H f_T f_C f_R}{f_W} \frac{C_a}{F}\right)^3 \times 50 \tag{3-50}$$

滚动体为滚子时：

$$L = \left(\frac{f_H f_T f_C f_R}{f_W} \frac{C_a}{F}\right)^{\frac{10}{3}} \times 100 \qquad (3\text{-}51)$$

式中，L 为距离额定寿命，kW；C_a 为额定动载荷，kN；f_H 为硬度系数，如表 3-13 所示；f_T 为温度系数，如表 3-14 所示；f_C 为接触系数，如表 3-15 所示；f_R 为精度系数，如表 3-16 所示；f_W 为载荷系数，如表 3-17 所示。

表 3-13 硬度系数

滚道硬度(HRC)	f_H
50	0.53
55	0.8
58～64	1.0

表 3-14 温度系数

工作温度/℃	f_T
<100	1.00
100～150	0.90
150～200	0.73
200～250	0.60

表 3-15 接触系数

每根导轨上的滑块数	f_C
1	1.00
2	0.81
3	0.72
4	0.66
5	0.61

表 3-16 精度系数

精度等级	f_R
2	1.0
3	1.0
4	0.9
5	0.9

表 3-17 载荷系数

工况	f_w
外部冲击或振动的低速场合，速度小于 15m/min	1~1.5
无明显冲击或振动的中速场合，速度为 15~60m/min	1.5~2
有外部冲击或振动的高速场合，速度大于 60m/min	2~3.5

3) 小时额定寿命的计算

根据距离额定寿命，可以计算出导轨副的小时额定寿命：

$$L_h = \frac{L \times 10^3}{2nS \times 60} \tag{3-52}$$

式中，L_h 为寿命时间，h；L 为距离额定寿命，kW；S 为移动件行程长度，m；n 为移动件每分钟往复次数。

5. 直线滚动导轨副的选择程序

直线滚动导轨副主要用于机床的 X、Y 方向工作台的二维运动和 X、Y、Z 方向工作台的三维运动场合。因此，当设计选用直线滚动导轨时，除了必须对使用条件，包括工作载荷、精度要求、速度、工作行程、预期工作寿命等进行研究外，还必须对其刚度、摩擦特性及误差平均作用、阻尼特性等综合考虑，从而达到正确合理地选用，以满足主机技术性能的要求。图 3-50 为直线滚动导轨的选择程序框图，该程序适用于立式、卧式机床的二维及三维的各种场合。

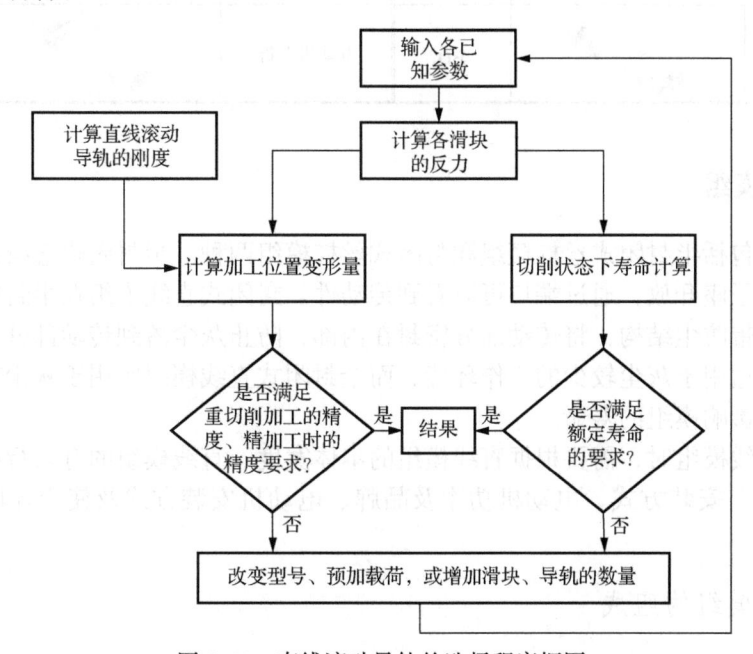

图 3-50 直线滚动导轨的选择程序框图

3.5 典型伺服机构单元

伺服系统是指以机械位置或角度作为控制对象的自动控制系统。在自动控制理论中，伺服系统称为随动控制系统。在数控机床中，伺服系统主要指各坐标轴进给驱动的位置控制系统。伺服系统接受来自 CNC 装置的进给脉冲，经变换和放大，再驱动各加工坐标轴按指令脉冲运动，使各个轴的刀具相对工件产生各种复杂的机械运动，进而加工出所要求的复杂形状零件。伺服系统的典型运动常采用直线模组实现。

直线模组是由直线导轨、滚珠丝杠副或同步带和铝型材组成连接电动机的直线运动装置。直线模组分为丝杠传动模组和同步带传动模组两大类，可配合机械手爪、气爪等完成各种动作，广泛应用于工业自动化领域。直线模组具有高刚性、高精度、高速度、模块化、标准化等优点。直线模组还可以自由组合成两轴(XY 工作台)或三轴(XYZ 工作台)系统，以实现复杂的运动要求。直线模组的结构形式分为电动机内置、电动机外置、电动机直连、电动机下折、电动机左折及电动机右折六种，表 3-18 为直线模组结构形式。

表 3-18 直线模组结构形式

结构形式	结构简图	代码	结构形式	结构简图	代码
电动机内置		M	电动机下折		BM
电动机外置		BC	电动机左折		BL
电动机直连		BD	电动机右折		BR

3.5.1 丝杠模组

丝杠模组包括半封闭式丝杠模组和封闭式丝杠模组两种。半封闭式直线模组两侧有一个端口，为动子座开放，通过端口可以看到传动件。封闭式直线模组在半封闭式的基础上增加了不锈钢带防尘结构，将传动部分密封在内部，防止灰尘落到传动部分上；半封闭式直线模组主要适用于灰尘较少的工作环境，而全封闭式直线模组则用于灰尘较多的环境，以防止因灰尘影响模组的寿命。

在选择直线模组时，需要根据直线模组的本体宽度、直线模组的有效行程、载荷及速度、重复精度、安装方式、电动机功率及品牌、电动机安装方式及使用环境等条件选择型号。

1. 丝杠模组的组成

常见的丝杠模组是由直线导轨、滚珠丝杠副、铝合金型材、滚珠丝杠支承座、膜片联轴器、光电开关、伺服电动机等构成的，每个部件都不可或缺。图 3-51 为丝杠模组导轨形式。

(1) 直线导轨。丝杠模组的重要组成部分，用于直线往复运动场合，拥有比直线轴承更高的额定负载，一起承担一定的扭矩，可在高负载的情况下完成高精度的直线运动。

(2) 滚珠丝杠副。将电动机输出的旋转运动转化为直线运动，使直线模组在高负载条件下完成高精度直线运动。

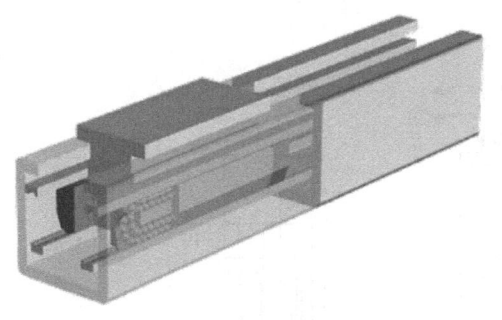

图 3-51 丝杠模组导轨形式

(3) 铝合金型材。外观漂亮、设计合理、刚性好、功能可靠，是组合机床和自动线理想的基础构架，使直线模组获得高刚度、热变形小、稳定性好、加工状态下精度高等特点。

(4) 滚珠丝杠支承座。具有高刚度、高精度的超小型角接触球轴承，使得丝杠模组获得稳定的高精度回转功能。

(5) 光电开关。使丝杠导轨获得高精度的重要保障。

(6) 膜片联轴器。完成电动机与丝杠间连接，实现力的传递的同时，补偿径向、轴向及周向误差。

(7) 伺服电动机。使丝杠模组实现高速、高精度、高稳定性等运转需求。

2. 丝杠模组的主要技术参数

主要技术参数如下：
(1) 重复定位精度；
(2) 滚珠丝杠导程；
(3) 最高速度；
(4) 最大可承载能力；
(5) 额定推力；
(6) 标准行程。

3. 型号标注

对于丝杠模组国家标识符号，不同生产厂家的标注方法略有不同，一般厂商往往省略 GB 字符，以其产品的结构类型号开头。广东佛山雷子科技有限公司生产的丝杠模组标注方法如图 3-52 所示。图 3-53 为某电动机直连式丝杠模组安装尺寸联系图。

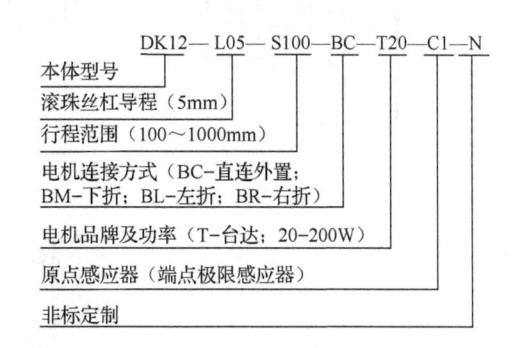

```
DK12— L05— S100— BC— T20— C1— N
  │      │      │      │     │    │   │
本体型号  │      │      │     │    │   │
  滚珠丝杠导程（5mm）   │     │    │   │
         行程范围（100～1000mm） │    │   │
                电机连接方式（BC-直连外置；
                BM-下折；BL-左折；BR-右折）
                      电机品牌及功率（T-台达；20-200W）
                            原点感应器（端点极限感应器）
                                   非标定制
```

图 3-52 广东佛山雷子科技有限公司生产的丝杠模组标注方法

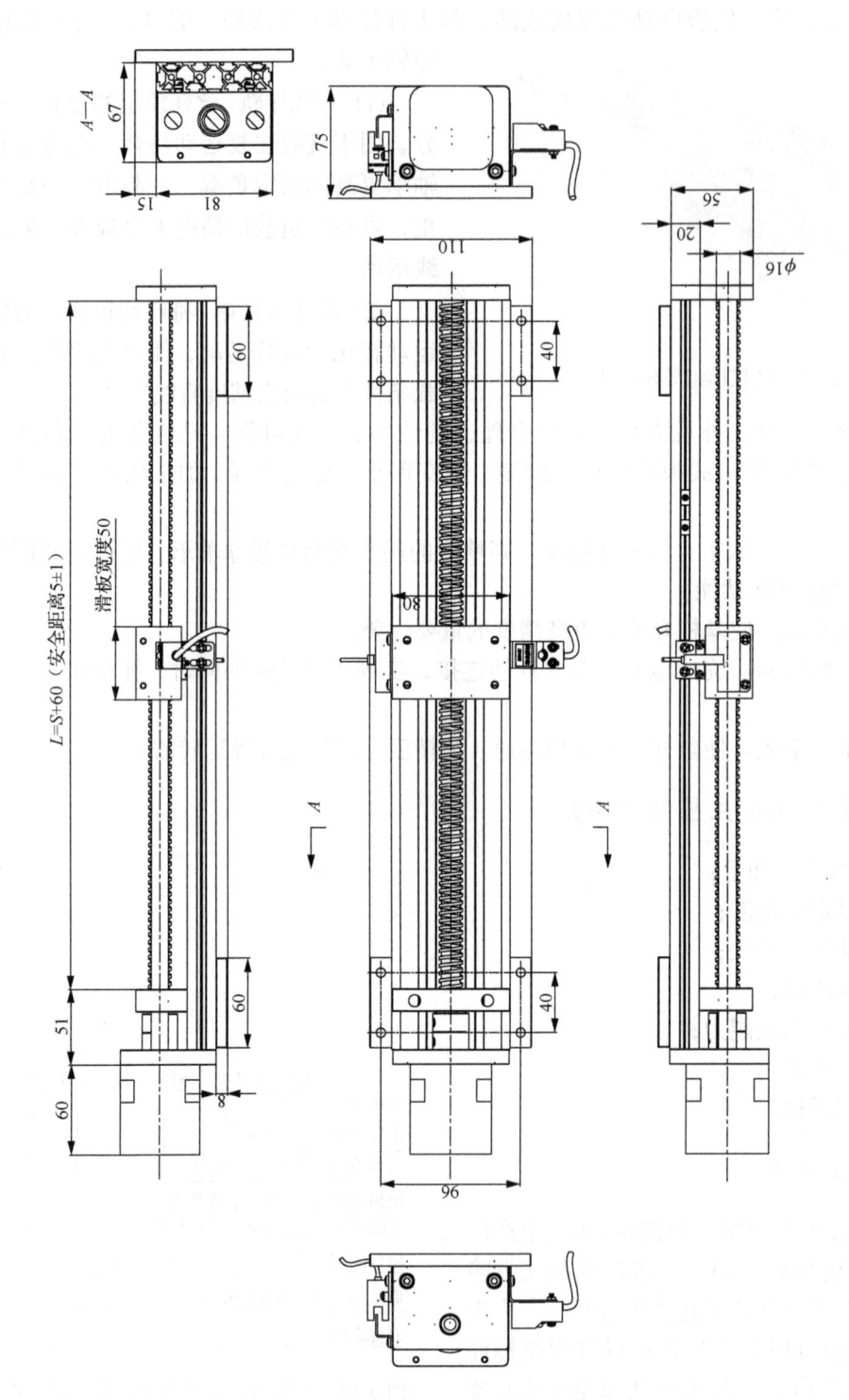

图 3-53 某电动机直连式丝杠模组安装尺寸联系图（单位：mm）

4. 丝杠模组选择计算

(1) 进给力计算。

$$F_x = mg\mu \tag{3-53}$$

式中，F_x 为进给力，N；m 为待移动的总质量，kg；g 为重力加速度，m/s²；μ 为每个单元的摩擦力系数。

(2) 加速力计算。

$$F_a = ma \tag{3-54}$$

式中，F_a 为进给力，N；a 为所需的最大加速度，m/s²。

(3) 功率计算。丝杠模组运动所需的驱动扭矩为

$$M_A = M_L + M_r + M_t + M_i \tag{3-55}$$

式中，M_L 为负载变动引起的力矩，$M_L = F_x p_h / (2\pi \times 1000)$；$M_r$ 为旋转加速度扭矩，$M_r = J_{SP} \times 2\pi \times 2an_{max} / (v_{max} \times 60 \times 1000)$；$M_t$ 为平移加速度扭矩，$M_t = F_a p_h / (2\pi \times 1000)$；$M_i$ 为滑架/杆空载扭矩，可查产品手册获得；n_{max} 为所需的最大转速，r/min；p_h 为丝杠导程，mm；J_{SP} 为每米滚珠丝杆的转动惯量，(kg·m²)/m；v_{max} 为所需的最大直线速度，m/s。

所需功率 P 为

$$P = \frac{2\pi M_A n_{max}}{60 \times 1000} \tag{3-56}$$

3.5.2 同步带模组

同步带模组包含固定在单元滑架上的齿形皮带。皮带在定位在导轨一端的两个皮带轮之间运行。一个皮带轮通过驱动轴连接到电动机的驱动站，另一个皮带轮则安装在张紧站。皮带由强化钢芯塑料制成。同步带模组的典型特性为高速度、长行程、低噪声和低总体质量。图 3-54 为同步带模组结构组成，图 3-55 为同步带模组导轨形式。

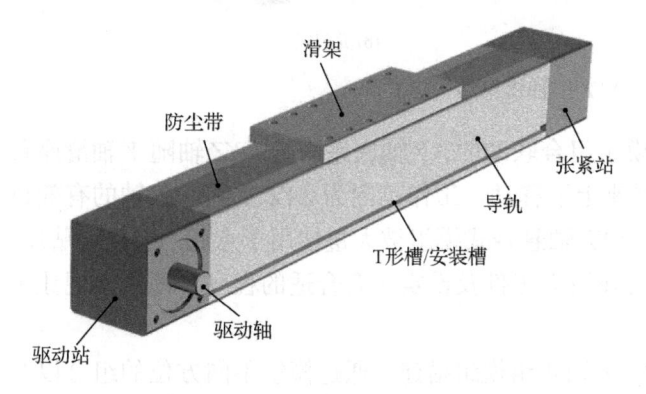

图 3-54 同步带模组结构组成

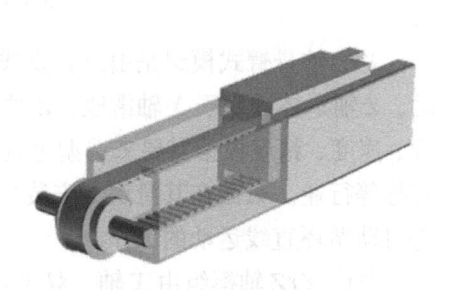

图 3-55 同步带模组导轨形式

同步带模组的主要技术参数有：最大行程、最高速度、电动机功率、同步轮导程和直线滑轨。对于同步带模组国家标识符号，不同生产厂家的标注方法也略有不同，以其产品的结构类型号开头。广东佛山雷子科技有限公司的同步带模组标注方法如图3-56所示。

同步带模组进给力计算、加速力计算及功率计算公式与丝杠模组相同，但是各扭矩计算变为：负载变动引起的力矩 $M_L = F_x d_0 / (2 \times 1000)$，旋转加速度扭矩 $M_r = 2\pi a n_{max} J_{SYN} / (60 v_{max})$，平移加速度扭矩 $M_t = F_a d_0 / 2000$，d_0 为皮带轮直径，mm；J_{SYN} 为皮带轮的转动惯量，kg·m²；v_{max} 为所需的最大直线速度，m/s。

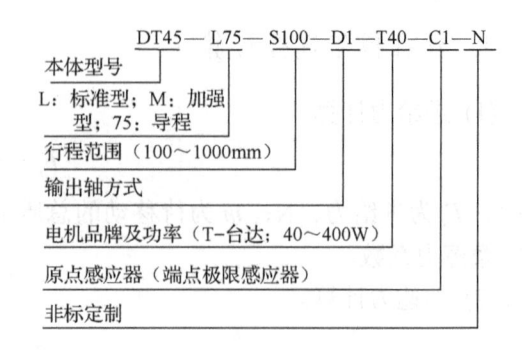

```
DT45—L75—S100—D1—T40—C1—N
     │    │    │   │    │   └ 非标定制
     │    │    │   │    └── 原点感应器（端点极限感应器）
     │    │    │   └────── 电机品牌及功率（T-台达；40～400W）
     │    │    └────────── 输出轴方式
     │    └────────────── 行程范围（100～1000mm）
     └─────────────────── L：标准型；M：加强型；75：导程
本体型号
```

图 3-56　广东佛山雷子科技有限公司的同步带模组标注方法

3.5.3　XYZ型三轴模组

XYZ坐标是由三轴直线模组组合的，由于不同用途的直线模组对运动精度及速度要求不同，用户可根据需要如各轴的有效行程、负载来选型组合。主要技术参数包括：重复定位精度、最大负载重量、有效行程、驱动方式等。图3-57为XYZ三轴模组结构形式。

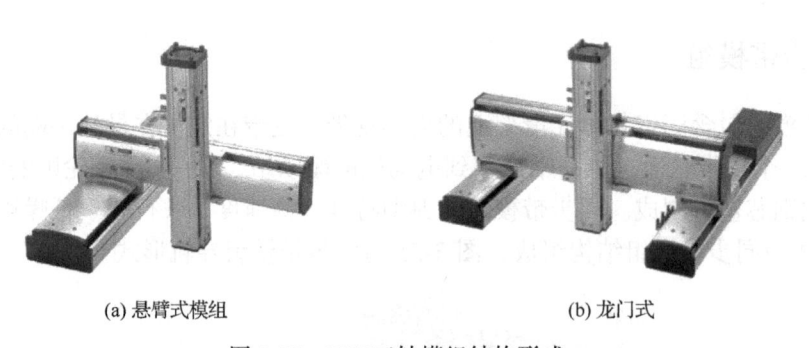

(a) 悬臂式模组　　　　(b) 龙门式

图 3-57　XYZ 三轴模组结构形式

XYZ轴悬臂式模组是由三轴直线模组组合联动的，Y轴底座固定，XZ轴随Y轴滑座移动，Z轴本体固定于X轴滑座，Z轴滑座上下移动，工作范围为XYZ空间。各轴的有效行程、速度、精度根据需要来选型定制。XYZ轴悬臂式模组被大量使用于点胶、焊接、贴片、打标等行业。只需在其滑块上安装各行业所需工件及设定一套合适的程序，即可实现让工件自动循环直线运动的工作。

龙门XYZ轴模组由X轴、双Y轴、Z轴4组模组搭建，通过模组不同方位的组合以及控制器的控制可以实现不同的动作。

习 题

3-1 机电一体化产品对机械传动系统有哪些要求?

3-2 影响机电一体化系统传动机构动力学特性的主要因素是什么?

3-3 转动惯量对传动系统有哪些影响?如何计算机械传动部件的转动惯量?

3-4 摩擦阻尼对机械系统动态特性有什么影响?二阶振动系统的阻尼比与哪些参数有关?如何取值?

3-5 刚度对机械系统的动态特性有哪些影响?滚珠丝杠副传动刚度的影响因素主要有哪些?

3-6 在机械传动系统中,系统的传动误差是如何产生的?为减小传动误差可采取哪些相应的措施?

3-7 机电一体化系统中有哪些常用的传动机构?各有何特点?

3-8 设计齿轮传动机构时,确定传动级数与分配各级传动比有哪些原则?

3-9 如何消除滚珠丝杠副中丝杠螺母之间的轴向传动间隙?

3-10 丝杠螺母驱动系统如题 3-10 图所示,工作台质量 $M = 60$kg,丝杠螺距 $p = 4$mm,丝杠长度 $L = 0.8$m,中径 $D = 48$mm。齿轮齿数分别为 $z_1 = 16$,$z_2 = 32$,模数 $m = 2.5$mm,齿宽 $b = 25$mm。丝杠和齿轮的材料密度 $\rho = 7.8 \times 10^3$kg/m^3。试求折算到电动机轴上的总等效惯量 J_e。

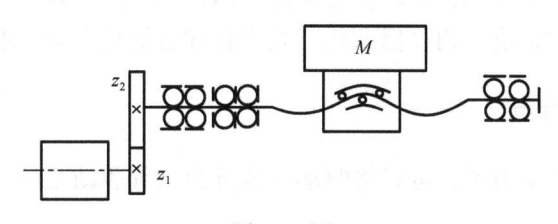

题 3-10 图

第4章 驱 动 系 统

机电一体化系统的驱动系统,是实现系统主要功能的重要环节。机电一体化系统中的驱动元件和执行机构两个基本结构要素,与动力源、控制、传感及测试部分相结合,共同构成驱动系统,它在机电一体化系统中起到非常重要的作用。本章主要关注点是驱动系统的执行器的工作原理及其驱动控制技术。驱动系统中执行器的种类繁多,有直流伺服电动机、交流伺服电动机、步进电动机、液压缸、液压马达和气压缸等。执行器的驱动控制手段也是多样的,如开环控制、闭环控制,既可以是变压控制,也可以是变频控制等。本章将以直流伺服电动机、交流伺服电动机和步进电动机为例,介绍驱动系统执行器的驱动与控制。

4.1 驱动系统的特点和技术要求

驱动系统要快速完成预期的动作,要求它的响应速度要快,动态性能要好;此外,动作灵敏度要高,便于集中控制,应具备效率高、体积小、质量轻、自控性强、可靠性高等技术特点。当前,驱动系统正朝着标准化、系列化和智能化方向发展。

4.1.1 驱动系统的特点

根据执行器使用的动力源,可以将驱动系统分为电气驱动系统、液压驱动系统和气动驱动系统等几种类型。

1. 电气驱动系统

电气驱动系统具有高精度、高速度、高可靠性、易于控制等特点。电气驱动系统包括控制用电动机、压电元件、电磁铁等。其中控制用电动机和电磁铁常作为执行元件。对控制用电动机的要求除了稳速运转之外,还要求具有良好的加、减速性能。一般由电源经过电力变换器后输送给控制用电动机,电动机驱动负载机械运动,并在给定的指令位置停止。

2. 液压驱动系统

液压驱动系统主要包括往复运动的油缸、液压马达等。液压驱动系统的主要特点如下。
(1) 功率大。液压驱动系统一般采用油液作为传递力,可传递高达 25~30MPa 的压力,因而可输出很大的功率和力。

(2) 控制性能好。由于高压油液的可压缩性极小,因而与相同体积或功率的其他驱动系统相比,液压驱动系统的时间常数小,可实现各种运动的无级调速和缓冲定位,实现连续轨迹控制。

(3) 维修方便。液压驱动系统中的油液本身能进行自润滑,有利于延长使用寿命,发生驱动故障时,维修比电气驱动系统简便。

3. 气动驱动系统

气动驱动系统是采用压缩空气作为动力的驱动系统。气动驱动系统主要有以下特点。

(1) 成本低。由于采用空气作为传递力的介质,因而不需要介质费用,同时因传递压力低,气压驱动装置和管路的成本比液压驱动装置低。

(2) 输出功率和力较小,体积较大。

(3) 控制稳定性差。由于空气的可压缩性大,阻尼效果差,低速不易控制,而且运动的稳定性不好,控制精度不高。

(4) 清洁、安全,结构简单,维修方便。

4.1.2 驱动系统的技术要求

为更好地实现系统目标,把确定的输入量指令在一定空间和时间条件下,完成所希望的转化效应(输出量),则要求驱动系统的执行机构具备以下主要性能指标:精确性、稳定性、响应速度和可靠性。

1. 精确性

传动系统中的传动误差和回程误差会对控制系统性能产生影响,它对系统性能的影响程度不但与误差本身的大小有关,还与其在系统中所处的位置有关。典型伺服驱动系统的方框图如图 4-1 所示。一般传动误差可视为由两部分组成:伺服带宽以内低频分量(如回程误差)和伺服带宽以外高频分量(如传动误差)。

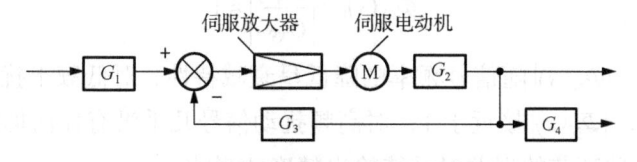

图 4-1 典型伺服驱动系统方框图

1) 前向通道上环节的误差对输出精度的影响

当图 4-1 中 $G_2(s)$ 环节有误差时可以将其简化为一个无误差的环节 $G_2'(s)$ 和一个扰动输入信号 $R_N(s)$。为分析方便,认为其他环节均没有误差,即不考虑 $G_1(s)$、$G_3(s)$ 和 $G_4(s)$ 误差的影响,则图 4-1 可简化为图 4-2,即 $G_2(s)$ 环节有误差时系统的等效方框。其中 $G_C(s)$ 为控制器的传递函数,$G_M(s)$ 为电动机的传递函数。

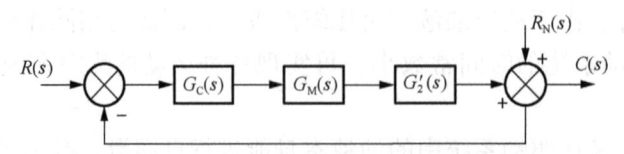

图 4-2　$G_2(s)$ 环节有误差时系统的等效方框

系统对输入的闭环传递函数：

$$\varPhi(s) = \frac{C(s)}{R(s)} = \frac{G_C(s)G_M(s)G_2'(s)}{1+G_C(s)G_M(s)G_2'(s)} \tag{4-1}$$

其开环传递函数为

$$G(s) = G_C(s)G_M(s)G_2'(s) \tag{4-2}$$

系统对扰动输入的闭环传递函数为

$$\varPhi_N(s) = \frac{C_N(s)}{R_N(s)} = \frac{1}{1+G_C(s)G_M(s)G_2'(s)} = \frac{\varPhi(s)}{G(s)} \tag{4-3}$$

对于一个稳定的系统，为使系统具有良好的工作性能，系统的开环传递函数和闭环传递函数有如下近似关系：

在中、低频段：

$$\begin{cases} |\varPhi(s)|=1 \\ |G(s)|\gg 1 \end{cases} \tag{4-4}$$

在高频段：

$$\begin{cases} |\varPhi(s)|\ll 1 \\ |G(s)|\ll 1 \\ |\varPhi(s)|\approx |G(s)| \end{cases} \tag{4-5}$$

因此对扰动输入的传递函数应有以下近似特征：

在中、低频段：

$$|\varPhi_N(s)| \approx \left|\frac{1}{G(s)}\right| \ll 1 \tag{4-6}$$

在高频段：

$$|\varPhi_N(s)| = \left|\frac{\varPhi(s)}{G(s)}\right| \approx 1 \tag{4-7}$$

在中、低频段，$|\varPhi_N(s)|$ 随信号频率的降低呈衰减特性，对低频干扰信号具有良好的抑制作用。在高频段，$|\varPhi_N(s)|$ 接近于 1，对高频扰动信号几乎没有任何抑制作用。

2) 位于闭环之前环节的误差对系统输出精度的影响

当 $G_1(s)$ 环节有误差时，忽略其他环节的误差，同样可以简化成一个无误差环节 $G_1'(s)$ 和干扰输入 $R_N(s)$。$G_1(s)$ 环节有误差时的等效方框图如图 4-3 所示。

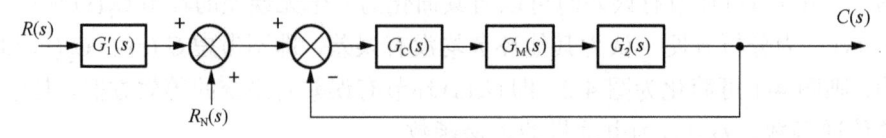

图 4-3　$G_1(s)$ 环节有误差时的等效方框图

系统对扰动输入的传递函数为

$$\Phi_N(s) = \frac{G_C(s)G_M(s)G_2(s)}{1+G_C(s)G_M(s)G_2(s)} \\ = \frac{G(s)}{1+G(s)} = \Phi(s) \tag{4-8}$$

因此 $\Phi_N(s)$ 在中、低频段有以下特性，即

$$|\Phi_N(s)| = |\Phi(s)| \approx 1$$

在高频段中 $|\Phi_N(s)|$ 满足：

$$|\Phi_N(s)| = |\Phi(s)| \ll 1$$

中、低频段扰动信号 $R_N(s)$ 被 1：1 地馈送到输出端，而高频扰动信号经衰减后输出。实际上，$G_1(s)$ 环节的误差相当于系统的另外一个输入信号，它和系统的输入信号是并联关系。

3) 反馈环节误差对系统输出精度的影响

当位于反馈通道上的环节 $G_3(s)$ 有误差时，等效方框图如图 4-4 所示。其中 $G_3'(s)$ 是无误差等效环节，$R_N(s)$ 是等效扰动信号。

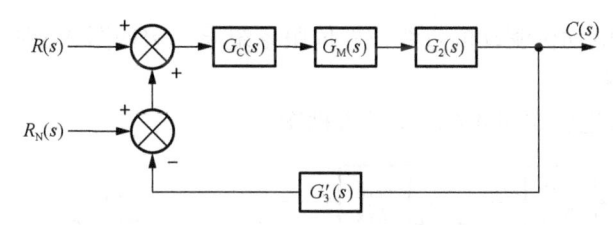

图 4-4 $G_3(s)$ 环节有误差时的等效方框图

系统对输入的闭环传递函数为

$$\Phi(s) = \frac{C(s)}{R(s)} = \frac{G_C(s)G_M(s)G_2(s)}{1+G_C(s)G_M(s)G_2(s)G_3'(s)} \tag{4-9}$$

系统对干扰信号的闭环传递函数为

$$\Phi_N(s) = \frac{G_C(s)G_M(s)G_2(s)}{1+G_C(s)G_M(s)G_2(s)G_3'(s)} = \Phi(s) \tag{4-10}$$

可见，系统对扰动输入 $R_N(s)$ 和对系统输入 $R(s)$ 的传递函数是相同的。$R_N(s)$ 相当于系统输入信号的一部分，从这一点上看，$G_3(s)$ 环节误差对输出精度的影响和 $G_1(s)$ 环节误差对输出精度的影响是相同的。需要注意的是，$G_3(s)$ 误差的低频分量不但会影响系统的输出精度，而且会对系统的稳定性产生影响，因为 $G_3(s)$ 的误差会影响系统极点位置的分布。

4) 位于闭环之后输出通道上环节的误差对系统输出精度的影响

由图 4-1 可知，由于 $G_4(s)$ 在闭环之后，系统对 $G_4(s)$ 环节的误差没有任何控制作用

($G_4(s)$环节的误差被直接馈送到系统的输出端),因此,无论是误差信号的高频分量还是低频分量都要影响系统的输出精度。

由前面分析可得出如下结论:

(1) 驱动系统中各环节的误差因其在系统中所处的位置不同,对系统输出精度的影响是不同的;

(2) 同一环节误差的高频分量和低频分量,对输出精度的影响不同;

(3) 输入通道上的环节(如$G_1(s)$)误差的低频分量相当于系统输入信号的一部分,它影响输出精度;误差的高频分量由于系统的低通特性而得到抑制,它基本上不影响系统的输出精度;

(4) 前向通道闭环之内的环节(如$G_2(s)$)误差的低频分量会得到反馈控制系统的补偿,对输出精度无影响;误差的高频分量影响系统的输出精度;

(5) 反馈通道上环节(如$G_3(s)$)的误差相当于系统的一部分输入信号,它对输出精度的影响和$G_1(s)$环节误差对输出精度的影响是相同的;

(6) 反馈通道上环节的误差会影响系统极点位置的分布,因此它对系统的稳定性也会有影响;

(7) 前向通道上环节误差的低频分量会影响系统的零点和极点分布,它对系统的稳定性有影响。

例 4.1 已知某电动机驱动的直线位置伺服系统原理图如图 4-5 所示,试分析各环节误差对输出精度的影响。

解 将图 4-5 简化成如图 4-6 所示的方框图。

图 4-5 直线位置伺服系统原理图

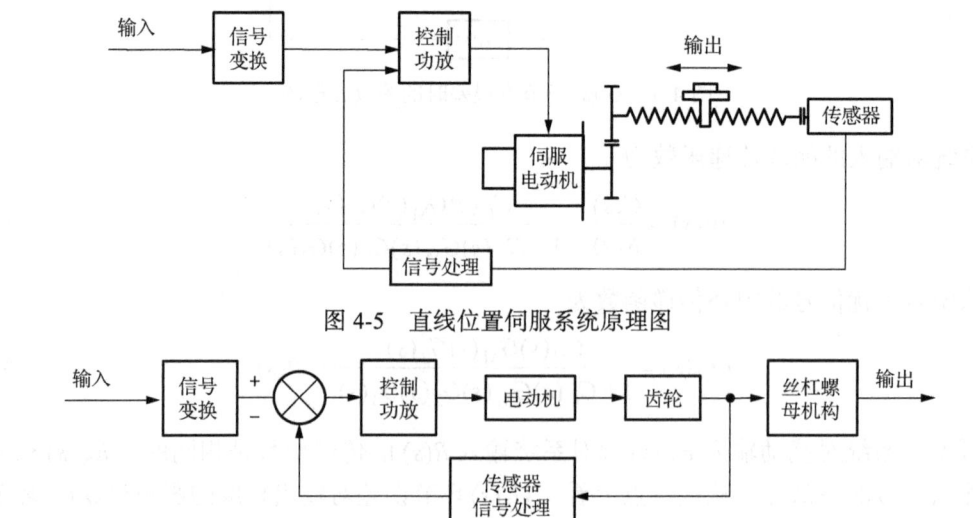

图 4-6 图 4-5 的简化方框图

① 信号变换电路,它位于输入通道,误差的低频分量会影响输出精度。因此该电路必须有很高的静态精度。因为其误差的高频分量对输出精度几乎无影响,可以允许它有一定的高频噪声。

② 齿轮减速器，它位于前向通道，误差的低频分量不影响输出精度，因此允许它有一定的间隙，但间隙的值不能太大，否则会影响系统的稳定性。由于误差的高频分量影响输出精度，因此应尽量减小传动误差，否则会使输出产生如高频振动等问题。

③ 丝杠螺母机构，它位于闭环之后，其误差的高频分量和低频分量都会影响输出精度，因此要尽量消除其传动间隙和传动误差。

④ 传感器及信号处理电路，它位于反馈通道，其误差的低频分量影响系统的输出精度和系统的稳定性，因此传感器应有较高的精度，信号处理电路应具有较高的静态精度。因为其误差的高频分量不影响输出精度，因此可以允许传感器及放大电路有一定的高频噪声。

2. 稳定性

稳定性与振动、热效应以及其他环境因素有关，要提高系统的抗振性，就必须增大执行机构的固有频率，一般不应低于50~100Hz，并需提高系统的阻尼能力。

在机电一体化系统中，控制系统中的执行机构如图 4-7 所示。图 4-7(a)为闭环控制系统，结构、固有频率和回程误差将影响系统的稳定性，而传动误差的低频分量(指频率低于伺服带宽的那部分传动误差)可得到校正。对于图 4-7(b)所示的开环控制系统，无检测装置，不对位置进行检测和反馈，执行机构的传动误差和回程误差直接影响整个系统的精度，但不存在稳定性问题。

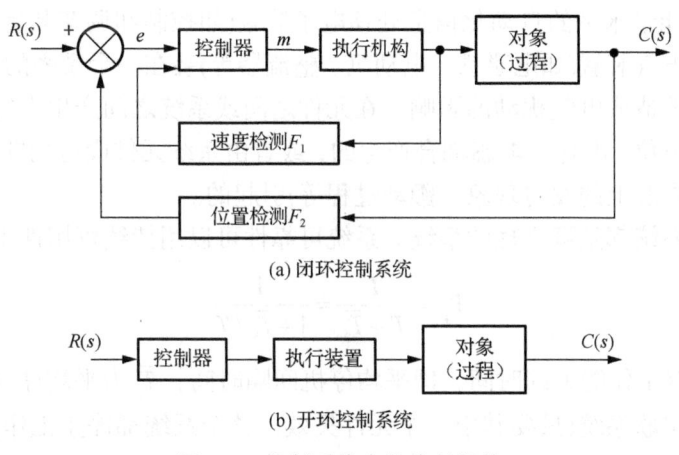

图 4-7 控制系统中的执行机构

系统的稳定性还取决于系统的相对阻尼系数，它与执行机构的放大系数有关。闭环系统的相对阻尼系数为

$$\xi = \frac{B}{2\sqrt{J_{\Sigma M} K_G}} \tag{4-11}$$

式中，B 为黏性阻尼系数；$J_{\Sigma M}$ 为所有传动件的转动惯量折算到驱动元件输出轴上的值；K_G 为系统的开环放大倍数，其计算公式为

$$K_G = K_t K_D / i_t \tag{4-12}$$

式中，K_t 为执行机构之前的系统各环节的放大倍数；K_D 为执行机构的力矩放大系数；i_t 为执行机构的总转速比。

i_t 的大小对控制系统性能有一定影响，既要考虑它对系统稳定性、精确性、快速性的影响，也要考虑对执行元件与负载的最佳频率匹配问题。选择较大的 i_t，可使系统的相对阻尼系数增大，有利于系统的稳定性。低速时，由于摩擦不稳定，造成低速爬行，加大 i_t，伺服电动机的转速就相对提高，从而可避免爬行现象。

总转速比 i_t 选择偏大，造成传动级数增大，结构不紧凑，传动精度、效率、刚度与结构的固有频率降低，可能使输出轴得不到所需要的峰值转速。一般总转速比 i_t 的数值不宜超过伺服电动机的额定转速与负载峰值转速之比。

3. 响应速度

响应速度主要取决于系统的加速度。要提高角加速度，就必须提高伺服电动机的输出转矩，减小摩擦力矩，减小电动机和负载的转动惯量，提高传动效率。

4. 可靠性

可靠性、抗干扰性和运行安全性是确定机电一体化系统使用价值和使用效能的主要技术指标。机电一体化系统的基本特征是能自动地完成能量变换和对信息的处理与控制。在系统中具有很低能量水平的自动化信息处理电子装置(如控制和调节装置、微型计算机)，常常同强功率的电气装置(如电磁铁、电动机、整流器等)装在一个紧密的有限空间内运行，在原理上会给系统造成电气扰动的影响，在元件之间或系统之间产生有害电气相互作用。这可能是由寄生电位、电容或电感耦合产生的，或者由系统元件固有的非线性特性(如集肤效应，以及信号导线上的发射现象、颤动过程等)引起的。

机电一体化系统都是可修理的系统。系统可靠性可以用持续可用性来表示，即

$$V_p = \frac{T}{T + \overline{T}_a} = \frac{1}{1 + \overline{T}_a / T} \tag{4-13}$$

式中，T 为系统有工作能力的时间，即平均停机间隔时间；$\overline{T}_a$ 为平均停机时间。

假设系统为串联系统(只要其中一个元件失效，整个系统都停止工作)，且有恒定的元件故障率，则

$$T = \frac{1}{\sum_{i=1}^{n} \lambda_i} \tag{4-14}$$

式中，λ_i 为第 i 个系统元件的故障率；n 为系统元件数目。

为了使式(4-14)有很高的数值，必须使 T 值尽可能高。执行机构作为系统的主要部分，其元件故障率要尽量低，各元件应实现合理的结构布置并采取有效保护措施，以防止化学、机械、电、热等方面的过载荷使元件受到影响。有时需使系统元件在欠载荷下运行，来保证系统正常或完全可靠地运行。

由于执行机构的工作情况千差万别，所承受载荷大小也多种多样，因此载荷的综合视具体情况而定。一般作用在执行机构上的载荷，主要有工作载荷、惯性载荷、摩擦载荷，它们的综合，通常采用峰值综合和均值综合两种方法。

4.1.3 驱动系统的品质

工作稳定性、精确性(稳态精度)、快速性和阻尼程度等是对系统最基本的要求，通常它们是用系统输入特定信号的过渡过程和稳态特征值来表示的。

这些品质指标是比较各种方案优劣以及制定产品协议的基础，是检验最佳化的尺度，一般是按实际要求由实验方法确定的。

过渡过程表征了系统的动态性能，它是指系统的被控制量 $c(t)$，在受到控制量或扰动量作用时，由原来的平衡状态(或稳态)变化到新的平衡状态的过程。

图 4-8 所示为单位阶跃信号作用下控制系统的过渡过程曲线 $c(t)$。曲线 1 振荡收敛，系统稳定；曲线 2 单调收敛，系统稳定；曲线 3 振荡发散，系统不稳定；曲线 4 单调发散，系统不稳定。稳定性是系统自身的固有特性，也是系统能正常工作的首要条件。

1. 系统的时域品质指标

图 4-9 所示为二阶系统在单位阶跃信号作用下系统的过渡过程曲线。通常，希望二阶系统工作在 $\xi = 0.4 \sim 0.8$ 的欠阻尼状态。在这种状态下，将有一个振荡特性适度、持续时间较短的过渡过程，但并不排除在某些情况下需要采用过阻尼或临界阻尼状态。

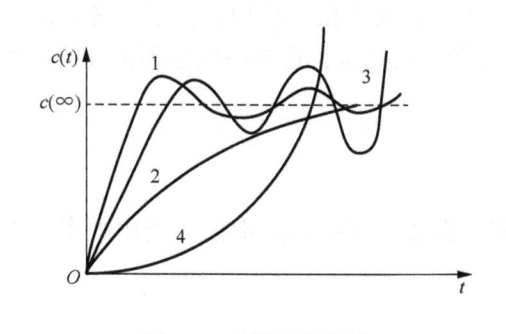

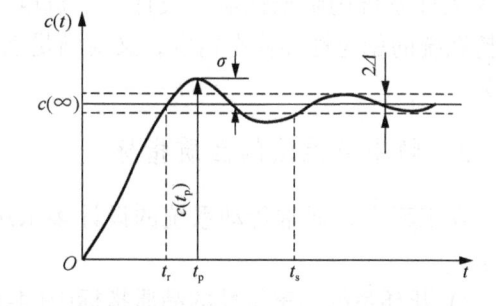

图 4-8 过渡过程曲线   图 4-9 单位阶跃信号作用下系统的过渡过程曲线

图 4-9 中，二阶系统在欠阻尼状态下，用阶跃响应的特征值来表征系统的品质指标。

1) 稳态误差

被控制信号的期望值 $c_r(t)$ 与稳态值 $c(\infty)$ 之差称为稳态误差。它是系统控制精度的一种度量方法，是由于系统不能很好地跟踪输入信号而引起的原理性误差。

系统中执行机构的元器件不完善，如静摩擦、间隙或放大器的零点漂移、元件老化或变质等，都会造成系统的误差，称为静差。稳态误差和静差是表征系统稳态精度的性能指标。利用误差系数，可方便地求出稳态误差。误差系数可通过对误差传递函数求导或用查表法求出。

2) 上升时间 t_r

对于欠阻尼二阶系统，过渡过程曲线从零上升，第一次达到 100%稳态值所需的时间称为上升时间 t_r。对于过阻尼系统，把过渡过程曲线从稳态值的 10%上升到 90%所需的时间称为上升时间 t_r。

3) 峰值时间 t_p

过渡过程曲线达到第一个峰值所需的时间称为峰值时间 t_p。

4) 最大超调量 σ

图 4-9 中曲线 $c(t)$ 是一条衰减的正弦曲线，其振荡程度用超调量 σ 来描述，即

$$\sigma = \frac{c(t_p) - c(\infty)}{c(\infty)} \times 100\% \tag{4-15}$$

式中，$c(t_p)$ 为过渡过程曲线 $c(t)$ 第一次达到的最大输出值；$c(\infty)$ 为过渡过程的稳定值。

5) 过渡过程时间 t_s

若 $t \geqslant t_s$，有 $|c(t) - c(\infty)| \leqslant \Delta$，则 t_s 定义为系统的过渡过程时间。用稳态值的百分数 Δ 表示允许误差范围(一般 $\Delta = 5\%$ 或 $\Delta = 2\%$)，这样过渡过程曲线达到并永远保持在 Δ 范围内所需的时间即为 t_s(或称调节时间)。t_s 的大小表征控制系统反映输入信号的快速性。

6) 振荡次数 N

在 $0 \leqslant t \leqslant t_s$ 时间内，过渡过程曲线 $c(t)$ 穿越其稳态值 $c(\infty)$ 次数的一半称为振荡次数。它也是反映系统阻尼特性的一个特征值，N 越小，系统的阻尼性能越好。

t_s、t_p、σ 和 N 称为控制系统的动态品质指标，其中 t_s 和 t_p 表征系统的快速性能，σ 和 N 表征系统的阻尼性能。设计一个机电一体化系统，其中执行机构作为子系统，既要保持系统的稳定性和稳态精度，又要满足动态品质指标的要求，这是一项必须实现的基本任务。

2. 频率特性法的品质指标

在工程上，通常传动系统的设计多采用频率特性法，系统品质指标应当用频率特性表示。

1) 开环系统频率特性的品质指标(图 4-10)

(1) 频率 $\omega = 0$ 时的放大系数 V_0 表征系统的精度；

(2) 穿越频率 ω_d (对数幅频特性通过横轴时的频率)表征系统的快速性；

(3) 穿越频率处的相位裕量 γ (相频特性在 ω_d 处相距$-180°$的相位差)表征系统的振荡特性。

2) 闭环系统频率特性的品质指标(图 4-11)

(1) 截止频率 ω_g (闭环系统放大系数降到 0.7 时的频率)，该频率相当于开环系统的穿越频率；

(2) 谐振频率 ω_m (闭环幅频特性具有最大幅值时的频率)，当 $\gamma \geqslant 63°$ 时没有此值；

(3) 谐振峰值 $\left|F_g\right|_m$，指谐振频率处的幅值，当 $\gamma \geqslant 63°$ 时没有此值。

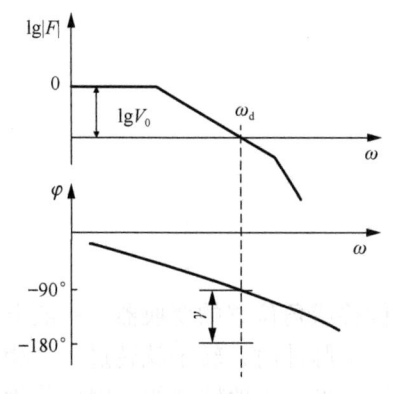

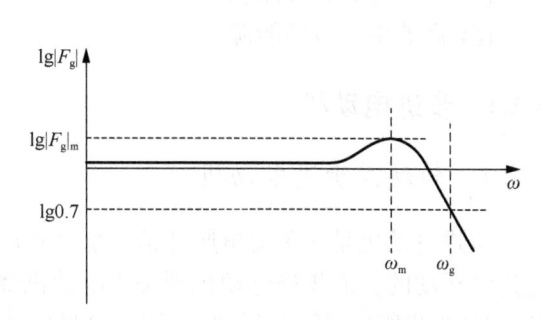

图 4-10 开环系统频率特性的品质指标

图 4-11 闭环系统频率特性的品质指标

表 4-1 为位置传动系统的典型品质指标参考数值范围。例如，对于高质量 CNC 的进给运动，其所有的品质指标为 I 组；对于无线电望远镜随动系统，其快速性为 III 级，而精度指标必须是 I 组。

表 4-1 位置传动系统的典型品质指标参考数值范围

级别	快速性(穿越频率 ω_d)/(rad/s)	加速度品质参数 $G\dot\omega = \Delta\ddot\varphi/\Delta\varphi$ /(rad/s²)	精度(绝对误差) $\Delta\varphi$/rad	Δx/mm
高(I)	$\omega_d > 50$	$G\dot\omega > 500$	$\Delta\varphi < 0.2 \times 10^{-3}$	$\Delta x < 0.05$
中(II)	$1 < \omega_d < 50$	$1 < G\dot\omega < 500$	$0.2 \times 10^{-3} < \Delta\varphi < 20 \times 10^{-3}$	$0.05 < \Delta x < 0.5$
低(III)	$\omega_d < 1$	$G\dot\omega < 1$	$\Delta\varphi > 20 \times 10^{-3}$	$\Delta x > 0.5$

4.2 典型驱动元件

驱动元件包括各种交流、直流伺服电动机，步进电动机，电液、电气伺服阀等。它们的共同特点是都可以输出一定的运动和力，但工作特性差异很大，应用范围也不相同。一般对驱动元件有以下几方面的要求。

(1) 功率密度大，功率密度是指驱动元件单位重力的输出功率，即

$$P_W = \frac{P}{W} \tag{4-16}$$

式中，P_W 为功率密度；P 为输出功率；W 为重量。

(2) 快速性好，即加减速的扭矩大，频率特性好；可以采用比功率指标衡量。比功率是指电动机输出功率随时间的变化率，即

$$P_b = \frac{dP}{dt} = \frac{d(Tn)}{dt} = T\frac{dn}{dt} = \frac{T^2}{J_m} \tag{4-17}$$

式中，P_b 为比功率；T 为输出转矩；n 为转速；J_m 为等效转动惯量。

(3) 位置控制精度高，调速范围宽(速比为 1:10000 以上)，低速平稳。

(4) 振动小，噪声小。
(5) 可靠性高，寿命长。
(6) 高效率，节约能源。

4.2.1 步进电动机

1. 转动式步进电动机

步进电动机是一种将电脉冲信号变为相应的直线位移或角位移的变换器。一般电动机是连续运动的，而步进电动机则每当电动机绕组接收一个脉冲时，转子就转过一个相应的角度(称为步距)。低频运行时，明显可见电动机转轴是一步一步地转动的，因此称为步进电动机。

步进电动机的角位移量与输入脉冲的个数严格成正比。在时间上与输入脉冲同步，因而只要控制输入脉冲的数量、频率和电动机绕组的相序，即可获得所需的转角、转速和转动方向。

1) 步进电动机的结构和工作原理

第一种为可变磁阻式(variable reluctance，VR)步进电动机，也称为反应式步进电动机。转子无绕组，定子上带有绕组，步进运行是由定子绕组通电激磁产生的反应力矩作用来实现的，因而也称反应式步进电动机。这类电动机结构简单，工作可靠，运行频率高，步距角小(0.75°~9°)。目前有些数控机床及工业机器人的控制采用这类电动机。

图 4-12 所示为一台三相可变磁阻式步进电动机的工作原理图。它的定子上有六个极，每极上都装有控制绕组，每两个相对的极组成一相。转子是四个均匀分布的齿，上面设有绕组。当 A 相绕组通电时，因磁通总是沿着磁阻最小的路径闭合，将使转子齿 1、3 和定子极 A、A′对齐，如图 4-12(a)所示。A 相断电，B 相绕组通电时，转子将在空间转过 θ_s 角，$\theta_s = 30°$，使转子齿 2、4 和定子极 B、B′对齐，如图 4-12(b)所示。如果再使 B 相断电，C 相绕组通电时，转子又将在空间转过 $\theta_s = 30°$ 角，使转子齿 1、3 和定子极 C、C′对齐，如图 4-12(c)所示。如此循环往复，并按 A—B—C—A 的顺序通电，电动机便按一定的方向转动。电动机的转速直接取决于绕组与电源接通或断开的变化频率。若按 A—C—B—A 的顺序通电，则电动机反向转动。电动机绕组与电源的接通或断开，通常是由电子逻辑电路来控制的。

(a) A相通电　　　　(b) B相通电　　　　(c) C相通电

图 4-12　三相可变磁阻式步进电动机的工作原理

步进电动机的通电方式不同,所获得的步距角也有所不同。以三相步进电动机为例,其通电方式有三种方式:三相三拍、三相双三拍、三相六拍。其中单相通电方式在转换时,一个绕组断电而另一绕组刚开始通电,在高速时易失步;两相通电方式在状态变换时总有一组持续通电,运转平稳,输出转矩大,但发热也大。三相六拍通电方式每一拍总有一相持续通电,所以运转平衡,转换频率也可提高 1 倍,每拍转过的角度为单三拍和双三拍通电方式的一半,实际使用中采用这种方案的最多。

实际应用中还有四相、五相、六相甚至八相步进电动机。其通电方式也相应有单四拍、双四拍、四相八拍、五相十拍等。相数越多,在相同工作频率下,每相导通电流时间加长,各相平均电流会增高,有利于提高步进电动机的转矩。但相数多,结构复杂体积庞大,控制元件增多,成本提高,实际中使用三至六相的步进电动机较多。

第二种为永磁式(permanent magnetism,PM)步进电动机,转子采用永磁铁,在圆周上进行多极磁化,它的转动靠与定子绕组所产生的电磁力相互吸引或相斥来实现。永磁式步进电动机的工作原理如图 4-13 所示。当定子线圈 A 相通电产生磁场时,中间的转子磁铁自动与 A 相对齐磁场。切换定子线圈令 B 相通电,转子磁场与定子 B 相磁场对齐,转子转过相应角度。依次切换定子的通电相序 A→B→A⁻→B⁻,转子实现连续转动。

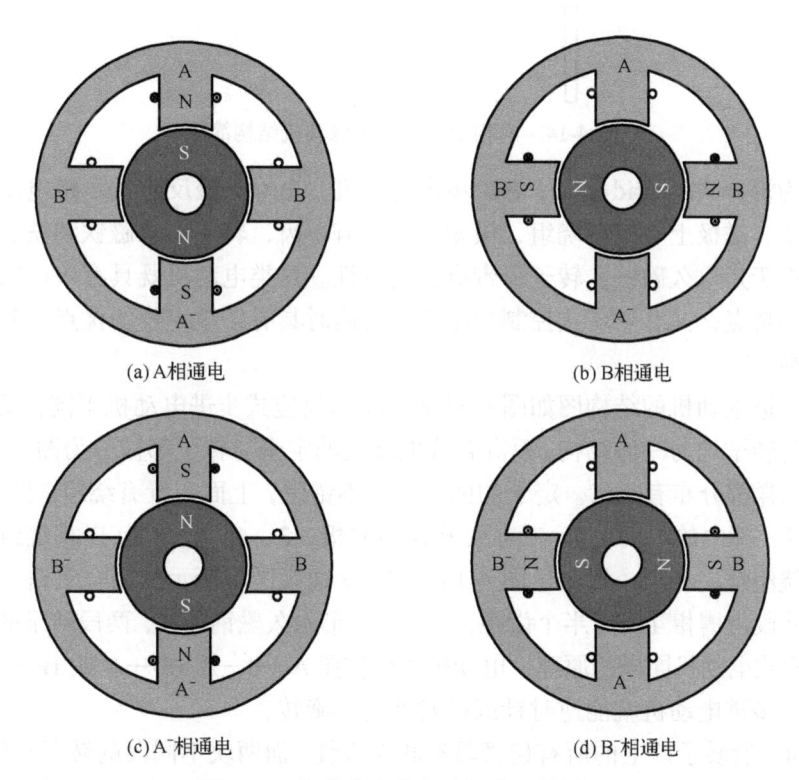

(a) A 相通电

(b) B 相通电

(c) A⁻相通电

(d) B⁻相通电

图 4-13 永磁式步进电动机的工作原理

图 4-14 为两相永磁式步进电动机结构简图。整个电动机由定子、套在定子上的线圈、转子轴、套在转子上的磁环组成。定子的轴向均分为 A、B 两段,中间由隔磁片隔开,两

段定子安装时圆周方向错开一个步距角。每段定子内孔圆周上的极片呈爪形作环形对称排列，称为极爪。极爪外面并绕两套反向串联的环形绕组，定子两段环形磁钢同向同轴连接径向充磁。

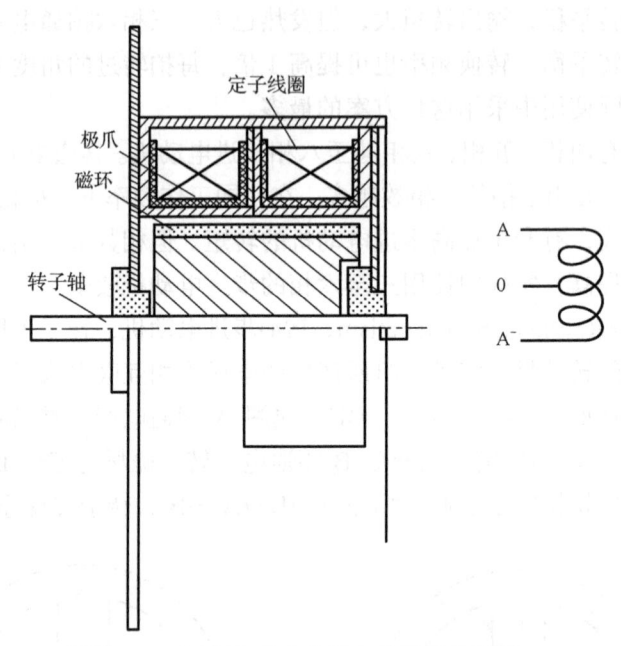

图 4-14　两相永磁式步进电动机结构简图

第三种为混合式(hybrid type，HB)步进电动机，也称永磁反应式步进电动机。其定子与 VR 式类似，磁极上有控制绕组，极靴表面上有小齿，转子由永磁铁和铁心构成，同样切有小齿。由于是永久磁铁，转子齿带有固定极性。这类电动机既具有 VR 式步距角小、工作频率高的特点，又有 PM 式控制功率小、无磁时具有转矩定位的优点。其结构复杂，成本相对也高。

混合式步进电动机的结构图如图 4-15 所示。与反应式步进电动机不同，反应式步进电动机的定子与转子均为一体结构，而混合式电动机的定子与转子都被分为图 4-15 所示的两段，极面上同样都分布有小齿。定子的两段齿槽不错位，上面布置有绕组。图 4-15 为两相 4 对极电动机，其中的 1、3、5、7 为 A 相绕组磁极，2、4、6、8 为 B 相绕组磁极。每相的相邻磁极绕组绕向相反，以产生图 4-15 中 X、Y 向视图中所示的闭合磁路。

转子的两段齿槽相互错开半个齿距，中间用环形永久磁钢连接，两段转子的齿的磁极相反。根据反应式电动机同样的原理，电动机只要按照 A—B—A—B—A 或 B—A—B—A—B 的顺序通电，步进电动机就能逆时针或顺时针连续旋转。

显然，同一段转子片上的所有齿都具有相同极性，而两块不同段的转子片的极性相反。混合式步进电动机与反应式步进电动机的最大区别在于当磁化的永久磁性材料退磁后，会有振荡点和失步区。

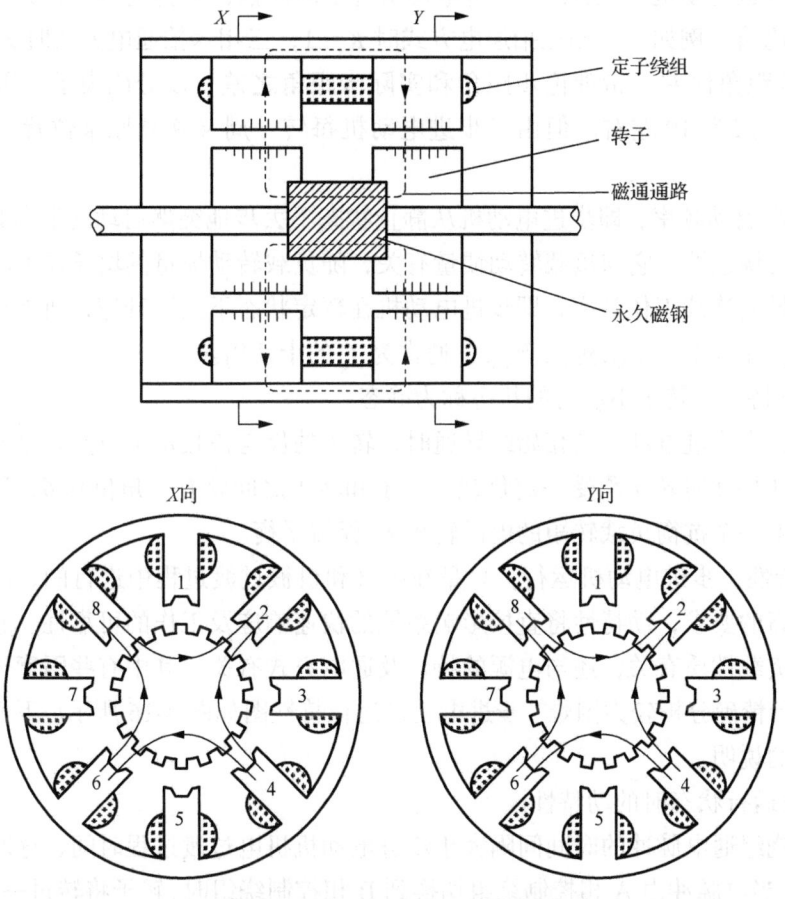

图 4-15 混合式步进电动机结构图

混合式步进电动机的转子本身具有磁性,因此在同样的定子电流下产生的转矩要大于反应式步进电动机,且其步距角通常也较小,因此,经济型数控机床一般需要用混合式步进电动机驱动。但混合转子的结构较复杂、转子惯量大,其快速性要低于反应式步进电动机。

步进电动机因其输出功率较小,又可称为伺服式步进电动机,也称快速步进电动机。其启动频率高、响应快,但输出转矩小,只能带动较小负载。当负载较大时,应与液压扭矩放大器相连组成电-液步进马达以提高输出转矩及功率。

输出转矩大于 10N·m 的步进电动机称为功率步进电动机,它可直接驱动工作台,从而简化结构,提高精度。目前微机改造机床的开环控制系统一般采用功率步进电动机。

2) 步进电动机的主要特性

(1) 主要性能指标。

α:步距角,每输入一个电脉冲信号,转子所转过的角度称为步距角,用 α 表示,即

$$\alpha = \frac{360°}{mzK} \tag{4-18}$$

式中，m 为步进电动机相数；z 为步进电动机转子的齿数；K 为通电方式，等于导电拍数和相数 m 的比值，例如，三相三拍通电方式时 $K=1$；三相六拍通电方式时 $K=2$。

$\Delta\alpha$：步距角误差，指理论步距角和实际步距角之差，以分(')表示。因电动机制造精度而异，一般为 $10'$ 左右。但由于步进电动机每转一周又恢复原来位置，故误差不会累积。

f_q：最高启动频率，即步进电动机从静止状态不丢步地突然启动的最高频率，反映了电动机跟踪的快速性。它与负载转动惯量有关，随负载转动惯量的增长而下降。

f_{max}：最高连续工作频率，即步进电动机在额定状态下逐渐升速，所能达到的不丢步的最高连续工作频率。f_{max} 远大于 f_q，通常为 f_q 的十几倍。

(2) 静态特性。转子不动时的状态称为静态。

空载时，当步进电动机某相始终导通时，转子的齿与该相定子对齐。这时转子上没有力矩输出，如果此时转子承受一定负载，定子和转子之间就有一角位移 θ，称为失调角。电动机即产生一个抗衡负载转矩的电磁转矩 M_j 保持平衡。

(3) 动特性。步进电动机运行，总是在电气和机械过渡过程中进行的，因此，对它的动特性有很高的要求，动特性将直接影响系统的快速响应及工作的可靠性。它不仅与电动机的性能和负载性质有关，还与电源的特性及通电方式有关。其中有些因素还是属于非线性的，要进行精确分析较为困难。步进电动机运行特性图如图 4-16 所示。下面仅对有关问题进行定性的说明。

① 步进运行状态时的动特性。

若控制绕组通电脉冲的时间间隔大于步进电动机机电过渡过程时间，这时电动机为步进运行状态。当电脉冲由 A 相控制绕组切换到 B 相控制绕组时，转子将转过一个步距角 α，但整个过程将是一个振荡过程，如图 4-16 所示。

由自动控制理论可知，这个振荡过程同系统阻尼比 ξ 有关。当 $\xi=0$ 时，步进电动机将运行在等幅振荡状态。通常，在功率步进电动机的转子上，都装有机械阻尼器，可以调整阻尼的大小。

② 连续运行时的动特性。

控制绕组的电脉冲频率增高，相应的时间间隔也减小，以至于会小于电动机机电过渡过程所需的时间。从图 4-16 可见，若电脉冲的时间间隔小于 t_1，则转子转动将形成连续运行状态。

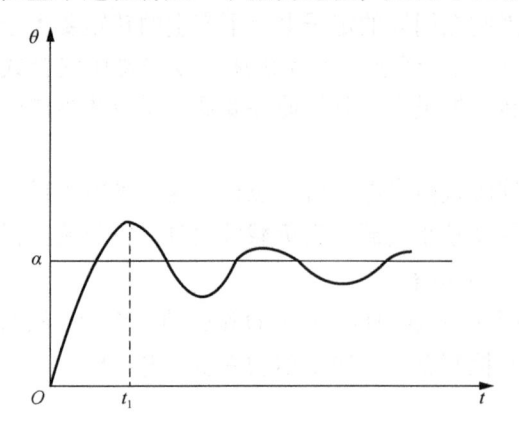

图 4-16 步进电动机运行特性图

实际上，步进电动机大都是在连续运行状态下工作的，这时电动机所产生的转矩称为动态转矩。动特性有矩频特性、动稳定区、工作频率等。

矩频特性表示步进电动机的最大动态转矩和脉冲频率的关系，步进电动机矩频特性曲线如图 4-17 所示。由图可见，步进电动机的最大动态转矩将小于最大静转矩，并随着频率的升高而降低。步进电动机运行时，对应于某一频率，只有当负载转矩小于它在该频率的最大动态转矩时，电动机才能正常运转。因此，要尽量提高步进电动机的矩频特性。

3) 步进电动机的驱动电源

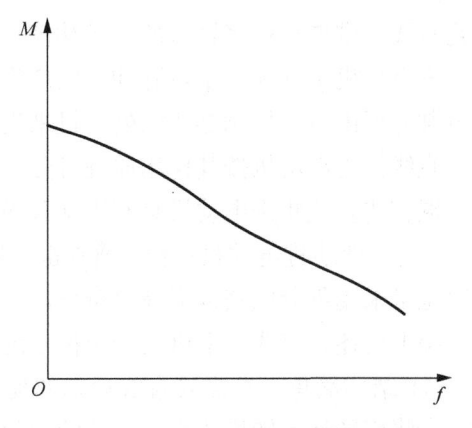

图 4-17 步进电动机矩频特性曲线

步进电动机要正常工作，必须配以相应的驱动电路。步进电动机驱动电路框图如图 4-18 所示。从图中可以看出，除变频信号源和步进电动机外，步进电动机的驱动电路包含脉冲分配器和功率放大器两部分。

图 4-18 步进电动机驱动电路框图

(1) 脉冲分配器。脉冲分配器的作用是把脉冲信号按一定逻辑关系加到功率放大器上，使步进电动机按一定的方式工作。

(2) 功率放大器。功率放大器即功率驱动电路，简称驱动电路。步进电动机的驱动电路的形式很多，如单电压型驱动电路、高低压型驱动电路、单压斩波电路和细分驱动电路。

例 4.2 一台三相反应式步进电动机的转子齿数为 40，求该电动机的步距角是多少？当 A 相绕组测得电源频率为 600Hz 时，其转速为多少？

解 三相三拍通电方式时 $K=1$，则有

$$\alpha = \frac{360°}{Kmz} = \frac{360°}{1 \times 3 \times 40} = 3°$$

$$n = \frac{60 \times f \times \alpha}{360} = \frac{60 \times 600 \times 3}{360} = 300(\text{r/min})$$

三相六拍通电方式时 $K=2$，则有 $\alpha=1.5°$，$n=150\text{r/min}$。

2. 直线步进电动机

近年来，随着自动控制技术和微处理机应用的发展，希望有一种高速、高精度、高可靠性的直线驱动元件替代旋转驱动元件，从而简化直线驱动系统，直线步进电动机则可满足这种要求。此外，直线步进电动机在不需要闭环控制的条件下，能够提供一定的精度、可靠的位置和速度控制。这是直流电动机和感应电动机不能做到的。因此，直线步进电动机具有直接驱动、容易控制、定位精确等优点。

直线步进电动机的工作原理与转动式步进电动机相似，它们都是一种机电转换元件。

只是直线步进电动机将输入的电脉冲信号转换成相应的直线位移而不是角度位移。即在直线步进电动机上外加一个电脉冲，则产生直线运动一步，其运动形式是直线步进的。输入的电脉冲可由数字控制器或微处理机来提供。

直线步进电动机按其作用原理可分为变磁阻式和混合式两种。

混合式直线步进电动机是利用永久磁铁供磁和电流激磁相互结合的最佳方案产生电磁推力，与一般步进电动机一样，通常也采用两相同时激磁的方法以使运行平稳，推力增大，同时也可采用细分电路以提高分辨率。

综上所述，直线电动机由于结构上的改变，从而具有一系列的优点。

(1) 结构简单。在需要直线运动的场合，采用直线电动机即可实现直接传动，而不需要一套将旋转运动转换成直线运动的中间转换机构。总体结构简化，体积小。

(2) 应用范围广，适应性强。直线电动机本身结构简单，容易做到无刷无接触运动，密封性好，在恶劣环境中照常使用，适应性强。

(3) 反应速度快，灵敏度高，随动性好。

(4) 额定值高，直线电动机冷却条件好，特别是长次级接近常温状态，因此线负荷和电流密度都可以取得很高。

(5) 有精密定位和自锁的能力。直线电动机和控制线路相配合，可做到微米级的位移精度和自锁能力。另外，可以和微处理机相结合，提供较精确的、稳定的位置，并能控制速度和加速度。

(6) 工作稳定可靠，寿命长。直线电动机是一种直接传动的特种电动机，可实现无接触传递力，故障少，不怕振动和冲击，因而稳定可靠，寿命长。

同样由于结构上的改变，也给其性能带来一定影响。直线电动机初级铁心沿磁场移动的方向是断开的，长度是有限的、不连续的。因此相对移动磁场出现了一个"进入端"和一个"出口端"。这就形成了直线电动机所特有的"边端效应"，使得电动机损耗增加，出力减小。此外，直线电动机初、次级之间的气隙，由于机械结构刚度的限制和工艺水平的影响，一般要比旋转电动机的空隙大2～3倍，从而使直线电动机的功率因数和效率大大降低，这是直线感应电动机的致命弱点。

4.2.2 直流电动机

直流电动机具有良好的调速特性、较大的启动转矩，以及功率大和快速响应等优点。尽管其结构复杂、成本较高，但在机电控制系统中作为执行元件还是获得了广泛的应用。直流伺服电动机按激磁方式可分为电磁式和永磁式两种。电磁式的磁场由激磁绕组产生；永磁式的磁场由永磁体(永久磁钢)产生。电磁式直流伺服电动机是一种被普遍使用的伺服电动机，特别是在大功率驱动中更为常用(100W 以上)。永磁式直流伺服电动机由于有尺寸小、质量轻、效率高、出力大、结构简单、无须激磁等一系列优点而被越来越重视，目前永磁直流电动机产品尚限于较小的功率范围内。

1. 直流伺服电动机的转矩特性

图 4-19 为直流伺服电动机的工作原理图。对电枢回路,有

$$U_c = E_a + I_c R_t \qquad (4\text{-}19)$$

式中,U_c 为电枢绕组的控制电压,V;I_c 为电枢绕组的控制电流,A;R_t 为电枢绕组的总电阻,Ω;E_a 为电枢绕组的反电势,V。

$$E_a = C_e \varphi_e n = K_e n \qquad (4\text{-}20)$$

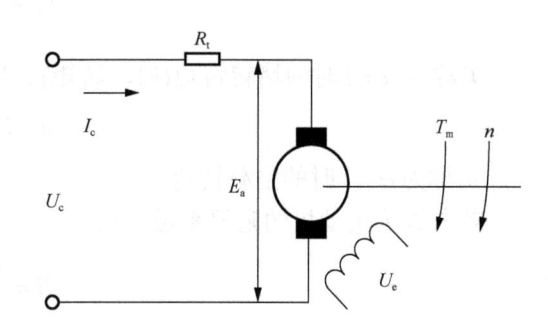

图 4-19 直流伺服电动机的工作原理图

式中,n 为电枢转速,rad/s;φ_e 为激磁磁通,与激磁电压 U_e 有关;K_e 为电势常数。

$$K_e = C_e \varphi_e \qquad (4\text{-}21)$$

式中,C_e 为电动机的电势系数,只与电动机本身结构有关。

电动机的转矩为

$$T_m = C_m \varphi_e I_c = K_m I_c \qquad (4\text{-}22)$$

式中,K_m 为转矩常数。

$$K_m = C_m \varphi_e \qquad (4\text{-}23)$$

式中,C_m 为电动机的转矩系数,只与电动机本身结构有关。

代入式(4-19)得

$$I_c = \frac{U_c - E_a}{R_t} = \frac{U_c - K_e n}{R_t} \qquad (4\text{-}24)$$

则式(4-23)为

$$T_m = \frac{K_m}{R_t} U_c - \frac{K_m K_e}{R_t} n \qquad (4\text{-}25)$$

令 α 为信号系数,且

$$\alpha = U_c / U_e$$

则式(4-25)为

$$T_m = \alpha \frac{K_m}{R_t} U_e - \frac{K_m K_e}{R_t} n \qquad (4\text{-}26)$$

式(4-26)即为直流伺服电动机的转矩-转速特性式。当 $\alpha = 1$ 时,即 $U_c = U_e$,可画出转矩-转速特性曲线。直流伺服电动机转矩-转速特性曲线如图 4-20 所示。

由图 4-20 可见，当 $n=0$ 时，电动机为堵转状态或启动状态，此时有

$$T_m = \frac{K_m U_e}{R_t} \tag{4-27}$$

T_s 称为 $\alpha=1$ 时的堵转转矩(启动转矩)。当 $T_m=0$ 时，电动机为空载状态：

$$n = U_e / K_e \tag{4-28}$$

n_0 称为 $\alpha=1$ 时的空载转速。

若令 B 为电动机的阻尼系数，且

$$B = \frac{K_m K_e}{R_t} \tag{4-29}$$

则直流伺服电动机的转矩-转速特性式可简写为

$$T_m = \alpha T_s - Bn \tag{4-30}$$

由图 4-20 可见，转矩-转速特性曲线随 α 的不同而成为一组具有相同斜率的直线。

由于总速比为

$$i_t = \frac{n}{n_L} \tag{4-31}$$

故式(4-30)可写为

$$T_m = \alpha T_s - Bn_L i_t \tag{4-32}$$

式(4-32)称为直流伺服电动机的转矩特性(以 i_t 为自变量)。直流伺服电动机转矩特性曲线如图 4-21 所示。

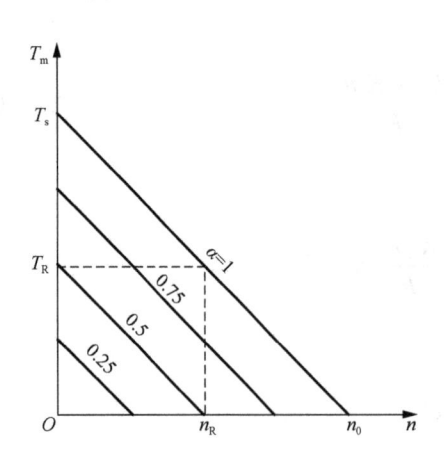

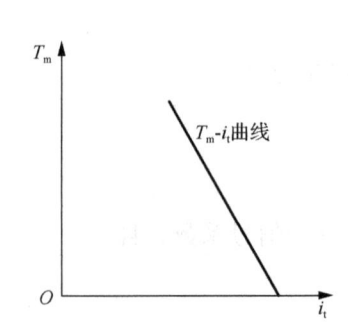

图 4-20 直流伺服电动机转矩-转速特性曲线　　图 4-21 直流伺服电动机转矩特性曲线

电动机的选择，首先要满足负载所需要的瞬时转矩和转速。从偏于安全的意义上讲，就是能够提供克服峰值负载所需要的功率。其次，当电动机的工作周期可以与其发热时间常数相比较时，必须考虑电动机的热定额问题。通常用负载的均方根功率作为确定电动机发热功率的基础。

若电动机在峰值力矩下，以峰值转速不断地驱动负载，则电动机功率可按式(4-33)估算，即

$$P_\mathrm{m} = (1.5 \sim 2.5)\frac{T_\mathrm{LP} n_\mathrm{LP}}{\eta} \tag{4-33}$$

式中，P_m 为电动机估算功率，W；T_LP 为负载峰值力矩，N·m；n_LP 为负载峰值转速，rad/s；η 为传动装置的效率，初步估算时取 $\eta = 0.7 \sim 0.9$。

若电动机长期连续地工作在变载荷之下，比较合理的是按负载均方根功率来估算电动机功率，即

$$P_\mathrm{m} = (1.5 \sim 2.5)\frac{T_\mathrm{Lr} n_\mathrm{Lr}}{\eta} \tag{4-34}$$

式中，T_Lr 为负载均方根力矩，N·m；n_Lr 为负载均方根转速，rad/s。

2. 驱动电路

一个驱动系统性能的好坏，不仅取决于电动机本身的特性，还取决于驱动电路的性能以及两者之间的相互配合。一般要求驱动电路频带宽、效率高、能量能回馈等。目前广泛采用的直流伺服电动机的晶体管驱动电路有线性直流伺服放大器和脉宽调制放大器(pulse width modulation amplifier，PWM)。一般地，宽频带低功率系统选用线性放大器(小于几百瓦)，而脉宽调制放大器常用在较大的系统中，尤其是那些要求在低速和大转矩下连续运行的场合。

1) 线性直流伺服放大器

线性直流伺服放大器通常由线性放大元件(如运算放大器)和功率输出级组成，它的输出电流比例于控制信号。功率输出级有两种基本形式，图 4-22 为互补式输出级，图 4-23 为线性桥式输出级。

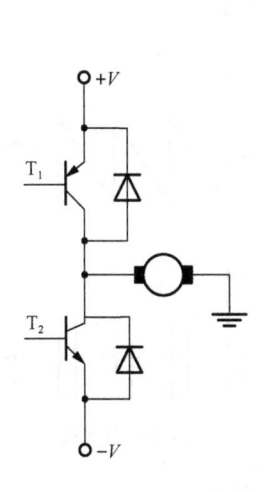

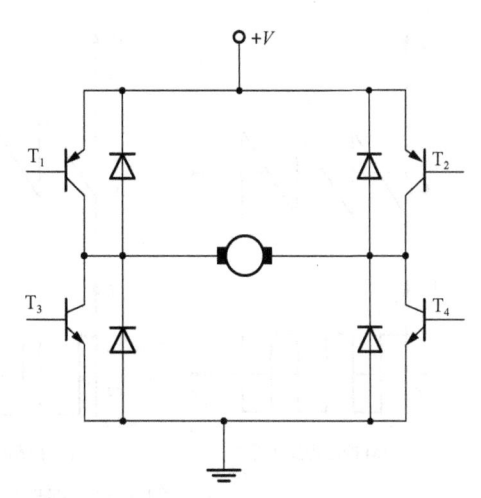

图 4-22 互补式输出级　　　　　图 4-23 线性桥式输出级

为能向电动机供给两种极性的电压与电流,使电动机正转和反转运行,互补式输出级使用正负两个电源。线性桥式输出级只需要单个电源,当晶体管 T_1、T_4 导通时,对电动机正向供电,当 T_2、T_3 导通时对电动机反向供电。为消除电动机快速变化时自感电势和反电势击穿晶体管,在功率晶体管上都跨接了续流二极管。互补电路形式上比较简单,但需要两个电源,而且功率晶体管的额定电压必须大于两个电源之和,对于桥式电路,功率晶体管的额定电压为电源电压。

2) 脉宽调制放大器

PWM 放大器的优点是功率管工作在开关状态,管耗小。它的基本原理是:利用大功率晶体管的开关作用,将直流电源电压转换成一定频率(如 20kHz)的方波电压,加在直流电动机的电枢上,通过对方波脉冲宽度的控制,来改变电枢的平均电压,从而调节电动机的转速。此即"脉宽调制"的原理,PWM 放大器原理图如图 4-24 所示。锯齿波发生器的输出电压 V_A 和直流控制电压 V_{IN} 进行比较,同时,在比较器的输入端还加入一个调零电压 V_0,当控制电压 V_{IN} 为零时,调节 V_0 使比较器的输出电压为正、负脉冲宽度相等的方波信号。锯齿波脉宽调制波形图如图 4-25 所示。当控制电压 V_{IN} 为正或负时,比较器输入端处的锯齿波相应地上移或下移,波形为 V_r,比较器的输出脉冲宽度也随着相应改变,实现了如图 4-25(b)、(c)所示脉宽调制。图中 V_C 为比较器输出电压。

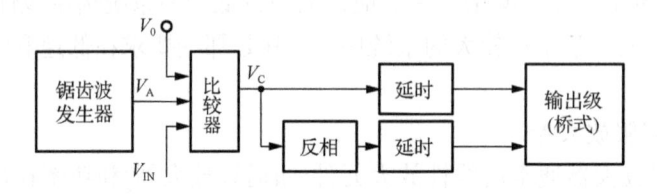

图 4-24 PWM 放大器原理图

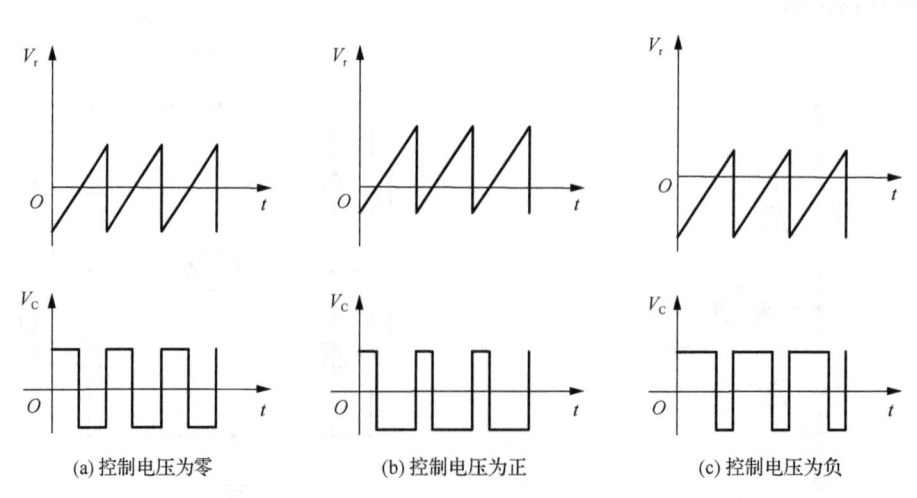

(a) 控制电压为零　　(b) 控制电压为正　　(c) 控制电压为负

图 4-25 锯齿波脉宽调制波形图

3. 永磁式直流伺服电动机

永磁式直流伺服电动机又称为直流力矩电动机。它的定子是永久磁铁，转子是线圈绕组，通过电枢为转子线圈供电产生旋转磁场驱动转子运动。它可以不经过齿轮等减速机构而直接驱动负载，并由输入的控制电压信号直接调节负载的转速。在位置控制方式的伺服系统中，它可以工作在堵转状态；而在速度控制的伺服系统中，又可以工作在低转速状态，且输出较大的转矩。所以力矩电动机是一种直接驱动负载的执行元件。

与其他执行元件相比，力矩电动机具有以下优点。

1) 快速响应

如图 4-26 所示，直流伺服电动机一般有两种驱动方式，图 4-26(a)表示了采用高速电动机经过减速器带动负载的间接驱动方式，图 4-26(b)表示了采用力矩电动机不经过减速器的直接驱动方式。

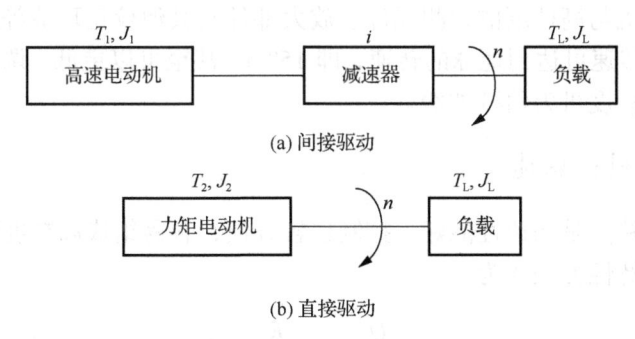

图 4-26 驱动方式比较

为便于比较，假定采用两种不同的驱动方式去驱动同一负载。设负载转矩为 T_L，负载的转动惯量为 J_L；高速电动机的转矩为 T_1，其转动惯量为 J_1；力矩电动机的转矩为 T_2，其转动惯量为 J_2。

在采用直接驱动方式时，折合到负载轴上的转矩与系统的转动惯量之比，即为系统的理论加速度 a_2，即

$$a_2 = \frac{T_2}{J_2 + J_L} = \frac{T_L}{J_2 + J_L} \tag{4-35}$$

而采用间接驱动方式时，若减速器的减速比为 i，则折合到负载轴上的转矩是 $iT_1 = T_L$；但折合到负载轴上的系统转动惯量为 $i^2 J_1 + J_L$，故系统的理论加速度 a_1 应是

$$a_1 = \frac{iT_1}{i^2 J_1 + J_L} = \frac{T_L}{i^2 J_1 + J_L} \tag{4-36}$$

比较以上两种驱动方案可以看出，只要力矩电动机的转动惯量 J_2 小于高速电动机的转动惯量 J_1 的 i^2 倍，即 $J_2 < i^2 J_1$，则选用力矩电动机直接驱动负载就有较大的理论加速度。同时，永磁式直流力矩电动机的机械时间常数较小，一般为十几毫秒至几十毫秒。加之力矩电动机的电气时间常数也很小，为零点几毫秒至几毫秒。所以，选用力矩电动机直接驱

动的系统，动态响应快，其动态频率可达 50Hz，比通过齿轮减速的间接驱动系统提高近一个数量级。

2) 提高了速度和位置的精度

力矩电动机直接驱动的伺服系统可以消除因采用齿轮传动时带来的间隙"死区"和传动件材料弹性变形所引起的误差，因此可使系统的放大倍数选得最大，相应地使系统速度和位置精度有较大的提高。

3) 线性度好

力矩电动机的转矩-电流特性具有很高的线性度。同时，由于省去了齿轮等传动装置，消除了齿隙"死区"，又使摩擦力矩减小，这些都为系统的灵活控制和平稳运行创造了条件。

4) 运行可靠，结构紧凑

采用力矩电动机的直接驱动系统，还具有运行可靠、维护简便、振动小、机械噪声小和结构紧凑等优点。

采用力矩电动机与高精度的检测元件、放大部件及其他校正环节等所组成的闭环伺服系统，平稳运行的转速可达到地球的转速，即 15°/h，甚至可以更低。调速范围又可达几万甚至数十万，位置精度可为角秒(")级。

4. 直流电动机的调速

直流电动机的特点是调速性能好，控制也较方便，容易组成高精度的闭环调速系统。直流电动机的机械特性方程式为

$$n = \frac{U_c}{C_e \varphi_e} - \frac{R_t}{C_e C_m \varphi_e^2} T_m \tag{4-37}$$

从式(4-37)中可以看出，只需改变 U_c、R_t、φ_e 等参数，便可实现多种方式的速度调节。

1) 电枢串接电阻调速

电枢回路串接电阻后，电动机的机械特性的斜率随电阻的改变而改变，在恒负载下使转速发生变化。

该调速方式的优点是控制装置很简单，缺点是转速受负载的影响较大，在空载时几乎没有调速作用，而在重载低速运行时特性显得太软，而且功耗很大。它的应用范围一般局限于断续运行的场合，如起重、牵引设备等。

2) 改变电枢电压调速

当电动机采用他励方式时，其机械特性随电枢电压的改变而产生平移，所以它的调速范围较宽。

电枢电压的调节常用晶闸管整流装置实现，但低速运行时功率因数变小，而且在交流侧出现较多的谐波成分，对电网不利。

3) PWM 直流调速

其原理是将直流控制信号与三角波经调制电路产生一系列脉宽不等的脉冲信号，做功率放大后驱动大功率器件。控制调制方波的占空比，便可改变输出平均电压。将 PWM 输出电压接至直流电动机的电枢两端，便可组成性能优良的调速系统。

该调速系统的优点是调速范围宽、效率高、响应速度快、电流脉动小及对电网污染小,但缺点是系统较复杂,造价较高。

4) 双闭环直流调速

该系统的反馈量电流和转速信号,分别送入电流调节器和速度调节器。调节器按 PI(比例-积分)方式实现调节。由电流调节器组成的闭环称为电流环。由速度调节器组成的闭环称为转速环,电流环用于控制电流,转速环用于控制转速。

双闭环调速系统的静态性能和动态性能均很好,抗扰动能力也很强。

5) 数字式直流调速

目前较先进的直流调速系统均采用数字控制,从积分调节器到触发装置,以及其他控制功能均由微处理器实现。它具有调速性能高、工作可靠和体积小等特点。数控装置设有键盘和 LED 显示器,可方便地利用键盘进行各项运行参数的设定。此外,它还具备自诊断及完善的保护功能。

6) 改变励磁的恒功率调速

从直流电动机的机械特性的公式可看出,当磁通减小时,电动机的转速也随之升高。它还可用于高于额定转速范围的调速,但因转速的升高,电动机转矩做相应比例的下降,所以它属于恒功率调速。

4.2.3 交流电动机

1. 交流电动机的主要类型

交流电动机是价格较便宜的一类电动机,尤其是笼型式交流异步电动机,因其结构简单、机械特性好、体积小、价格低,所以应用最广泛。

笼型式交流异步电动机的连续运行特性很好,其转矩受负载波动的影响较小,启动转矩也较大,适用于不调速的连续运转负载。该类电动机的主要特点是启动电流较大,最多为额定电流的 5~7 倍。如果电动机的容量较大,将对电网产生瞬间的冲击,为此,常采用各种降压启动方式,把启动电流限制在较小的范围之内,但它的启动转矩也会有较大幅度的降低,它只能用于轻载启动的设备,如风机、水泵之类的机械设备。

绕线式交流异步电动机常用于不调速连续运行的大功率设备,如空气压缩机、气泵等。为解决启动问题,一般采用在电动机的转子回路中串接频敏电阻,以限制启动电流,并获得较大的启动转矩。绕线式交流异步电动机的另一类用途为起重机械,只需利用控制电气切换转子回路外接电阻的数值,便可获取不同的机械特性,满足有级调速的要求,还可以做四象限运行。

2. 各类型号交流电动机的性能及应用范围

交流电动机的型号很多,其性能也有一些差别,以满足不同应用的需要。三相交流异步电动机的系列分类如表 4-2 所示。

表 4-2　三相交流异步电动机的系列分类

系列型号	名称	容量范围 /kW	同步转速 /(r/min)	电压 /V	性能	应用范围
Y	三相异步电动机	2极:0.85～160 4极:0.55～160 6极:0.75～132 8极:45～75	3000 1500 1000 750	380	全封闭自扇冷启动,特性好,效率高,噪声低	各种机械设备,如机床、运输机械、轻工机械、风机、水泵等
YX	高效率三相异步电动机	2极:3～90 4极:2.2～90 6极:1.5～55	3000 1500 1000	380	为Y系列派生产品,平均效率提高3%左右,但价格较贵	用于节能设备,如风机、水泵、压缩机等
YH	高转差率三相异步电动机	2极:0.75～18.5 4极:0.55～90 6极:0.75～55 8极:2.2～45	3000 1500 1000 750	380	机械特性软,启动转矩高,启动电流较小。转差率:7%～13%;负载持续率有15%、25%、40%和60%四种	用于冲击性负载的大惯性机械设备,如锤击机、剪切机、冲压机、锻冶机等
YD	变极多速三相异步电动机	0.35～72	500～3000	380	为Y系列派生产品,有双速、三速、四速共九种速比	用于万能、组合专用切削机床及一般需分级调速的设备
YTD	电梯用三相异步电动机	4～22	1000～1250	380	为开启式双速电动机,启动转矩高、噪声低、运行平稳。短时工作制(6极30min,24极3min)	用于一般要求的客、货电梯及其他各类升降机
JLJ	力矩三相异步电动机	2极:16～100 4极:6～200 6极:16～200	3000 1500 1000	380(可调)	机械特性很软,当负载增加时,转速自动降低,在很大的运行速度范围内,保持转矩的基本恒定	用于造纸、线材、橡胶、塑料等行业的卷绕设备
YR	绕线式三相异步电动机	4极:4～75 6极:3～55 8极:4～45	1500 1000 750	380	电动机的机械特性与转子回路的外接电阻有关	用于简单的调速,或改善电动机的启动
YZR	冶金及起重用三相异步电动机	6极:1.5～75 8极:7.5～90 10极:37～200 (负载持续率为40%)	1000 750 600	380	具有较大的过载能力、较高的机械强度。在转子回路串接电阻,实现分级调速	用于断续工作、启动频繁的起重设备

3. 交流伺服电动机

用于数控系统的交流伺服电动机有两类:一类为永磁式交流同步伺服电动机;另一类为笼型交流异步伺服电动机。交流伺服电动机比直流伺服电动机有更多的优越性,例如,它不存在电刷磨损问题,输出转矩较高,体积也较小,所以它是数控系统中较理想的伺服电动机,但整套伺服装置的价格要比直流装置高。

1) 永磁式交流同步伺服电动机

该类电动机的定子装有三相绕组,转子为一定极对数的永久磁体,在电动机输出轴上装有检测电动机转速和转子位置的无刷反馈装置。电动机的三相交流电源由PWM变频器供给，可在很宽的范围内实现无级变频调速。为使变频电源与电网隔离，可采用隔离式适配变压器。

交流伺服驱动的工作原理为：将数控脉冲信号通过三相正弦波发生器变换为三相正弦波电压，再利用由晶体管组成的 PWM 电路转换为三相正弦 PWM 电压，并送至电动机的定子绕组，用以产生旋转磁场，吸引转子上的磁极，使转子做同步旋转。因为旋转磁场的速度与输入的脉冲信号频率成正比，所以只需改变脉冲信号的频率便可实现电动机的调速。它还具有类似步进电动机的功能，每向该交流伺服装置发送一个脉冲信号，电动机便有一个相应的转角，所以它也可用于位置控制，而且比步进电动机运行平稳性好。

永磁式交流同步伺服电动机的伺服系统具有以下特点：
(1) 电动机的转速不受负载变化的影响，稳定性极高；
(2) 调速范围极宽，可达 100000：1 或更高；
(3) 在整个调速范围内，电动机的转矩和过载能力保持不变；
(4) 可做步进方式运行，而且步距角可自由选择。

例如，IFT5 系列为中小转矩永磁式交流伺服电动机，其转矩范围为 0.15~185N·m，转速范围为 1200~6000r/min。为适应不同的安装条件，电动机的结构形式分为标准型和短型。

2) 笼型交流异步伺服电动机

电动机的结构和工作原理与普通笼型异步电动机基本相同，但在它的轴端装有编码器，还可以配选制动器。该类电动机的速度调节由矢量控制和 PWM 变频技术实现，所以它具有调速范围宽、转矩脉动小、低速运行平稳和噪声低等特点。

交流伺服驱动系统具有调速范围宽、响应速度快和运行平稳等特点，其调速比可达 10000：1，适用于机床的进给驱动装置和其他伺服装置。

4. 电动机容量的计算

1) 连续恒负载运行的电动机容量计算

当电动机在恒负载运行期间，使电动机的温度达到稳定值，便作为连续负载考虑。电动机功率的计算公式为

$$P = \frac{Tn}{9550} \tag{4-38}$$

式中，P 为电动机的计算功率，kW；T 为折算到电动机轴的负载转矩，N·m；n 为电动机的额定转速，r/min。

选用的电动机额定功率必须稍大于或等于计算功率 P 的值。当电动机的使用环境温度与标准的 40℃ 相差较大时，电动机的额定功率要计入温度修正系数。例如，当使用环境为 45℃ 时，电动机的额定功率约下降 5%，50℃ 时将下降 12.5% 左右。如果电动机需做重载启动，尚需校验电动机的启动转矩。

2) 连续周期性变化负载的电动机功率计算

连续周期性变化负载的电动机功率计算的方法很多，其中较常用的为等效转矩法，其步骤如下。

(1) 计算并绘制折算到电动机轴的负载转矩图，即

$$T = f(t)$$

(2) 计算变化负载的等效转矩：

$$T_e = \sqrt{\frac{T_1^2 t_1 + T_2^2 t_2 + \cdots + T_n^2 t_n}{t_1 + t_2 + \cdots + t_n}} = \sqrt{\frac{1}{T}\sum_{i=1}^{n} T_i^2 t_i} \tag{4-39}$$

式中，T_e 为等效负载转矩，N·m；$T_1, T_2 \cdots, T_i$ 为各段负载转矩，N·m；$t_1, t_2 \cdots, t_i$ 为各段负载的持续时间，s；$T = \sum_{i=1}^{n} t_i$，为负载变化的周期。

按负载 T_e 初选电动机的型号，然后在原转矩图叠加加速阶段的动态转矩 $\frac{GD^2}{375} \cdot \frac{dn}{dt}$ 即可得到更实际的转矩图，再按上述的计算公式求得选择电动机用的等效转矩 T_e。

(3) 电动机转矩的校验，先由式(4-39)计算变化负载的等效转矩。当计算得到的转矩 $T_e < T_N$ (所选电动机的额定转矩)，即认为所选电动机型号可用。

该方法适用于电动机的转矩与电流成正比的使用场合，不适用于在运行周期内频繁启动制动的笼型异步电动机的运行方式。较准确的计算是采用平均消耗法，它按电动机的温升进行校验，但计算过程十分烦琐。

3) 短时工作制的电动机功率计算

短时工作制的特点是电动机的运行时间较短，而停止时间却很长，所以电动机的温升达不到稳定值，如机床的夹紧装置、控制阀门所用的电动机等。

对于该类工作制的电动机选择，首先要校验它的启动转矩是否足够，应把电动机的过载能力考虑在内。

负载所需的启动转矩为

$$T_s \geq \frac{T_{\max} K_S}{K_v^2} \tag{4-40}$$

式中，T_s 为负载所需的启动转矩，N·m；$T_{\max}$ 为启动过程中的最大负载转矩，N·m；K_S 为加速所需的动态转矩系数，一般取 1.15～1.25；K_v 为电压波动系数(启动时的电动机端电压与电动机额定电压的比值)。

短时工作制配用的电动机应选用短时定额的电动机，也可选用断续定额的电动机。在选择电动机时，应把它的过载能力考虑在内。

如果选用异步电动机，其额定功率应满足以下条件：

$$P_R \geq \frac{P_{\max}}{0.75\lambda} \tag{4-41}$$

式中，P_R 为电动机的额定功率，kW；P_{max} 为短时工作的最大负载功率，kW；λ 为电动机的转矩过载倍数。

4) 断续周期工作制的电动机的功率计算

断续周期工作制的周期规定不超过 10min，其中包括电动机的启动、运行、制动、停止等几个阶段。普通的电动机一般难以胜任如此频繁的操作，必须选择一类专用于此项工作的电动机。

断续周期工作制的电动机以负载持续率 FC(%)来标定它的额定功率，其 FC 值分别为 15%、25%、40%和 60%四种。同一个电动机在不同的 FC 值下工作，其额定功率是不同的，FC 值越小，则额定功率越大。该类电动机的特点是机械强度很高，启动和过载能力很强，适用于频繁工作的运行，但它的机械特性较软，效率稍低。

断续周期工作制的电动机功率计算，可按运行期间的负载计算出所需的功率，其方法如同连续工作制的电动机功率计算，然后在产品样本上按实际 FC 值找到所需的电动机型号。如果实际 FC 值与电动机规定的 FC 值相差较大，则需将实际 FC 值下的计算功率折算到标准 FC 值下的功率：

$$P_N = P\sqrt{\frac{FC_\lambda}{FC}} \tag{4-42}$$

式中，FC_λ 为实际负载持续率，%；FC 为与 FC_λ 接近的标准 FC 值，%；P 为实际负载功率，kW；P_N 为按标准 FC 值的负载修正功率，kW。

在产品样本中按被选的标准 FC 值和 P_N(修正功率)便可选取合格的电动机型号。

5. 交流电动机的调速

交流电动机的特点是结构简单、价格低，其中的笼型异步电动机仅为同功率直流电动机价格的 1/3 左右，而且能适应较差的工作环境，维护工作量又小，所以该类电动机得到广泛应用。交流电动机的调速性能不如直流电动机，直至近年来，交流电动机的变频调速技术获得成功后，才彻底改变了交流调速难的问题。

交流异步电动机的转速与电源频率、磁极对数以及转差率有关，其表达式为

$$n = \frac{60f}{p}(1-s) \tag{4-43}$$

式中，f 为电源频率；p 为磁极对数；s 为电动机的转差率。

所以，只要设法改变 f、p 和 s 等参数，便可实现调速。较常用的方法有以下几种。

1) 变极调速

利用 YD 系列笼型异步电动机的绕组接线方式变换，便可改变该电动机的磁极对数，实现阶跃式的转速调节，其调速范围为 2~4 级。

2) 电磁转差离合器调速

该调速装置由笼型异步电动机、电磁转差离合器、测速发电机及控制装置四部分组成，其中的异步电动机作为驱动装置的原动力，通过电磁转差离合器将转矩传递至它的

输出轴。调节该离合器的励磁电流，便可改变离合器输入轴与输出轴之间的转差，达到调速的目的。

在开环情况下，离合器输出的机械特性很软，不好直接应用，所以利用测速发电机的速度反馈信号组成简单的闭环调速系统，调速范围可达 10:1，但因低速运行时，大量的转差功率消耗于离合器，以致效率很低，不宜于长期运行。

3) 转子串电阻调速

在绕线式异步电动机的转子回路中串接电阻，便可改变电动机的机械特性，并随电阻值的增大而变软。如果负载为恒定值，则电动机的转速将随机械特性的改变而变化。因调速运行过程中将有电能消耗于外接的电阻器中，所以也不宜做长期低速运行。

4) 串级调速

串级调速的原理是在绕线异步电动机的转子回路中引入一个与转子电动势的频率相同、相位相同或相反的附加电动势，在外加电动势与转子感应电动势的共同作用下实现电动机转速的调节。

串级调速属于转差功率反馈型调速系统，它能将调速运行时的大部分转差功率回馈加以利用，所以效率较高。晶闸管串级调速是国内目前应用较广泛的调速系统之一。

5) 变频调速

它是近几年来发展最快的交流调速方式，可对普通的笼型异步电动机实现宽范围的无级调速，具有机械特性硬、调速精度高、启动电流小及效率高等特点。

交流电动机的调速方式还可通过改变定子电压来调节电动机的转速，但机械特性变软，调速范围较小。做闭环控制时，可改善低速运行的特性，调速范围较宽。

各种交流调速性能的比较如表 4-3 所示。

表 4-3 各种交流调速性能的比较

调速方式	控制装置	电动机类型	调速原理	调速范围	调速平滑性	速度稳定性	启动转矩	启动方式	效率	费用
变极调速	转换开关或接触器控制电路	多速笼型异步电动机	改变定子的极对数	固定的2~4极	很差	好	较大	直接硬启动	高	很低
转差调速	由电子线路和晶闸管组成的闭环调速控制器	配电磁转差离合器的笼型异步电动机	调节离合器的转差	约 10:1	好	一般	一般	硬启动	低	较低
串电阻调速	由调速电阻、接触器及主令控制器组成的控制装置	绕线式异步电动机	调节电动机的转差率	最多8极	差	自行设定	分级启动	低	一般
串级调速	由电整流、逆变、逆变变压器等环节组成的SCR串级调速系统	绕线式异步电动机	在转子回路中外加一个附加电动势来控制转差功率	大于 10:1	好	好	可调整	平滑启动	较高	较高
变频调速	由微处理器、接口电路、大功率晶体管组成的PWM变频调速器	笼型异步电动机、小型同步电动机	改变电动机的供电频率及相应的电压	大于 50:1	好	很好	稍小	平滑软启动	高	高

4.2.4 液压与气压伺服元件

机电一体化领域得益于流体动力执行器的发展。流体动力执行器包含液压执行器和气压执行器两类。液压、气压伺服驱动装置是由控制阀与执行器(缸、马达或泵)组成的驱动系统，主要以速度控制为主，通过电液伺服阀、可编程控制器、接口元件开发以及系统硬件在线测试来实现。液压、气压伺服驱动装置的工作原理基本相同，不同的是它们的作用介质分别为液压油和压缩空气。控制阀被称为液压(气压)伺服元件。

1. 液压系统和气压系统的特点

1) 电动系统与液压系统的比较

由于电力的传送具有许多优点以及电动机很容易将电能转换成机械能，某些机电系统设计者也许认为不需要再考虑用液压系统或气动系统了，但事实证明并非如此。下面我们进行一些比较分析。

在许多场合，减轻系统的重量是重要的，在这方面液压传动比电力传动有突出的优点。因为液压泵(马达)的功率(单位：W)、重量(单位：N)比的典型值为168，而发电机和电动机的功率、重量比则为16.8，也就是说在相同重量情况下，液压驱动功率比电动机大近10倍。

电动机输出的力或扭矩要受到磁性材料和电动机体积的限制，但在液压系统中，则可以用提高工作压力的办法来获得较高的力或扭矩。一般来说，直线式电动机的力(单位：N)与质量(单位：kg)比为130；直线式液压马达的力与质量比为13000，即提高了100倍。回转式液压马达的扭矩与惯量比一般为相当容量电动机的10~20倍，只有无槽式的直流力矩电动机才能与液压传动相当。另外，开环形式的液压系统的输出刚度大，而电动机系统的输出刚度很小。液压传动具有工作平稳、能在低速下稳定运行、自行润滑、操作安全等优点。但从所能达到的最大功率看，液压系统一般能达到几百千瓦，而电动机系统可达几千千瓦以上。此外，液压系统不利于长距离传动、漏油污染环境、防火性差，因液体的可压缩性，不能用于精密定比传动；油温变化要引起油液黏度变化，所以不宜用于高、低温的场合。

2) 气压系统与液压系统的比较

气压系统的主要优点如下：

(1) 空气可以从大气中取之不竭；将用过的气体排入大气，无须回气管路，处理方便，泄漏不会严重影响工作和污染环境。

(2) 空气黏性很小，在管路中的沿程压力损失为液压系统的千分之一，宜于远距离传输及控制。

(3) 工作压力低，可降低对气动元件的材料要求和制造精度要求。

(4) 对开环控制系统，它相对液压传动而言有动作迅速、响应快的优点。

(5) 维护简便，使用安全，没有防火、防爆问题；适用于石油、化工、农药及矿山机械等特殊环境；对于无油的气动控制系统则特别适用于无线电元器件生产过程，也适用于食品及医药的生产过程。

与电气、液压系统比较，气压系统有以下缺点：

(1) 气动装置的信号传递速度限制在声速范围之内，所以它的工作频率和响应速度远不如电子装置，并且信号要产生较大失真和延迟，也不便于构成十分复杂的回路；但这个缺点对工业生产过程不会造成困难。

(2) 空气的压缩性远大于液压油的压缩性，精度较低。

(3) 气压传动的效率比液压传动还要低，且噪声较大。

(4) 工作压力较低，不易获得大的推力，气压传动出力不如液压传动大。

2. 液压泵

液压泵是一种用流体动力回路将机械力和运动转化为执行功率的装置，产生被控流体的流量并产生压力。压力是流体遇到阻抗的直接结果，可以通过给系统施加不同负载或用压力调节装置来实现压力的变化。

基于流体的排量，液压泵分为容积式排量泵和非容积式排量泵。排量是在流体动力泵一个循环中被压出的流体的真实容积。容积式排量泵在定子和转子间有一个很小的间隙，在遇到任何阻力时容积式排量泵能为每个泵循环推出规定的流体容积，因为其使用的简单性，这种排量泵在液压系统中被广泛使用。容积式排量泵可进一步分为定量泵和变量泵。容积式排量泵的流体传送依赖于内部元件间的工作关系。在给定泵速下流体的容积输出保持恒定，只有改变泵速才能改变泵的输出。然而变量泵在保持泵速恒定下，可以通过改变泵中元件的物理关系来改变流体的输出量。非容积式排量泵的转子和定子间有很大的间隙，从泵里压出的总流体体积依赖于泵的转速和泵排放遇到的阻力。在低压大体积流量的应用中，将会用到非容积式排量泵。

基于产生流体流量的元件设计特点，液压泵分为齿轮泵、叶片泵和柱塞泵，基于设计的液压泵分类如图 4-27 所示。

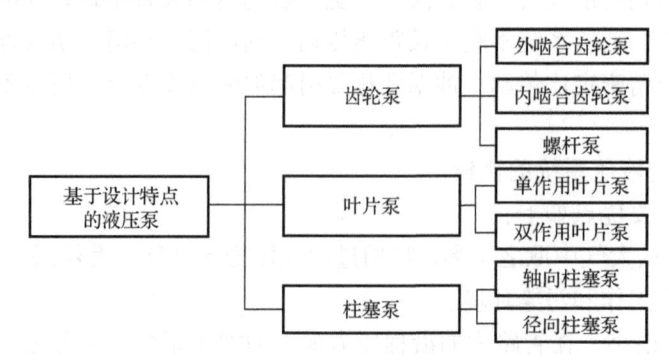

图 4-27 基于设计的液压泵分类

齿轮泵是基于齿轮型机理的旋转泵。旋转齿轮泵的设计包括两个或更多的齿轮啮合，正常情况下齿轮泵具有约 0.7m/min 的流量和 220bar(1bar=0.1MPa)的传送压力。齿轮泵可分为外啮合齿轮泵、内啮合齿轮泵和螺杆泵。

叶片泵是基于叶片型机理的旋转泵。转子旋转时，叶片在离心力和压力油的作用下，尖部紧贴在定子内表面上。这样两个叶片与转子和定子内表面所构成的工作容积，先由小到大吸油后再由大到小排油，叶片旋转一周时，完成一次吸油与排油。叶片泵分为单作用叶片泵和双作用叶片泵。

柱塞泵分为轴向柱塞泵和径向柱塞泵。轴向柱塞泵是利用与传动轴平行的柱塞在柱塞孔内往复运动所产生的容积变化来进行工作的。由于柱塞泵的柱塞和柱塞孔都是圆形零件，加工时可以达到很高的精度配合。径向柱塞泵的活塞或柱塞的往复运动方向与驱动轴垂直，通过柱塞伸出和缩回，使柱塞孔的容积增大或变小，实现吸油和压油过程。径向柱塞泵的输出流量由定子与转子间的偏心距决定。若偏心距为可调的，就成为变量泵；若偏心距的方向改变后，进油口和压油口也随之互相变换，则变成双向变量泵。

3. 液压阀

1) 压力控制阀

压力控制阀是指用来对液压系统中液流的压力进行控制与调节的阀。此类阀是利用作用在阀芯上的液体压力和弹簧力相平衡的原理来工作的。压力控制阀在系统中起调压、定压作用，其工作状态直接受控制压力的影响。

在具体的液压系统中，根据工作需要，对压力控制的要求是各不相同的：有的需要限制液压系统的最高压力，如安全阀；有的需要稳定液压系统中某处的压力值(或者压力差、压力比等)，如溢流阀、减压阀等定压阀；还有的利用液压力作为信号控制其动作，如顺序阀、压力继电器等。

2) 方向控制阀

方向控制阀是用来控制和改变液压系统液流方向的阀类。方向控制阀可以阻断流体或者引导流体流向各个分支。方向控制阀通过从回路中分离一个液压回路或者合并两个或更多分支液流的方式使液流转向，实现对液压系统能量增加或降低。方向控制阀的种类有单向阀、液控单向阀、换向阀、行程减速阀、充液阀、梭阀等。其中单向阀和换向阀是方向控制阀的两个主要类别。

3) 流量控制阀

流量控制阀是用来控制和调节液压系统液流流量的阀类，如节流阀、调速阀、比例流量阀等。

节流阀是通过改变节流截面或节流长度以控制流体流量的阀门。将节流阀和单向阀并联则可组合成单向节流阀。节流阀和单向节流阀是简易的流量控制阀，在定量泵液压系统中，节流阀和溢流阀配合，可组成三种节流调速系统，即进油路节流调速系统、回油路节流调速系统和旁路节流调速系统。节流阀没有流量负反馈功能，不能补偿由负载变化所造成的速度不稳定，一般仅用于负载变化不大或对速度稳定性要求不高的场合。

调速阀是由定差减压阀与节流阀串联而成的组合阀。节流阀用来调节通过的流量，定差减压阀则自动补偿负载变化的影响，使节流阀前后的压差为定值，消除了负载变化对流量的影响。

4. 能量输出装置

流体动力能量输出装置通过使用液压缸和液压马达提供直线或者旋转运动。液压缸是一种将流体动力功率转化为直线机械力或运动的装置。液压马达是一种将液压功率转化成旋转机械力和运动的装置。

液压缸分为单作用液压缸和双作用液压缸。单作用液压缸仅在一个方向传递液压流体或输出力。在液压缸内，活塞杆可以向外推而不能向后拉，因此需要一个相反方向的力才能使活塞杆返回到原来的位置。双作用液压缸则能够在伸出和缩回方向上传递液压流体或输出力。

液压马达是液压系统的一种执行元件，它将液压泵提供的液体压力能转变为其输出轴的机械能(转矩和转速)。液压马达根据结构类型可分为叶片式、柱塞式、齿轮式和其他形式。叶片式液压马达体积小、转动惯量小、动作灵敏、可适用于换向频率较高的场合；但泄漏量较大、低速工作时不稳定。柱塞式液压马达可分为轴向柱塞式和径向柱塞式两种类型。径向柱塞式液压马达具有良好的反向特性，在低速时运动平稳，适用于伺服系统。齿轮式液压马达具有结构简单、体积小、重量轻、惯性小、耐冲击、维护方便，对油液过滤精度要求较低等特点，但其流量脉动较大，一般多用于高转速、低转矩的情况。

5. 液压和气压伺服元件的特点

液压系统的伺服控制元件有开关控制阀、电液伺服阀和电液比例阀三种。开关控制阀仅具有开关或切换油路的功能，最常见的是电磁换向阀。电液伺服阀能将微弱的电信号输入转换成大功率的液压量输出。电液比例阀介于上述两种控制阀之间，它将输入的电气信号转换成机械输出信号，对流量、流动方向和压力进行连续地成比例控制。它在结构上与开关控制阀类似，在控制方式上则同电液伺服阀相似。

电液伺服阀集机械、电气和液压功能于一体，具有快的响应速度和很高的控制精度，以及快速的动态响应和良好的静态特性，如分辨率高、滞环小、线性度好等，可以用它来构成快速高精度的闭环控制系统。电液伺服阀是接收电气模拟信号后，输出相应的控制流量和压力的液压控制阀。电液控制阀与液压油缸和液压马达构成电液控制系统，它的液压油要由专门的液压泵站来提供。由于系统服务对象和使用环境各式各样，相应地为系统服务的电液伺服阀型号、结构、性能也多种多样。

电液伺服阀本身是一个闭环控制系统，一般由电-机转换部分、机-液转换和功率放大部分、反馈部分及电控器部分组成。大部分伺服阀仅由前三部分组成，只有电反馈伺服阀才含有电控器部分。

1) 电-机转换部分

电-机转换部分的工作原理是把输入电信号的电能通过特定设计的元件转换成机械运动的机械能，由此机械能进而驱动液压放大器的控制元件，使之转换成液压能。将电能转换为机械能的元件，通常称为力矩马达(输出为转角)或力马达(输出为位移)。

2) 机-液转换和功率放大部分

机-液转换和功率放大部分，实质上是专门设计的液压放大器，放大器的输入为力矩马达或力马达输出力矩或力，放大器的输出为负载流量和负载压力。

图 4-28 为双喷嘴挡板式先导级阀结构组成及原理。由两个固定节流孔 1、5 和两个可变节流孔(喷嘴 2、4)组成液压全桥，它是通过改变喷嘴 2、4 与挡板 3 之间的相对位移 x 来改变液流通路开度的大小以实现控制的。当挡板处于中间位置时，挡板与两喷嘴各自缝隙所形成的节流阻力相等，两喷嘴腔控制输出压力、流量则相等，即 $p_{c1}=p_{c2}$，$q_{c1}=q_{c2}$。当输入信号使挡板向左偏摆时，p_{c1} 上升，p_{c2} 下降。双喷嘴挡板式先导级阀的特点是结构简单，体积小，运动件惯性小，所需驱动力小，无摩擦，灵敏度高；但中位泄漏大，负载刚度差；输出流量小；固定节流孔的孔径和喷嘴挡板之间的间隙小，易堵塞，抗污染能力差；适于小信号工作，常用作两级伺服阀的前置放大级。

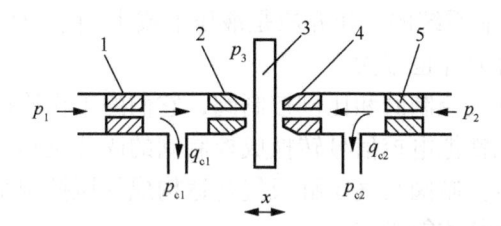

图 4-28 双喷嘴挡板式先导级阀结构组成及原理
1-固定节流孔；2-喷嘴；3-挡板；4-喷嘴；5-固定节流孔；
p_1、p_2 为输入压力；p_3 为喷嘴处油液压力；p_c、q_c 为控制输出压力、流量

3) 反馈部分

通常有几种反馈形式：力反馈、直接位置反馈、压力反馈和电反馈。

力反馈伺服阀具有以下特点：

(1) 衔铁及挡板工作在零位附近，对力矩马达的线性度要求不那么严格，而阀仍具有良好的线性；

(2) 喷嘴挡板及输出驱动力大，增加了阀芯的抗污染能力；

(3) 阀芯基本处于浮动状态，附加摩擦力小；

(4) 阀的性能稳定，抗干扰能力强，零漂小；

(5) 力反馈回路包围力矩马达，限制了阀的动态响应。

直接位置反馈式动圈伺服阀的特点如下：

(1) 结构简单，工作可靠；

(2) 力马达线性范围宽，调整方便；

(3) 前置级滑阀流量增益大，输出流量大；

(4) 和喷嘴挡板型力矩马达相比，力马达体积大，工作电流大；

(5) 由于力马达动圈和滑阀阀芯直接连接，运动部分惯量较大，一般固有频率低。

压力反馈用于压力伺服阀对输出压力的控制，使阀的输入信号与阀输出压力成一一对应关系，个别情况下用于流量伺服阀内部动压反馈校正。电液压力伺服阀通常有两种压力反馈结构形式：阀芯力综合式电液压力伺服阀和反馈喷嘴式电液压力伺服阀。

阀芯力综合式电液压力伺服阀的特点是压力反馈增益由喷嘴挡板级输出压力的作用面积和反馈面积之比决定，因此压力反馈有固定的线性增益；用对力矩马达进行充、退磁方法调整阀的压力增益；必须采用台阶式阀芯，加工较难。

反馈喷嘴式电液压力伺服阀的优点是结构简单、体积小；静态性能优良，工作可靠；

挡板在零位附近工作线性好。其缺点是反馈喷嘴有泄漏，增加了功耗；负载腔有泄漏流量，影响阀的动态响应；反馈喷嘴对挡板的反馈力与反馈喷嘴腔感受的负载压力不是严格线性的，因此，阀的压力特性线性度稍差；压力反馈的增益调整较困难；增加了一对喷嘴，抗污染能力也有所下降。

电反馈伺服阀的特点是回路增益较高，可以针对阀回路加必要的校正环节，阀的静、动态性能好；阀的最高动态受一级液压控制阀流量增益或受力矩马达固有频率限制；反馈增益可调，改变阀的额定流量方便。由于采用电反馈，所以阀中带有电控器成为可能。

气压控制系统的工作原理与液压控制系统基本相同，不同的是气压控制系统的工作介质是压缩空气，而液压控制系统的工作介质是液压油或水。由于两种介质的密度差异很大，所以两种系统的控制特性差异也很大。

气压控制阀主要有开关控制阀和比例控制阀，它们的工作原理与电液伺服阀和电液比例阀类似，都是通过电磁铁把电控信号转换成控制阀的阀芯位移，实现流量、流动方向和压力控制。同样地，气压控制阀与气压缸或气马达构成气压控制系统，它需要气压泵站为其提供一定压力的压缩空气才能工作。

4.3 常用动力驱动元件的特性及选择方法

驱动元件的种类很多，各类型元件的驱动特性、成本、环境适应性、结构及安装方式都有很大差别。图 4-29 是典型伺服系统输出力与响应频率关系。从图中可以看出，由不同伺服驱动元件构成的伺服系统的特性差异很大，适用的范围也不同。但对于中小功率、中等响应速度的场合可选用多种伺服系统。到底选择哪种伺服系统，则应根据控制方法、体积、成本、环境等要求做出综合选择。表 4-4 为常用动力驱动单元的主要特性，供读者在选用时参考。

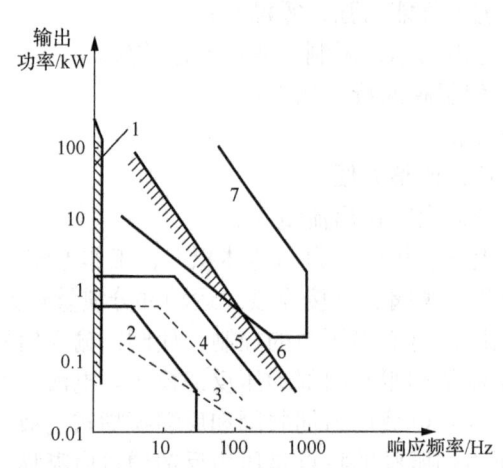

图 4-29 典型伺服系统输出功率与响应频率关系

1-气压伺服；2-步进电动机和两相交流感应电动机；3-微小驱动力电动机和螺线管传动；4-移动线圈直线电动机；5-交流电动机(无刷直流电动机)；6-直流电动机；7-油压伺服

表 4-4 常用动力驱动单元的主要特性

特性	元件名称				
	直流伺服电动机	交流伺服电动机	步进电动机	电液伺服元件	气压伺服元件
结构形式	直线式,转动式(转动式常用)	转动式	直线式,转动式(转动式常用)	直线式,转动式(直线式常用)	直线式,转动式(直线式常用)
工作介质	—	—	—	液压油、水	压缩空气
使用环境	一般工业环境	一般工业环境	一般工业环境	恶劣环境	一般工业环境
功率密度/单位体积	中等	中等	较小	最大	小
输出力矩	中等/几百瓦	较大/几千瓦	较小/几十瓦	较大	较小
控制方式	闭环调速控制,闭环位置控制	闭环调速控制,闭环位置控制	开环位置、速度控制	闭环速度,闭环位置控制,力伺服控制	开关控制、闭环速度控制、位置控制
与执行元件的匹配方式	直线电动机直接驱动,转动电动机加减速器驱动	直接驱动或加减速器驱动	直接驱动小功率负载,或加减速器驱动	直接驱动	直接驱动
负载特性	直接驱动时,负载刚度较差,加减速器后可获得较好的负载特性	较强的承载能力	带载能力较弱,启动速度受负载惯量大小的限制	带载能力强,负载刚度大	带载能力弱,负载刚度差
适用场合	中、小功率伺服驱动系统,如工业机器人、数控机床等,装配生产线	大、中功率伺服驱动系统,数控机床,只需速度控制的场合	小功率驱动系统或自动化仪表驱动控制	大功率驱动系统,恶劣环境中的驱动系统,如水下机器人	小功率驱动系统,各种装配生产线
成本	结构工艺复杂,专用功率电源,成本较高	专用交流调速电源,成本较高	开环控制,成本较低	需专用伺服元件,液压站,成本较高	通用工业气源,成本较低

4.3.1 步进电动机的选择与计算

步进电动机的选择可以按照以下步骤进行。

(1) 选择步距角。按照电动机相数不同,有三种步距角,分别为 1.8°/两相、1.2°/三相、0.72°/五相。

(2) 静转矩(保持转矩)T_n 的选择。计算负载折算到电动机轴上的负载转矩 T_1,按照电动机所需最高运行速度选择:当电动机转速小于 300r/min 时,$T_n = T_1 \cdot S_F$(安全系数 S_F 一般取 1.5～2.0),当电动机转速大于 300r/min 时,$T_n = T_1 \cdot S_F$(安全系数 S_F 一般取 2.5～3)。参考电动机参数表初选电动机,再利用矩频曲线进行检验。在矩频曲线上,对应电动机最大转速的最大失步转矩 T_2,要求 T_2 比 T_1 大 20%以上。

(3) 电动机机座号选择。电动机机座越大,保持转矩越大。一般根据电动机保持转矩 T_n 选择。

(4) 按照额定电流选取配套步进电动机驱动器。

例如,某电动机的额定电流是 5A,则驱动器允许的最大电流需 5A 以上(注意是有效值,不是峰值)。

例 4.3 步进电动机与丝杠螺母机构构成的直线位置伺服系统，已知工件部分质量 $M=15\text{kg}$，速度 $V=0.2\text{m/s}$，丝杠长度 $L_B=0.5\text{m}$，丝杠直径 $D_B=0.016\text{m}$，丝杠导程 $P_B=0.01\text{m}$，联轴器质量 $M_C=0$，联轴器直径 $D_C=0$，摩擦因数 $\mu=0.1$，移动距离 $L=0.42\text{m}$，机械效率 $\eta=0.9$，丝杠的材料密度 $\rho=7.9\times10^3\text{kg/m}^3$，定位时间 $t=2.6\text{s}$，加减速时间 $t_a=0.05\text{s}$，外力 $F_a=0$。试选择步进电动机。

解 ① 电动机转速：

$$N_\text{m}=\frac{V}{P_B}=20(\text{r/s})=1200(\text{r/min})$$

② 摩擦转矩：

$$T_L=\frac{\mu M g P_B}{2\pi\eta}=0.026(\text{N}\cdot\text{m})$$

③ 加速转矩：

负载折算到电动机轴的惯量：$J_L=M\left(\dfrac{P_B}{2\pi}\right)^2=3.8\times10^{-5}(\text{kg}\cdot\text{m})$

丝杠惯量：$J_B=\dfrac{\pi}{32}\rho L_B D_B^4=2.54\times10^{-5}(\text{kg}\cdot\text{m}^2)$

总惯量(忽略联轴器)：$J_A=J_L+J_B=6.34\times10^{-5}(\text{kg}\cdot\text{m}^2)$

加速转矩：$T_s=\dfrac{2\pi N_\text{m} J_A}{60 t_a}=0.16(\text{N}\cdot\text{m})$

④ 必需转矩 T：取安全系数 $S=1.5$，则 $T=(T_L+T_s)\times S=0.279(\text{N}\cdot\text{m})$

选 CM 系列步进电动机 57CM，配套驱动器选 DM556S 满足要求。

4.3.2 直流电动机的选择与计算

直流电动机的选择与计算可以按照以下步骤进行。

(1) 电动机在峰值力矩下不断驱动负载(伺服系统属于这种情况)，按峰值转矩和峰值转速进行计算：

$$P_\text{m}=(1.5\sim2.5)\frac{T_{LP}n_{LP}}{\eta} \tag{4-44}$$

式中，P_m 为电动机估算功率，W；T_{LP} 为负载峰值力矩，N·m；n_{LP} 为负载峰值转速，rad/s；η 为传动装置效率。

(2) 长期连续工作在变载荷之下，按均方根力矩和均方根转速计算电动机的功率：

$$P_\text{m}=(1.5\sim2.5)\frac{T_{Lr}n_{Lr}}{\eta} \tag{4-45}$$

式中，P_m 为电动机估算功率，W；T_{Lr} 为负载均方根力矩，N·m；n_{Lr} 为负载均方根转速，rad/s；η 为传动装置效率。

(3) 按转矩-转速特性选取。画出电动机的转矩-转速特性图，并考虑电动机的效率对转矩的影响(用 ηT 代替 T)。使电动机在整个工作范围内的转矩、转速始终位于 T-n 曲线的下方。

例 4.4 已知如图 4-5 所示电动机驱动系统，齿轮减速比为 $i=2$，滚珠丝杠的导程 $L_0=4$mm，丝杠直径 $d=16$mm，驱动负载质量 $m=100$kg，工作台最大线速度为 $v=0.05$m/s，最大加速度为 $a=10$m/s^2，工作台与导轨之间的摩擦因数 $f=0.1$，取 $g=10$m/s^2。试选择直流电动机。

解 ① 折算负载力矩的计算。

外负载力(摩擦负载)：$\qquad F_W = mgf = 100(\text{N})$

惯性负载力：$\qquad F_J = m \cdot a = 100 \times 10 = 1000(\text{N})$

折算到电动机轴上的负载力矩为

$$T_m = \frac{1}{i}\left(\frac{L_0}{2\pi}\right)(F_W + F_J) = \frac{1}{2} \times \frac{0.004}{2\pi} \times (100+1000) = 0.35(\text{N}\cdot\text{m})$$

② 折算到电动机轴上的转动惯量：

$$J_m = \frac{1}{i^2} \cdot \left(\frac{L_0}{2\pi}\right)^2 \cdot m = \left(\frac{0.004}{2 \times 2\pi}\right)^2 \times 100 = 1.02 \times 10^{-5}(\text{kg}\cdot\text{m}^2)$$

③ 电动机轴的转速：

$$n = i \cdot \frac{v}{L_0} = 2 \times \frac{0.05}{0.004} \text{r/s} = 25\text{r/s} = 1500\text{r/min}$$

④ 电动机功率计算。

因为重力负载在任何速度下都是相同的，属于在峰值力矩下，以峰值转速不断驱动的负载，则电动机的功率为

$$P_m \approx (1.5 \sim 2.5)\frac{T_{LP} n_{LP}}{\eta}$$

由于丝杠螺母机构的传动效率较高，齿轮减速比较小，传动效率按 $\eta=0.8$ 计算，取系数为 2，则

$$P_m = 2 \times \frac{T_m \cdot 2\pi n}{0.8} = 2 \times \frac{0.35 \times 2 \times \pi \times 25}{0.8} = 137.38(\text{W})$$

⑤ 电动机选择。

选用 Maxon 公司的 RE75 型直流伺服电动机，它的主要参数为 $P_m=250$W，$n_m=2770$r/min，供电电压 $U_c=24$V，最大运行转矩 $T_{\max}=0.775$N·m，效率 $\eta=84\%$。

$K_m = 79.9 \times 10^{-3} \text{N·m}$；$J = 14.6 \times 10^{-5} \text{kg·m}^2$，满足使用要求，且裕量较大，在 $T = 0.35 \text{N·m}$ 力矩下可达到的转速为 2500r/min。

例 4.4 是按照额定负载选取直流电动机的实例。对于对动态性能要求比较高的伺服系统，应按照电动机的机械特性来选取。

例 4.5 已知丝杠螺母机构的结构图如图 4-30 所示，求电动机的驱动功率。已知给定条件如下：螺母受负载力 $F = 300\text{N}$，螺母的移动速度 $v = 0.04\text{m/s}$，螺母的移动加速度 $a = 0.5\text{m/s}^2$，负载和螺母的质量 $m = 30\text{kg}$，丝杠导程 $P = 2\text{mm}$，齿轮传动比 $i = 4$，总效率 $\eta = 30\%$，丝杠及齿轮的折算惯量 $J_{e1} = 1 \times 10^{-6} \text{kg·m}^2$。

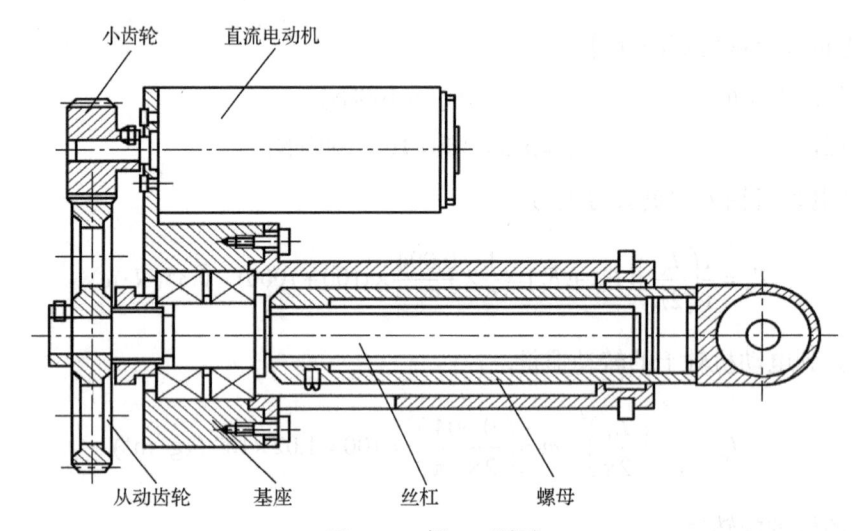

图 4-30 例 4.5 题图

解 电动机的转速：

$$n = \frac{v}{P} \times i \times 60 = 4800\text{r/min} = 502.65\text{rad/s}$$

电动机的角加速度：

$$\varepsilon = \frac{a}{P} \times i \times 2\pi = 6280(\text{rad/s}^2)$$

负载折算到电动机轴上的等效惯量：

$$J_{e2} = \frac{1}{i^2} m \left(\frac{p}{2\pi}\right)^2 = \frac{1}{16} \times 30 \times \left(\frac{0.002}{2\pi}\right)^2 = 1.9 \times 10^{-7}(\text{kg·m}^2)$$

折算到电动机轴上的总等效惯量：

$$J_e = J_{e1} + J_{e2} = 1.19 \times 10^{-6}(\text{kg·m}^2)$$

折算到电动机轴上的惯性力矩：

$$T_e = J_e \varepsilon = 1.19 \times 10^{-6} \times 6280 = 7.47 \times 10^{-3}(\text{N·m}) = 7.47(\text{N·mm})$$

根据功率守恒：

$$F \times v = \eta \times n \times T$$

计算得到外负载折算到电动机轴上的转矩为

$$T = \frac{F \times v}{\eta \times n} = \frac{300 \times 0.04}{0.3 \times 502.65} = 79.6(\text{N} \cdot \text{mm})$$

电动机的总驱动转矩为

$$T_\text{M} = T + T_\text{e} = 87.1(\text{N} \cdot \text{mm})$$

根据额定转矩和转速的要求，按最大连续转矩和额定转速选择电动机，选择瑞士 Maxon 公司生产的 RE36 型永磁有刷直流伺服电动机，RE36 型直流伺服电动机的转矩-转速特性曲线如图 4-31 所示，校验满足要求。

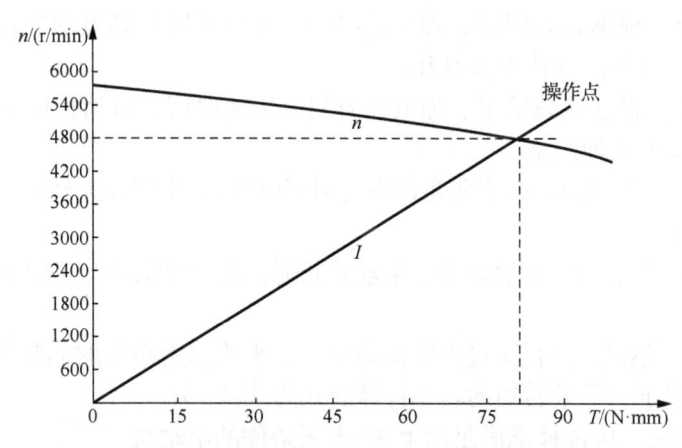

图 4-31 RE36 型直流伺服电动机的转矩-转速特性曲线

RE36 型直流伺服电动机的性能参数如下。

功率：70W；

空载转速：6210r/min；

堵转转矩：783N·mm；

最大连续转矩：81.0N·mm；

最大效率：85%；

启动电流：21.5A；

额定电压：$U_\text{N} = 24\text{V}$；

电枢电阻：$R_\text{a} = 1.11\Omega$；

电枢电感：$L_\text{a} = 2 \times 10^{-4}\text{H}$；

力矩常数：$C_\text{M} = 0.036\text{N} \cdot \text{m/A}$；

速度常数：$C_V = 263 (\text{r/min})/\text{V}$；

转子惯量：$J_{em} = 6.77 \times 10^{-6} \text{kg} \cdot \text{m}^2$。

4.3.3 交流电动机的选择与计算

交流电动机的选择与计算可以按照以下步骤进行。

(1) 确定传动机构及零件参数。常用机构包括滚珠丝杠机构、同步带传动机构、齿轮齿条机构等。

(2) 确定运动模式。如机构加减速时间、匀速时间、停止时间、循环时间、移动距离。除了特别需要的情况，加减速时间、停止时间应尽量大，这样电动机容量可以选小些。

(3) 计算负载惯量和惯量比。惯量比=负载惯量/电动机惯量。通常750W以下电动机的惯量比小于20；1000W以上电动机的惯量比小于10。若要求快速响应，应选用更小的惯量比；若加速时间长，则可采用更大的惯量比。

(4) 计算转速。根据移动距离、加减速时间、匀速时间计算电动机转速。最高转速一般小于额定转速，需要注意转矩和温升。

(5) 计算转矩。根据负载惯量、加减速时间、匀速时间计算所需的电动机转矩。电动机转矩主要包括以下几种类型。

① 峰值转矩。运动过程中(主要是加减速时)电动机所需的最大转矩，一般是电动机最大转矩的80%以下。

② 移动转矩、停止时的保持转矩。电动机长时间运行的转矩，一般为电动机额定转矩的80%以下。

③ 等效转矩。运动、停止全过程所需转矩平方平均值的单位时间数值，一般为电动机额定转矩的80%以下。等效转矩的具体计算公式为式(4-39)。

(6) 选择电动机。应选择能满足以上3～5项条件的电动机。

例4.6 电动机驱动的直线位置伺服系统如图4-5所示，试选择交流电动机。已知传动机构为滚珠丝杠螺母机构。机构参数为：工件质量$M = 10\text{kg}$，移动距离为0.3m，滚珠丝杠的长度$B_L = 0.5\text{m}$，直径$B_D = 0.02\text{m}$，导程$B_P = 0.02\text{m}$，效率$\eta = 0.9$，摩擦因数$\mu = 0.1$，联轴器的惯量$J_C = 10 \times 10^{-6} \text{kg} \cdot \text{m}^2$。运转模式参数为：加速时间$t_a = 0.1\text{s}$，匀速时间$t_b = 0.8\text{s}$，减速时间$t_d = 0.1\text{s}$，循环时间$t_c = 2\text{s}$。

解 ① 丝杠的质量：

$$B_W = \rho \times \pi \times \left(\frac{B_D}{2}\right)^2 \times B_L = 7.9 \times 10^3 \times \pi \left(\frac{0.02}{2}\right)^2 \times 0.5 = 1.24 (\text{kg})$$

② 负载部分的惯量：

$$J_L = J_C + J_B = J_C + \frac{1}{8} B_W \times B_D^2 + \frac{M \cdot B_P^2}{4\pi^2}$$

$$= 0.00001 + \frac{1.24 \times 0.02^2}{8} + \frac{10 \times 0.02^2}{4\pi^2}$$

$$= 1.73 \times 10^{-4} (\text{kg} \cdot \text{m}^2)$$

③ 预选 200W 电动机，电动机参数表如表 4-5 所示，则

$$J_M = 0.14 \times 10^{-4} \text{kg} \cdot \text{m}^2$$

④ 惯量比：

$$J_L / J_M = 1.73 \times 10^{-4} / (0.14 \times 10^{-4}) = 12.4$$

表 4-5 MSMD 交流伺服电动机的参数

电动机型号	电源容量/(kV·A)	额定功率/W	额定转矩/(N·m)	瞬时最大转矩/(N·m)	额定电流/A	瞬时最大电流/A	额定转速/(r/min)	最高转速/(r/min)	转子惯量/(kg·cm²) 无制动器	转子惯量/(kg·cm²) 有制动器	惯量比/倍
012	0.5	100	0.32	0.95	1.1	4.7	3000	5000	0.051	0.054	<30
022	0.5	200	0.64	1.91	1.6	6.9	3000	5000	0.14	0.16	<30
042	0.9	400	1.3	3.8	2.6	11.0	3000	5000	0.26	0.28	<30
082	1.3	750	2.4	7.1	4.0	17.0	3000	4500	0.87	0.97	<20

惯量比小于预选电动机的惯量比(30)，惯量比满足要求。

⑤ 最高速度 V_{max}：

$$\left(\frac{1}{2}t_a + t_b + \frac{1}{2}t_d\right)V_{max} = S$$

$$V_{max} = 0.3 \bigg/ \left(\frac{1}{2} \times 0.1 + 0.8 + \frac{1}{2} \times 0.1\right) = 0.33 \text{(m/s)}$$

⑥ 转速：

$$n = 0.33/0.02 = 16.5 \text{r/s} = 990 \text{(r/min)}$$

转速小于预选电动机的额定转速(3000r/min)，速度满足要求。

⑦ 计算转矩：

运行转矩：
$$T_f = \frac{B_P}{2\pi\eta}(\mu g M + F) = \frac{0.02}{2\pi \times 0.9}(0.1 \times 9.8 \times 10 + 0)$$
$$= 0.035 \text{(N·m)}$$

加速时转矩：
$$T_a = \frac{(J_L + J_M) \times 2\pi n}{t_a} + T_f$$

$$= \frac{(1.73 \times 10^{-4} + 0.14 \times 10^{-4}) \times 2\pi \times 16.5}{0.1} + 0.035 \approx 0.23 \text{(N·m)}$$

减速时转矩：
$$T_d = \frac{(J_L + J_M) \times 2\pi n}{t_d} - T_f = 0.16 \text{(N·m)}$$

最大转矩为加速时转矩 T_a，小于预选电动机的最大转矩(1.91 N·m)，转矩满足要求。

⑧ 等效转矩：

$$T_{rms} = \sqrt{\frac{T_a^2 \times t_a + T_f^2 \times t_b + T_d^2 \times t_d}{t_c}}$$

$$= \sqrt{\frac{0.23^2 \times 0.1 + 0.035^2 \times 0.8 + 0.16^2 \times 0.1}{2}} = 0.066(\text{N·m})$$

有效转矩小于预选电动机的额定转矩(0.64 N·m)，转矩满足要求。

由以上计算可知，虽然转矩有较大余量，但根据惯量比仍选择 200W 电动机。

例 4.7 交流电动机驱动的直线位置伺服系统如图 4-32 所示，试选择电动机。已知传动机构为传送带机构。机构参数为：工件质量 $M = 2\text{kg}$ (含传送带)，带轮直径 $P_D = 0.05\text{m}$，滑轮质量 $M_P = 0.5\text{kg}$，结构部分的效率 $\eta = 0.8$，摩擦因数 $\mu = 0.1$，联轴器的惯量 $J_C = 0$，皮带机械惯量为 J_B，滑轮惯性为 J_P。运转模式参数为：加速时间 $t_a = 0.1\text{s}$，匀速时间 $t_b = 0.8\text{s}$，减速时间 $t_d = 0.1\text{s}$，循环时间 $t_c = 2\text{s}$，移动距离 $L = 1\text{m}$。

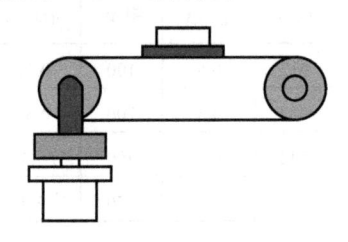

图 4-32 传送带式直线位置伺服系统

解 ① 负载部分的惯量：

$$J_L = J_C + J_B + J_P = J_C + \frac{1}{4}M \times P_D^2 + \frac{1}{8}M_P \times P_D^2 \times 2$$

$$= 0 + \frac{1}{4} \times 2 \times 0.05^2 + \frac{1}{8} \times 0.5 \times 0.05^2 \times 2 = 0.00156 = 15.6 \times 10^{-4}(\text{kg·m}^2)$$

② 预选 750W 电动机，由表 4-5 可知：

$$J_M = 0.87 \times 10^{-4} \text{kg·m}^2$$

③ 惯量比：

$$J_L / J_M = 15.6 \times 10^{-4} / (0.87 \times 10^{-4}) = 17.9$$

惯量比小于预选电动机的惯量比(20)，惯量比满足要求。

④ 最高速度 V_{max}：

$$V_{max} = L / \left(\frac{1}{2}t_a + t_b + \frac{1}{2}t_d\right) = 1 / \left(\frac{1}{2} \times 0.1 + 0.8 + \frac{1}{2} \times 0.1\right) = 1.11(\text{m/s})$$

⑤ 转速：

$$n = V_{max} / (\pi \times P_D) = 7.07(\text{r/s}) = 424.2(\text{r/min})$$

转速小于预选电动机的额定转速(3000r/min)，速度满足要求。

⑥ 计算转矩。

运行转矩：$T_f = \dfrac{P_D}{2\eta}(\mu g M + F) = \dfrac{0.05}{2 \times 0.8}(0.1 \times 9.8 \times 2 + 0) = 0.061(\text{N·m})$

加速时转矩：$T_a = \dfrac{(J_L + J_M) \times 2\pi n}{t_a} + T_f$

$= \dfrac{(15.6 \times 10^{-4} + 0.87 \times 10^{-4}) \times 2\pi \times 7.07}{0.1} + 0.061 = 0.79(\text{N} \cdot \text{m})$

减速时转矩：$T_d = \dfrac{(J_L + J_M) \times 2\pi n}{t_a} - T_f = 0.67(\text{N} \cdot \text{m})$

最大转矩为加速时的转矩 T_a，小于预选电动机的最大转矩(7.1N·m)，转矩满足要求。

⑦ 确认等效转矩：

$$T_{rms} = \sqrt{\dfrac{T_a^2 \times t_a + T_f^2 \times t_b + T_d^2 \times t_d}{t_c}} = 0.23(\text{N} \cdot \text{m})$$

等效转矩小于预选电动机的额定转矩(2.4N·m)，转矩满足要求。

由以上计算可知，750W 电动机满足要求。

习 题

4-1 如图 4-5 所示的伺服系统，试分析齿轮减速器的传动误差对工作台输出精度的影响。

4-2 如图 4-5 所示的伺服系统，试分析传感器的误差对输出精度的影响。

4-3 驱动系统执行机构的技术要求是什么？

4-4 直流电动机的调速方法主要有哪几种？

4-5 对比分析直流电动机和步进电动机工作于位置控制时的特点。

4-6 步进电动机是如何实现速度控制的？

4-7 交流电动机调速方法主要有哪几种？

4-8 对比分析液压驱动与气压驱动的特点。

4-9 对比分析直流伺服驱动与液压驱动的特点。

4-10 如图 4-5 所示的电动机驱动系统，已知工作台的质量为 50kg，工作台与导轨间的摩擦因数 $f = 0.1$，负载力为 1000N，丝杠直径为 16mm，导程为 4mm，齿轮减速比为 5，试选择直流电动机。

第 5 章　计算机控制系统

　　计算机性能的大幅度提高，使之能够适应不同对象的使用要求，具有解决各种复杂的信息处理和实时控制问题的能力；大型计算机的小型化和微型化，大大拓宽了计算机的应用范围。在机电一体化系统中，微型计算机收集和分析处理信息，发出各种指令去指挥和控制系统的运行，还提供多种人-机接口，以便观测结果、监视运行状态和实现人对系统的控制和调整。微型计算机已成为整个机电一体化系统的核心。

5.1　计算机在机电一体化中的作用

　　计算机在机电一体化中的作用，大致归纳为以下几个方面。
　　(1) 对机械工业生产过程的直接控制，其中包括顺序控制、数字程序控制、直接数字控制等。
　　(2) 对机械生产过程的监督和控制，如根据生产过程的状态、原料和环境因素，按照预定的生产过程和数学模型，计算出最优参数，作为给定值指导生产的进行；或直接将给定值送给模拟调节器，自动进行整定、调整，传送至下一级计算机进行直接数字控制。
　　(3) 对机械生产过程的参数自动检测、显示和分析处理。在机械工业生产的过程中，对各物理参数进行周期性或随机性的自动测量，并显示、打印记录的结果供操作人员观测；对间接测量的参数和指标进行计算、存储、分析判断和处理，并将信息反馈到控制中心，制定新的对策。在具体的生产过程中对加工零件的尺寸、刀具磨损情况进行测量，并对刀具补偿量进行修正，以保证加工精度的要求。
　　(4) 对车间或全厂自动生产线的生产过程进行调度和管理。
　　(5) 直接渗透到产品中形成带有智能性的机电一体化新产品，如机器人、智能仪器等。

5.2　常用工业控制计算机

　　工业控制计算机与生产控制系统紧密结合，主要面向机电产品和成套装置控制应用的要求，与生产工艺过程和机械设备相匹配。它必须与调节控制仪表、仪器显示仪表、传输接口仪表、执行机构以及连锁保护系统连用，才能完成对各种设备和工艺装置的控制。因此，除了计算机的基本组成部分(如 CPU、存储器)外，还必须具有丰富的过程输入输出功能，具有实时性高、可靠性高、环境适应性强等特点，具有丰富的应用软件。工业控制计算机主要包括可编程逻辑控制器、单/多回路控制器、工业控制模板系统、PC 总线工业控制机、分散型工业控制系统(如现场总线 TDC3000)等。

5.2.1 常用工业控制计算机的类型

常用工业控制计算机根据控制方案和体系结构，以及复杂程度，可以分为几种典型的类型。

1. 可编程逻辑控制器

可编程逻辑控制器(PLC)是从早期的继电器逻辑控制系统与微型计算机技术相结合而发展起来的。它的低端即为继电器逻辑控制的代用品，而其高端实际上是一种高性能的计算机实时控制系统。

PLC 以顺序控制为其特长。它可以取代继电器控制，完成顺序和程序控制，能进行 PID 回路调节，实现闭环的位置和速度控制，也能构成高速数据采集与分析系统，以及与计算机联网，进而使整个生产过程完全自动化等。

PLC 吸取了微电子技术和计算机技术的最新成果，发展十分迅速，以其卓越的技术指标及优异的恶劣环境适应性，迅速渗透到工业控制的各个领域，受到工业界的普遍重视。从单机自动化到工业自动化，从柔性制造系统、机器人到工业局部网络，无处不有它的涉足之地。

任何一种可编程逻辑控制器均由以下几个基本部分构成，如图 5-1 所示。

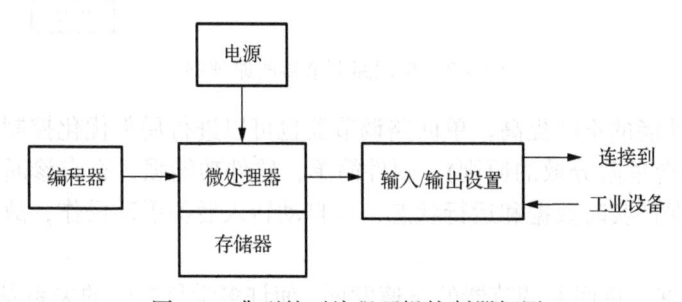

图 5-1 典型的可编程逻辑控制器框图

(1) 微处理器。PLC 的微处理器以循环扫描方式进行操作。目前大型 PLC 多采用双极型位片式处理器或 16 位微处理器，甚至 32 位超级微处理器；中小型 PLC 主要采用 8 位通用微处理器，而微型及小型 PLC 基本上都采用单片机。

(2) 存储器。目前 PLC 普遍应用的存储器有以锂电池为后备电源的 CMOS 型 RAM，以及 EPROM 和 EEPROM。

(3) 输入/输出设置。PLC 的输入/输出设备可分为三种形式：I/O 模块、智能 I/O 模块和 I/O 站。一般的 PLC 都通过 I/O 模块与现场进行远程通信。

(4) 编程器。PLC 的编程器是人-机联系的接口，它包括键盘、显示器，以及支持其工作的软、硬件，多数 PLC 可以与 PC 通信，借助于 PC 编程。

2. 多回路调节器

单、多回路调节器是简单的计算机闭环控制系统，即 DDC 系统。最初是因一台数字计算机只控制一个回路而得名。

早期的生产过程控制以模拟式控制仪表为主。这种模拟式控制仪表的特点是运行容易、操作方便、系统危险性分散、价格比较便宜等，因而受到用户的欢迎。随着现代工业的发展，模拟式控制仪表逐渐暴露出它的不足之处，主要表现在控制精度差、功能不够强等方面。例如，它对程序控制、前馈控制、纯滞后补偿控制等都难以实现。随着微处理器的迅速发展和性能价格比的不断提高，单回路和多回路调节器都以微处理器为核心，因而可称为微处理器控制仪表，也就是所谓的智能式调节器，单回路调节器的原理如图 5-2 所示。实际上，把单回路调节器的名称改为可编程调节器(或数字调节器)更为合适。

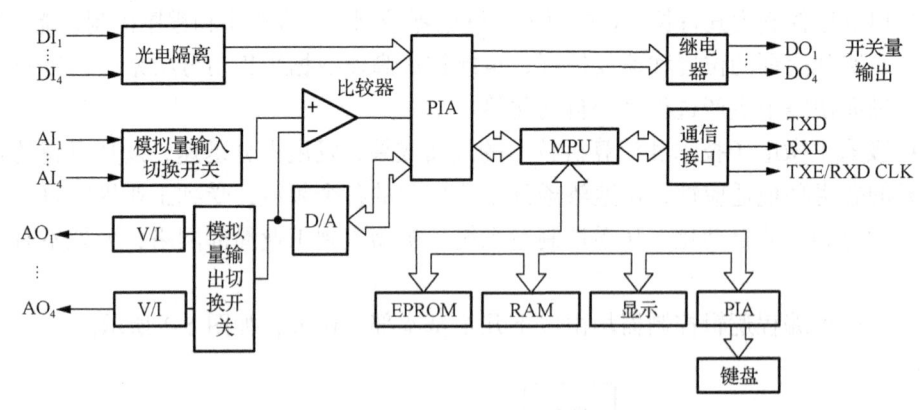

图 5-2 单回路调节器的原理图

随着微型机性能的不断提高，单回路调节器也可以进行局部优化控制和解耦控制。由于它功能分散(符合危险分散的原则)，硬件简单，软件功能强，有自诊断功能，而且事故发生后有蓄电池保持实时数据和运行状态，可自动转入后备手动操作，故可靠性很高，生命力很强。

自 1971 年以来，单回路调节器的飞速发展，使许多学科之间的关系发生了变化，同时也加速了仪表的更新换代。单回路调节器的发展使仪表和微处理器之间的界限变得十分模糊，也给工业过程控制带来了新的活力。例如，对于复杂回路特殊的运算控制等，若用模拟仪表组成系统，则需要较多硬件实现的运算单元；而采用单回路调节器，则只要将其内部软件模块进行组合，就可组成系统，结果大大减少了仪表的安装空间，组态更容易。

3. 微型机测控系统

微型机测控系统有专用和通用两种类型。这种系统通常由计算机和过程 I/O 两部分组成，其中计算机可以采用不同的 CPU 系列，而过程 I/O 部分则包含模拟量 I/O 子系统和开关量 I/O 子系统等。系统可以采用顺序控制方式，也可以采用 DDC 控制方式，或两者兼而有之。

各种微型机程控装置、数控装置、数据采集系统、微型自动测量和控制系统即属此类。工业控制模板系统，如 STD 总线、VME 总线、MULTI 总线工业控制计算机等也属此类。

图 5-3 为典型的 STD 总线工业控制计算机系统组成示意图。该系统除了有计算机基本系统的 CPU、存储器和连接外部设备的人-机接口模板外，还有控制模拟量、开关量、数字量，如热电偶、电动机、电磁阀等输入/输出的接口模板。这些模板均直接挂在系统总线即 STD 总线上，CPU 可以通过总线直接控制这些功能模板。在这个系统中，计算机总线即为系统总线。用 MULTI 总线和 VME 总线的系统，大多采用这种结构。

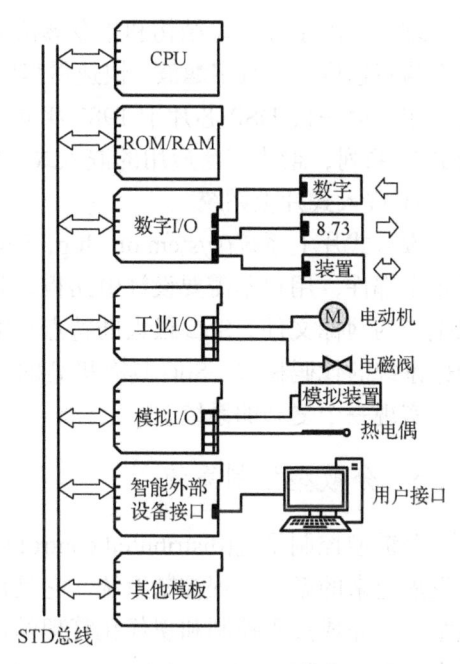

图 5-3　STD 总线工业控制计算机系统结构图

4. 嵌入式处理器

嵌入式处理器分为嵌入式微处理器、嵌入式微控制器、嵌入式数字信号处理器、嵌入式片上系统等几大类，包括 4 位处理器、8 位单片机，以及 32 位、64 位嵌入式 CPU。嵌入式处理器品种多、速度快、性能强、价格低，应用前景广阔。与计算机处理器相比，嵌入式处理器只保留和嵌入式应用紧密相关的功能硬件，具有体积小、质量轻、成本低、可靠性高等优点。

1) 嵌入式微处理器

嵌入式微处理器是目前嵌入式系统的主流。嵌入式微处理器一般以某种微处理器内核为核心，根据某些典型的应用，在芯片内部集成了存储器、总线、定时器/计数器、I/O 口、串行口、PWM、A/D、D/A 等各种必要功能部件和外设，功能部件和外设的配置根据需求进行必要的修改和裁剪定制，使得一个系列的微控制器具有多种衍生产品，每种衍生产品的处理器内核都相同，不同的是存储器和外设的配置及功能的设置，这样可以使微控制器最大限度地和应用需求相匹配，从而减少整个系统的功耗和成本。

2) 嵌入式微控制器

嵌入式微控制器是由通用计算机中的 CPU 演化而来的。它的特征是具有 32 位以上的处理器，具有较高的性能，价格也比较高，与计算机处理器不同的是，在进入嵌入式应用中只保留和嵌入式应用紧密相关的功能，硬件去除了其他的冗余功能，以最低的功耗和资源实现嵌入式应用的特殊要求。目前比较流行的嵌入式微处理器是属于中档价位的 arm/strong arm 系列。

3) 嵌入式数字信号处理器

嵌入式数字信号处理器(digital signal processor, DSP)是专门用于数字信号处理方面的微处理器。由于在系统结构和指令算法方面进行了特殊设计,DSP 具有很高的编译效率和指令执行速度,在数字滤波、快速傅里叶变换(FFT)、频谱分析等各种仪器上获得了大规模的应用。第一代 DSP 芯片于 1982 年问世,之后相继推出了多种适应不同应用、不同规格的 DSP 系列,最为广泛应用的嵌入式 DSP 处理器是 TI 的 TMS320C2000/C5000 系列。

4) 嵌入式片上系统

嵌入式片上系统(system on chip,SoC)是单一芯片上集成诸如 MCU、RAM、DMA、I/O 等多个部件,用户不需要设计电路板,只需要使用硬件描述语言设计可以交付芯片生产厂家生产的网标文件。SoC 最大的特点是实现了软硬件无缝结合,直接在处理器芯片内嵌入操作系统的代码模块。SoC 具有极高的综合性,在一个硅片内部运用 VHDL 等硬件描述语言,实现一个复杂的系统。

5. 分散型控制系统

分散型控制系统(distributed control system,DCS)又称集散系统,是 20 世纪 70 年代中期发展起来的新型过程控制系统。它是计算机技术、控制技术、通信技术和图形显示技术相结合,完成过程控制和现代化管理的设备,目前已广泛应用于冶金、石油、化工、电力等大型工业领域。

分散型控制系统采用一台中央计算机指挥若干台面向控制现场的测控计算机和智能控制单元。这些现场测控计算机和智能控制单元,可直接对被控装置进行测控,负责对过程进行控制,并向中央计算机报告过程情况。中央计算机负责全局的综合控制、管理、调度、计划,以及执行情况报告等任务。分散型控制系统可以是两级、三级或更多级。它将各个分散的装置有机地联系起来,使整个系统信息流通,融为一体。

随着测控系统的发展,分散型控制系统承担的功能越来越多。它不仅可以实现生产过程控制,还可实现在线最优化、生产过程实时调度、产品计划、统计等管理功能,成为一种测、控、管一体化的综合系统。在这样的综合系统中,可以用一种统管全局的方法来考虑所有影响过程特性的因素,即对系统中各种耦合和相互作用,以及各种复杂的反馈途径加以识别,并进行控制,以达到系统总体最优化。

分散型控制系统与集中型相比,其功能更强,具有更高的安全性和可靠性,系统设计、组态也更为灵活方便,能分布于较大的地域。它发展很快,应用很广,是当前大型测控计算机系统的主要潮流。

6. 可编程自动化控制器

可编程自动化控制器(programmable automation controller,PAC)是一种新型的工业控制系统。PCA 融合了 PLC 和 PC 各自的优点,将 PC 强大的计算和通信处理能力、广泛的第三方软件与 PLC 可靠、坚固、易于使用等特性结合在一起。PAC 虽然从外形上来看与传统的 PLC 非常相似,但在通信、数据处理和过程控制应用方面,通常更先进。

PAC 具有如下性能:①提供了通用开发平台和单一数据库,可以满足多领域自动化系统设计和集成的需求;②可以实现多领域的控制功能,包括逻辑控制、过程控制、运动控制和人机界面等；③在同一平台上可以运行多个不同功能的应用程序，并根据控制系统的设计要求，在各程序间进行系统资源的分配；④采用开放的、模块化的硬件架构，可以实现不同功能的自由组合与搭配，减少系统升级带来的开销；⑤支持 IEC61158 现场总线规范，可以实现基于现场总线的高度分散性的工厂自动化环境；⑥支持工业以太网标准，可以与工厂的 EMS、ERP 系统轻易集成。

5.2.2 工业控制计算机与信息处理计算机的区别

工业控制计算机是计算机总体系中的一个重要分支，它和主要用作科学计算及数据处理的信息处理计算机是两类不同用途的计算机系统。表 5-1 列出了这两类计算机在主要用途和典型机型方面的区别。

表 5-1 工业控制计算机与信息处理计算机的主要用途及典型机型

类别	主要用途	典型机型
信息处理计算机	科学计算 数据处理 信息处理	大、中、小型通用计算机 个人计算机，如 IBM PC 工作站
工业控制计算机	设备控制 过程控制 智能化仪表	可编程逻辑控制器 单(多)回路调节器 工业控制模板系统，如 STD 总线工业控制计算机、PC 总线工业控制计算机、分散型工业控制系统等

由于这两类计算机的用途不同、环境条件和使用条件不同、技术要求不同，因此这两类系统在系统结构、设计方法和使用方法等方面均有很大的不同。

与信息处理计算机相比，工业控制计算机具有以下主要特点。

1. 丰富的过程输入/输出功能

工业控制计算机是与工业生产控制系统紧密结合，主要面向机电产品和成套装置控制应用的要求，与生产工艺过程和机械设备相匹配的一个有机组成部分。它必须与调节控制仪表、显示仪表、传输接口仪表、检测仪表、执行器，以及连锁保护系统联用，才能完成对各种设备和工艺装置的控制。因此，除了计算机的基本部分(如 CPU、存储器)外，还必须有丰富的过程输入/输出设备接口和完善的外部设备接口，这些是工业控制计算机能否投入运行的重要条件。

2. 实时性

工业控制计算机应具有时间驱动和事件驱动的能力，要能对生产过程工况变化实时地进行监视和控制。当过程参数出现偏差甚至故障时，能迅速响应、予以判断和及时处理。为此，需配有实时操作系统、过程中断系统等，没有这些系统就无法执行工业控制任务。

3. 高可靠性

工业生产过程通常是昼夜连续的，一般的生产装置几个月甚至一年才大修一次，这就要求工业控制计算机的可靠性尽可能高。它的要求如下。

(1) 故障率低。一般来说，要求工业控制计算机的平均故障间隔时间(mean time between failures，MTBF)不应低于数千甚至上万小时。

(2) 故障维修时间(mean time to repair，MTTR)短。

(3) 运行效率高。一定时间内(如一年)，运行时间占整个时间的比率一般要求在 99%以上。

4. 环境适应性

工业环境恶劣，必须采取必要的措施，以适应高温、高湿、腐蚀、振动冲击、灰尘等环境。工业环境电磁干扰严重，供电条件不良，工业控制计算机必须具有极高的电磁兼容性，具有高抗干扰能力和共模抑制能力。

5. 丰富的应用软件

工业控制软件正向结构化、组态化发展。为寻找生产过程的最佳工况，在进行控制时要建立生产过程规律的数学模型，建立标准控制算式并加以固化。

6. 技术综合性

工业控制是系统工程问题，除了要解决计算机的基本部分外，还需要解决它如何与被测控对象的接口，如何适应复杂的工业环境，如何与工艺过程相结合等一系列问题。

5.2.3 开放式体系结构和总线系统

1. 开放式体系结构

微电子技术的发展已经成为当代科学技术发展的强大推动力，并给方方面面带来了深刻的影响。因此，国外近年来在电子工业和计算机工业中推行一种不同于传统设计思想的"开放式体系结构"的设计思想。

开放式体系结构是指：向未来的超大规模集成电路(very large scale integration，VLSI)开放，在技术上兼顾今天和明天，即从当前实际可能出发，在经营上兼顾设计周期和产品成本，并着眼于社会的公共参与，为发挥各方面厂商的积极性创造条件；向用户不断变化的特殊要求开放，在服务上兼顾通用的基本设计和用户的专用要求等。

开放式体系结构的总体设计思想使当代计算机测控系统的设计方法与传统方法有了很大区别。开放式体系结构设计的具体做法是：基于国际上流行的工业标准微型机总线结构，针对不同用户系统的要求，选用相应的有关功能模板组合成最终用户的应用系统。

系统设计者可以把精力重点用于分析设计指标、确定总体结构和选择系统匹配，而不是部件模块的设计；用于解决专用软件的开发，使系统获得最佳效率，而不是用于解决通用的模块制作过程中的一些工艺问题。模块制作工艺对系统的可靠性是十分重要的，但这应由专门的研究所和工厂来解决。

开放式体系结构的特点如下。

(1) 向未来的 VLSI 开放。由于硬、软件接口都遵循公认的国际标准，只需要做很少量的重新设计和调整，新一代 VLSI 就可能被现有系统采纳、吸收、兼容，这样的系统就不至于被 VLSI 技术的飞速发展而淘汰。这就意味着系统的性能和可靠性将不断改善并处于长生命周期。

(2) 向不同层次用户开放。能灵活地采用不同配套层次，意味着能以尽可能完整的形式(插箱级)或尽可能采用半成品(板级)来开放其设计，满足高、中、低档用户产品的需要，使各层次用户均可尽早将产品推向市场，这就能减少起始投资和风险，并增强其竞争能力。一旦产品在市场上站住脚，受到欢迎，并需要扩大生产规模时，就能很容易地将生产方式改变为以板或以芯片为单位，最大限度地降低成本，提高经济效益。

(3) 向用户的特殊要求开放。更新产品，扩充能力，提供可供选择的硬、软件产品的各种组合，以满足特殊的应用要求，使用户能得到一个始终保持上涨势头的系统，并获得良好的性能价格比。

开放式体系结构在硬件组成方面导致了工业测控系统采用组合化设计方法的盛行。人们不再采用传统的设计方法对某一对象单独设计一种系统，而是采用组合化设计方法，即针对不同的应用系统要求，选用成熟的现成硬件模板和软件进行组合而成。

组合化设计的基础是模块化，或称为积木化。工业测控系统的设计也可以采用儿童搭积木玩具一样的方法进行。

硬、软件产品的模块化是实现最佳系统设计的关键，其优点是显而易见的。

(1) 将系统划分为若干个硬、软件功能模块，组织专业设计，简化设计工作，缩短设计周期。由研究开发部门根据积累的经验，尽可能完善地设计，并制定其规格系列，用这些现成的功能模块可以迅速配套成各种用途的应用系统，能简化设计工作，并显著缩短设计周期。

(2) 对功能模板可以组织批量生产，使质量稳定并降低成本。

(3) 结构灵活，便于更新和扩充，使系统适应性强。在使用过程中，可以根据需要更换一些模板或进行局部结构改装，以满足不断变化的特殊要求。

(4) 维修方便。模板大量采用 LSI 和 VLSI 芯片，在出现故障时，只需更换 IC 芯片或功能模板，停机修理时间可以降至最低限度。

2. 工业控制总线

总线是计算机通信的工具和手段，包括不同计算机之间，或一台计算机内部各组成部分之间的信息传送。不同计算机之间的总线称为外部总线(又称通信总线、设备总线)，常用的外部总线有 RS232C、IEEE1394、USB 总线、现场总线、LAN 等。现场总线是应用在生产现场，在微机化测量控制设备之间实现双向串行多节点数字通信的系统，也称为开放式、数字化、多点通信的底层控制网络。

计算机系统内部各部件(插板)之间的总线称为系统总线，用来实现 CPU 和各种控制模板之间的信息交换。它是计算机系统最重要的一种总线。常用的系统总线有 PC/XT、PC/AT、PCI 总线、MULTI 总线等。通常系统总线不依赖于某种型号的 CPU，可被多种型号 CPU 及配套芯片所使用，多采用并行数字通信方式。

5.3 常用计算机总线

计算机总线是一组信号线的组合，是一种传送规定信息的公共通道(有时也称数据公路)，通过它可以把各种数据和命令传送到各自要去的地方。在计算机领域，总线是通信的工具和手段。计算机内部各组成部分之间传送信息的总线称为系统总线，常用的系统总线有 ISA 总线、EISA 总线、PCI 总线、Compact PCI 总线等。计算机与外部其他设备、不同计算机之间的总线称为外部总线，也称为通信总线。常用的通信总线有 RS232 总线、RS485 总线、USB 总线、CAN 总线等。

5.3.1 系统总线的特点

系统总线一般都做成多个插槽的形式，各插槽相同的引脚都连接在一起，总线就直接连接在这些引脚上。总线接口引脚的定义、传输速率的设定、驱动能力的限制、信号电平的规定、时序的安排以及信息格式的约定等，都有统一的标准。

系统总线包括数据总线、地址总线和控制总线三部分。

(1) 数据总线上传送的是信息。通常，8 位微处理器有 8 位数据总线，16 位微处理器有 16 位数据总线，32 位微处理器则有 32 位数据总线。当然，也有例外，如采用总线复用等办法。数据总线是双向的，这意味着数据可以向不同方向传输，可以输入微处理器，也可以从微处理器输出。但在任何给定时刻，数据流只能往一个方向传送，这里数据的走向是由控制总线控制的。

(2) 地址总线是单向的，微处理器用地址确切指定与之通信的外部硬件。每一个存储单元有一个地址，每一个接口也有一个地址。微处理器无论与哪一个所希望的外部线路通信，这些线路均要连接到地址总线上。8 位微处理器常用 16 位地址总线，具有 64K 个地址；16 位微处理器则有 16～24 位地址总线，它可以访问 64K 至 16M 个地址。

(3) 控制总线是用来确定数据总线上信息流时间序列的，当微处理器要输出一个数据时，它要告诉外部硬件数据总线上的信息何时是有效的；当微处理器要输入一个信息时，控制总线要使外部硬件告诉微处理器数据有效。

综上所述，数据总线是"What"总线——它所携带的信息是"什么"；地址总线是"Where"总线——它确定信息在"哪里"；控制总线是"When"总线——它指定数据的传送发生在"何时"。

在计算机系统和大量工业测量控制系统中，广泛采用如图 5-4 所示的标准并行底板总线。这种并行底板总线的特点是它能以简单的硬件支持高速的数据传输和处理，并使整个系统具备较高的兼容性及灵活的配置，给系统提供在原设计基础上以最小的变动来跟随市场变化的可能性。由于采用标准总线连接现成的模板，从而系统的设计工作变得非常简单。在这种情况下，系统性能的最终限制可能就是总线本身的结构。没有一种总线结构能够满足每个用户的需要，其结果是市场流行着多种总线，因此用户应根据应用系统的需要，估计总线的性能和特点。由于微电子技术和微计算机技术的迅速发展，计算机总线也在不断发展之中。

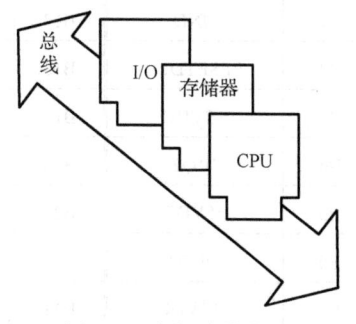

图 5-4 底板总线结构

5.3.2 ISA 总线

ISA 总线最早是为 IBM PC/XT 个人计算机设计的微型机总线，针对 Intel 8088 微处理器的 PC-XT 总线有 62 条信号线，以适应 8088 的 8 位数据线和 20 位地址线。这种总线是用户在 IBM PC/XT 个人计算机的大母板上扩展 I/O 模板的 I/O 总线。

IBM PC 由于价格低、简便可靠、使用灵活等优点，在办公自动化、工业控制等领域得到广泛应用。同时，IBM PC 总线是一种开放系统，这就为许多 IBM PC 兼容产品创造了良好的条件。由于 IBM PC 的成功，以及广泛的普及和推广应用，IBM PC 总线成为事实上的标准总线，其结构原理如图 5-5 所示。IBM PC 总线的引脚及信号定义如表 5-2 所示。

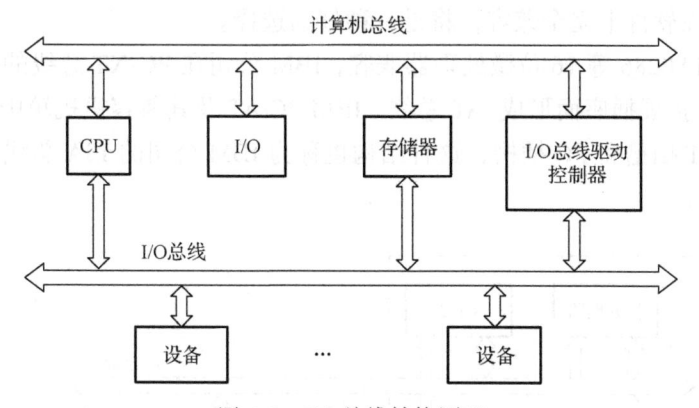

图 5-5 I/O 总线结构原理

IBM PC 机箱插上基本配置以后，一般只剩下 3~5 个 I/O 插槽，因此它的 I/O 扩展能力较差。PC 模板通常定高不定宽，没有模板导轨，抗冲击能力和抗振能力差。此外，它对温度、湿度要求高，无法保证在工业现场可靠运行。

表 5-2 IBM PC 总线的引脚及信号定义

引脚	信号	引脚	信号	引脚	信号	引脚	信号
B1	GND	B17	DACK1	A1	I/O CHCK	A17	A14
B2	RESETDRV	B18	DRQ1	A2	SD7	A18	A13
B3	+5VDC	B19	DACK0	A3	SD6	A19	A12
B4	IRQ2	B20	CLK	A4	SD5	A20	A11
B5	−5VDC	B21	IRQ7	A5	SD4	A21	A10
B6	DRQ2	B22	IRQ6	A6	SD3	A22	A9
B7	−12VDC	B23	IRQ5	A7	SD2	A23	A8
B8	CARD SLCTD	B24	IRQ4	A8	SD1	A24	A7
B9	+12VDC	B25	IRQ3	A9	SD0	A25	A6
B10	GND	B26	DACK2	A10	I/O CHRDY	A26	A5
B11	MEMW	B27	T/C	A11	AEN	A27	A4
B12	MEMR	B28	ALE	A12	A19	A28	A3
B13	IOW	B29	+5VDC	A13	A18	A29	A2
B14	IOR	B30	OSC	A14	A17	A30	A1
B15	DACK3	B31	GND	A15	A16	A31	A0
B16	DRQ3	—	—	A16	A15	—	—

然而，IBM PC 有极为丰富的软件资源，这是它能广泛应用的重要原因。工业控制计算机若能和 PC 在软件上完全兼容，将是一种好的选择。

为了和 Intel 80286 等 16 位微处理器兼容，IBM 公司在 PC-XT 总线的基础上增加了一个 36 引脚的 AT 扩展插座而形成 AT 总线。IBM PC/AT 及其兼容机机箱中，通常在母板上分别设置几个 AT 插槽和 PC 插槽，这种结构也称为 IBM 公司的 ISA 总线，即工业标准结构，如图 5-6 所示。

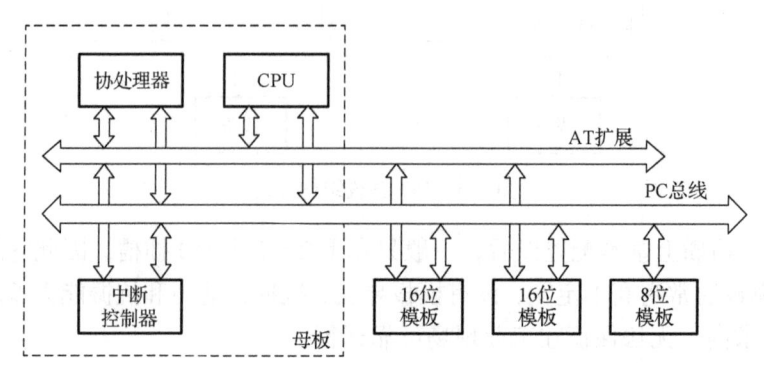

图 5-6 工业标准结构

AT 总线的缺点是受到中断和 DMA 能力的限制，AT 总线的专有设计，使它不具备作为开放式体系的优点。特别是，AT 总线由于缺乏独立的定时规范，故不可能支持多主处理器系统，但它具有 DMA 意义上的多个处理能力。

实际上，许多大公司仍然在它们的 32 位微型机结构中采用 AT 总线，不过，通常要进行适当扩展。

AT 总线是 IBM 公司建立的工业标准，也称工业标准结构(industrial standard architecture，ISA)总线。这种原始的 AT 总线现已被许多不同种类的高档微机采用。

AT 总线是最普通的微型计算机 I/O 总线结构，是带有 24 位 DMA 传输的 8MHz 总线，可寻址 16MB 存储空间。在 IBM XT 机中，此总线只有一个 8 位数据总线，扩充后的该总线有一个 8 位的和一个 16 位的数据总线，于 1984 年首先应用于 AT 机中。一般的 AT 总线不支持总线主控，但它有一个能使 CPU 脱离总线主控的备用线，由 AT 总线上称作 Master 的特定信号实现。AT 总线结构不包含总线仲裁硬件电路，这使得多个总线主控器轮换控制总线的请求无法得到协调，此种总线只能带有一块总线主控板。

为了提高计算能力，采用了在线高速的局部存储器总线，它能与处理器保持协调。为了达到处理器无等待状态，可以使用快速静态 RAM(SRAM)或交叉式存储器寻址，或者采用一些处理某些功能的专用芯片提高处理能力。

AT 总线有 24 根地址线和 16 根数据线，显然使用 AT 总线的机器地址范围较小。为了补偿这一短处，这种机器专门采用了一组局部的 32 位地址和数据总线。这种专门的 32 位总线和微通道均采用快速的 SRAM，以与 80386 的速度紧密匹配。这种快速 SRAM 操作不需要等待状态，从而大大提高了计算机的速度。

由于快速 SRAM 的价格较贵，为了兼顾性能与价格两个方面，高档的 AT 总线计算机以及 IBM PS/2 机都只把这种 RAM(容量一般为 32～256kB)用作高速缓冲寄存器(cache)，简称高速缓存，使得处理器的等待状态最少。

从工程角度看，PC 总线并没有带来任何新的东西和更高级的技术，它只是出现在正确的地方和正确的时间。IBM PC/XT 或 IBM PC/AT 及兼容机为数据处理器，不适合工业控制。然而，它有极为丰富的硬件、软件及人力资源。例如，它有数千种 I/O 扩展模板，可以选用不同模板组成各种各样的应用系统；它的操作系统 MS-DOS 已成为微型机的一种标准，有极为丰富的软件资源，特别是人力资源。由于这种计算机的普及程度没有任何其他计算机可以比拟、广大技术人员均会使用，因此在这样一个 PC 总线广为大家接受的局面下，一些人便想赋予 PC 总线更高的使命——让它在工厂自动化中扮演重要的角色。其中，关键是解决如何避免众多部件安装在一起时所引起的问题。因此，许多计算机制造商忙于将 IBM PC 的核心 8088 微处理器和 PC 总线分解，然后再以新的形式组装起来，以满足工业环境的要求。这些想法导致 PC 总线和工业自动化联系起来。

绝大多数工业应用，并不需要办公室和实验室里已很普通的台式机，这是有些理由的。首先，工业用户需要在工业应用中使用计算机的骨架部分，多数人是不想让昂贵的额外支持卡装在他们的基本系统上的。同样，工业微机用户有时也不想让诸如 CRT、扬声器、键盘、磁盘驱动器等用处不大的部件安装在他们的系统上。

其次，也是人们所熟悉的 PC 的缺点，即 PC 没有针对工业现场的天敌——发热、粉尘、振动和腐蚀性气体等采取措施。

重新设计密封的机箱、安装过滤器和额外的风扇，能解决一些问题。但许多人不喜欢这种"工业 PC"，尽管采取了冷却的防护措施，但骨子里仍然是办公室机器，会给他们带来一定的损害。特别是大的系统母板、磁盘驱动器和供电电源，外部服务较困难，更换模板更是困难。另外一个因素是大母板功耗超过 40W，对于供电电源来说是一个沉重的负担，而且电源和大母板必须相距甚远。一些电路要求母板处于水平位置，这会产生大量的热，缩短母板寿命。

当前流行的工业 PC 和原来的个人计算机(IBM PC)的差别在于取消了 PC 中的母板，而将大母板分成几块 PC 插件，如 CPU、存储器模板；改造电源，换用工业电源；密封其机箱，再加上内部正压送风等。当然，为使其适合工业测控系统，还必须在可靠性、抗干扰能力、模板的设计及应用软件等方面采取相应的措施。

IBM PC 与工业 PC 之间的差别如图 5-7 所示。

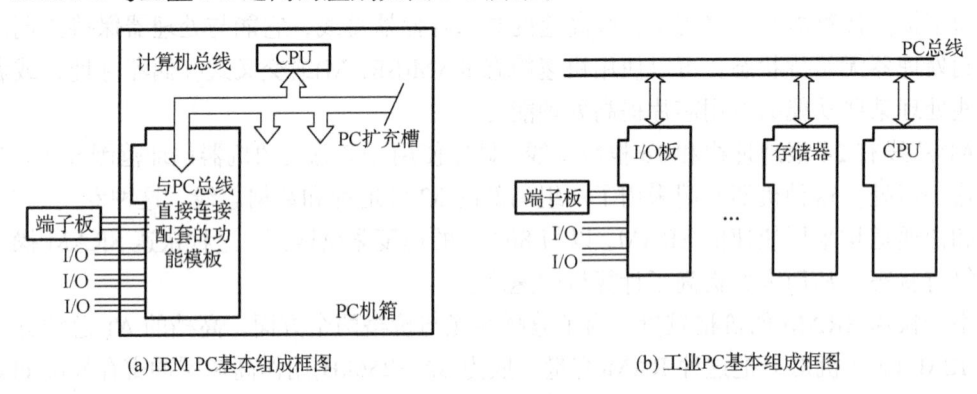

图 5-7　IBM PC 与工业 PC 的差异示意图

5.3.3　PCI 总线

20 世纪 90 年代，随着图形处理技术和多媒体技术的广泛应用，在以 Windows 为代表的图形用户界面(graphical user interface，GUI)进入 PC 之后，要求有高速的图形描绘能力和 I/O 处理能力。这不仅要求图形适配卡要改善其性能，也对总线的速度提出了挑战。实际上当时外设的速度已有了很大的提高，如硬磁盘与控制器之间的数据传输速率已达 10Mbit/s 以上，图形控制器和显示器之间的数据传输速率也达到 69Mbit/s。通常认为 I/O 总线的速度应为外设速度的 3～5 倍。因此原有的 ISA 总线已远远不能适应要求，而成为整个系统的主要瓶颈。因此对总线提出了更高的性能要求，从而促使总线技术进一步发展。

1991 年下半年，Intel 公司首先提出了 PCI 的概念，并联合 IBM、Compaq、AST、HP、DEC 等 100 多家公司成立了 PCI 集团，其英文全称为：Peripheral Component Interconnect Special Interest Group(外围部件互连专业组)，简称 PCISIG。PCI 是一种先进的局部总线，已成为局部总线的新标准。

1. PCI 总线的主要性能和特点

PCI 总线是一种不依附于某个具体处理器的局部总线。从结构上看，PCI 是在 CPU 和原来的系统总线之间插入的一级总线，具体由一个桥接电路实现对这一层的管理，并实现上下之间的接口与协调数据的传送。管理器提供了信号缓冲，使之能支持 10 台外设，并能在高时钟频率下保持高性能。PCI 总线也支持总线主控技术，允许智能设备在需要时取得总线控制权，以加速数据传送。

1) PCI 总线的主要性能

(1) 支持 10 台外设。
(2) 总线时钟频率为 33.3MHz/66MHz。
(3) 最大数据传输速率为 133Mbit/s。
(4) 时钟同步方式。
(5) 与 CPU 及时钟频率无关。
(6) 总线宽度 32 位(5V)/64 位(3.3V)。
(7) 能自动识别外设。
(8) 特别适合与 Intel 的 CPU 协同工作。

2) 其他特点

(1) 具有与处理器和存储器子系统完全并行操作的能力。
(2) 具有隐含的中央仲裁系统。
(3) 采用多路复用方式(地址线和数据线)，减少了引脚数。
(4) 支持 64 位寻址。
(5) 完全的多总线主控能力。
(6) 提供地址和数据的奇偶校验。
(7) 可以转换 5V 和 3.3V 的信号环境。

2. PCI 总线的信号定义

必需引脚：主控设备 49 条，目标设备 47 条。主控设备是指取得了总线控制权的设备，而被主设备选中进行数据交换的设备称为从设备或目标设备。

可选引脚：51 条(主要用于 64 位扩展、中断请求、高速缓存支持等)。

总引脚数 120 条(包含电源、地、保留引脚等)。

图 5-8 给出了 PCI 总线插槽的外形，图 5-9 给出了 PCI 总线的分类信号，具体说明如下。

1) 地址和数据信号

$AD_{31} \sim AD_0$：地址/数据复用引脚。当总线周期信号 $\overline{FRAME}$ 有效时，这些引脚传输地址；主设备准备好信号 $\overline{IRDY}$ 和从设备准备好信号 $\overline{TRDY}$ 同时有效时，这些引脚传输数据。

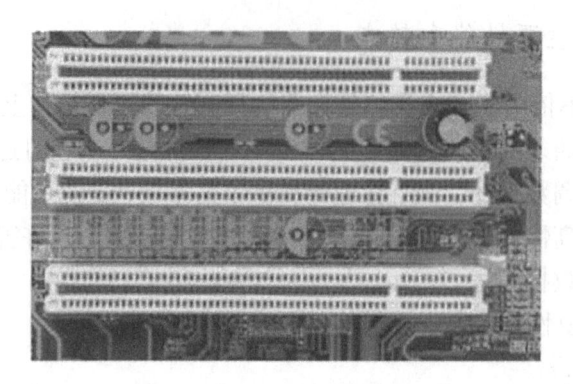

图 5-8 PCI 总线插槽的外形

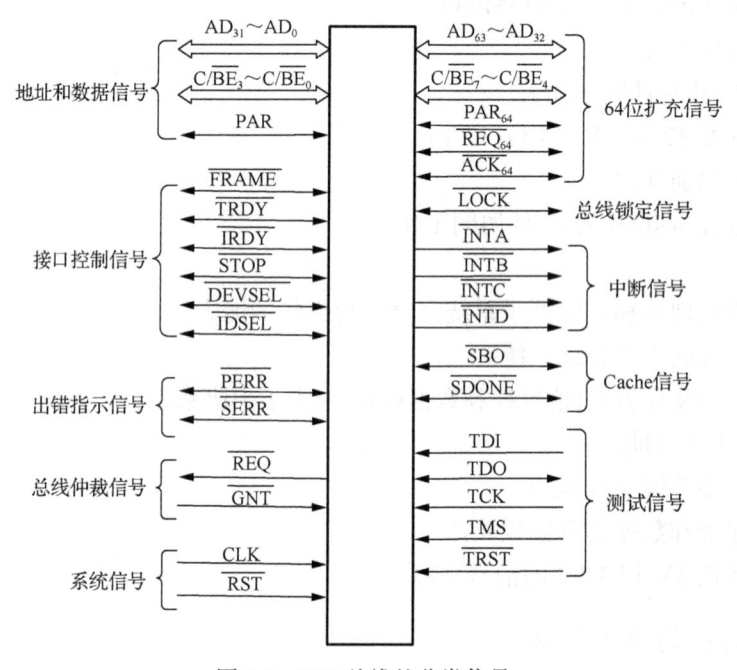

图 5-9 PCI 总线的分类信号

$C/\overline{BE_3} \sim C/\overline{BE_0}$：总线命令/字节允许信号。在总线上传输地址时，这 4 个信号为 CPU 等总线主设备向从设备发送命令，在总线上传输数据时，这 4 个信号传输字节允许信号。

对应这 4 位数据的具体命令如下：

0000 中断响应；

0001 特殊周期命令，表示在总线上提供广播式传输机制；

0010 I/O 读；

0011 I/O 写；

0110 读存储器命令；

0111 写存储器命令；

1010 读总线主设备的配置空间；

1011 写总线主设备的配置空间；

1100 在 FRAME 有效时重复读存储器，以实现流水线式数据传输，此时，由外电路修改存储器的地址信号；

1101 传输 64 位地址；

1110 读 Cache 命令；

1111 写 Cache 命令。

0100、0101、1000 和 1001 为保留。

PAR：奇偶校验信号。这时对 $AD_{31} \sim AD_0$ 和 $C/\overline{BE_3} \sim C/\overline{BE_0}$ 进行奇偶校验得到校验码。此信号为双向，读操作时送往 CPU，写操作时送往存储器或外设。

2) 接口控制信号

$\overline{FRAME}$：帧数据总线周期信号，表示正在进行一个总线周期，实现数据传输。

$\overline{TRDY}$：从设备准备好信号，表示从设备准备好传输数据。

$\overline{IRDY}$：主设备准备好信号。此信号和 $\overline{TRDY}$ 均有效，则可传输数据。

$\overline{STOP}$：停止信号。从设备用此信号停止当前的数据传输过程。

$\overline{DEVSEL}$：设备选择信号。此信号有效时，通知主设备，从设备已被选中。

$\overline{IDSEL}$：初始化设备选择信号。这是 PCI 总线对即插即用卡进行配置时的适配卡选择信号，每次只有一个 PCI 槽上的 $\overline{IDSEL}$ 有效，以选中唯一的一个适配卡。

$\overline{FRAME}$、$\overline{IRDY}$、$\overline{TRDY}$、$\overline{STOP}$ 都是用来对总线进行控制的信号，前 2 个由主设备控制，后 2 个由从设备控制，这些都是为了防止某个设备长时间占用总线而设置的信号。

3) 出错指示信号

$\overline{PERR}$：数据奇偶校验出错信号。低电平时，表示出现奇偶校验错误。

$\overline{SERR}$：系统出错信号。包括地址奇偶校验错、数据奇偶校验错、命令格式错等。

4) 总线仲裁信号

$\overline{REQ}$：总线请求信号。这是总线主设备请求占用总线的信号。

$\overline{GNT}$：总线请求允许信号。这是对 $\overline{REQ}$ 的应答信号，表示该主设备获得总线控制权。

5) 系统信号

CLK：时钟信号。此信号即 PCI 总线的时钟信号，其频率即 PCI 的工作频率。

$\overline{RST}$：复位信号。此信号有效时使 PCI 总线的所有输出端均为高阻状态。

6) 64 位扩充信号

$AD_{63} \sim AD_{32}$：地址/数据扩充信号。当总线周期信号 $\overline{FRAME}$ 有效时，这些引脚传输高 32 位地址，主设备准备好信号 $\overline{IRDY}$ 有效时，这些引脚传输高 32 位数据。

$C/\overline{BE_7} \sim C/\overline{BE_4}$：高 32 位命令和字节允许扩充信号。在总线传输地址时，这 4 个信号为 CPU 等总线主设备向从设备发送命令高 32 位，在总线传输数据时，这 4 个信号传输高 32 位的字节允许信号。

PAR_{64}：奇偶校验信号。这是对高 32 位地址和高 32 位数据的奇偶校验信号。

$\overline{REQ_{64}}$：64 位传输请求信号。这是主设备要求进行 64 位数据传输的信号。

$\overline{ACK_{64}}$：64 位传输应答信号。这是对 $\overline{REQ_{64}}$ 的应答信号。

7) Cache 信号

$\overline{SBO}$：测试 Cache 后返回信号。此信号有效表示对已修改的 Cache 进行查询测试命中，从而支持 Cache 的通写或回写操作。

$\overline{SDONE}$：Cache 测试完成信号。此信号有效表示当前对 Cache 的查询测试周期已完成。

8) 测试信号

这一组信号在相应软件支持下可进行如下测试。

TCK：对时钟信号进行测试。

TDI：对输入数据进行测试。

TDO：对输出数据进行测试。

TMS：对模式选择进行测试。

$\overline{TRST}$：对复位信号 RESET 进行测试。

9) 总线锁定信号

$\overline{LOCK}$：总线锁定信号。此信号有效时阻止其他设备中断当前的总线周期，以保证总线主设备完成传输。

10) 中断信号

$\overline{INTA}$、$\overline{INTB}$、$\overline{INTC}$、$\overline{INTD}$：从设备的中断请求信号。通常将 $\overline{INTA}$ 分配给单功能的 PCI 设备，将 $\overline{INTB}$ ~ $\overline{INTD}$ 分配给多功能的 PCI 设备。

3. PCI 总线的系统结构

在一个 PCI 系统中，高速外设和慢速外设可以共存，PCI 总线可以与 ISA/EISA 总线并存，如图 5-10 所示。

从图 5-10 可以看出，微处理器/高速缓存/存储器子系统经过一个 PCI 桥接器(简称桥)连接到 PCI 总线上。这个桥提供了一个低延迟的访问通路，通过这个桥处理器能直接访问任何映射到存储器或 I/O 地址空间的设备；它同时还提供了能使 PCI 主设备直接访问主存储器的高速通路；该桥也能提供数据缓冲功能，以使 CPU 与 PCI 总线上的设备并行工作而不必相互等待。另外，桥还可以使 PCI 总线的操作与 CPU 总线分开，以免互相影响。总之，桥实现了 PCI 总线的全部驱动控制。

扩展总线桥(标准总线接口)的设置是为能在 PCI 总线上接出一条标准 I/O 扩展总线，如 ISA、EISA 或 MCA 总线，从而可继续使用现有的 I/O 设备，以增加 PCI 总线的兼容性和选择范围。通常在典型的 PCI 局部总线系统中，最多支持三或四个插槽(连接器)。PCI 连接器属于微通道类型的连接器。同样的 PCI 扩充卡连接器也可用于 ISA、EISA、MCA 总线的系统中。

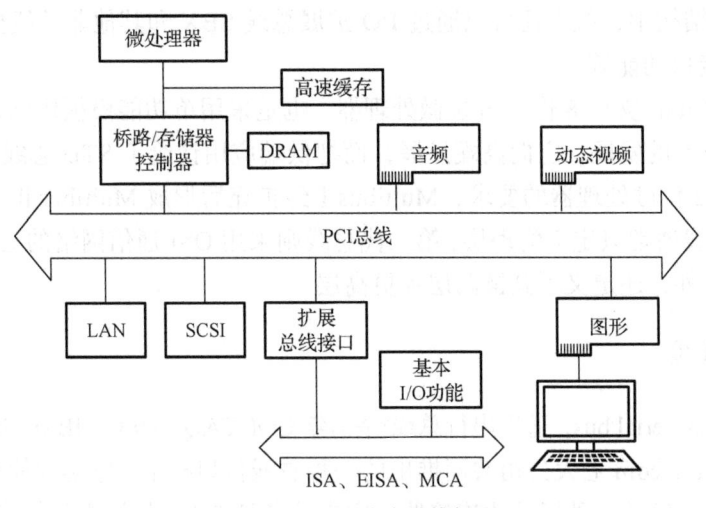

图 5-10　PCI 总线系统框图

5.3.4　MULTI Ⅰ 和 Ⅱ 总线

某些计算机系统为了提高其处理能力，往往支持多 CPU 并行工作。美国 Intel 公司推出的 Multibus Ⅰ 就是这种总线。这种系统原理框图如图 5-11 所示。图中 CPU1、CPU2 为主模板，而 I/O、存储器为从模板。一条 Multibus Ⅰ 可以支持多个主模板，主模板通过总线仲裁逻辑取得系统总线控制权，然后发出命令信号、地址信号，实现对 I/O 存储器的访问。从模板不能控制系统总线。

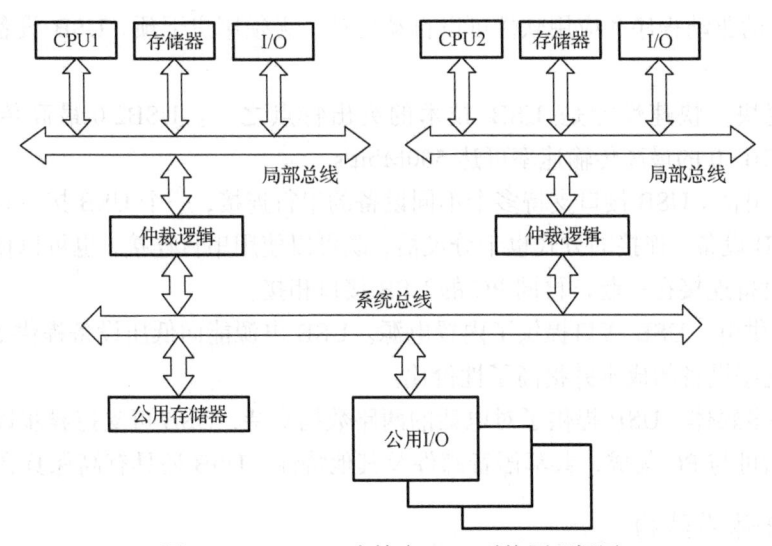

图 5-11　Multibus 支持多 CPU 系统原理框图

这种总线结构实际上存在多种总线概念，即系统总线、局部总线，以及板上 I/O 扩展总线 SBX、LBX。CPU1 和 CPU2 在局部总线上运行，在这条局部总线上也有各自的局部存储器和局部 I/O。当某 CPU 要访问公用存储器和系统公用 I/O 时，才通过总线仲裁逻辑以获得系统控制权。

Multibus I 结构中，板上还可以通过 I/O 扩展总线 SBX 和其他非总线模板相连接，如扩充 BIT 总线接口功能等。

早期的 Multibus 支持 8 位、16 位微处理器，也是采用单功能模板概念，适用于工业控制。随着芯片技术的发展，它向高端发展，而把低端应用让给了 STD 总线。

为了适应 32 位微处理器的要求，Multibus I 经扩充后形成 Multibus II，它属于第二代总线。第一代总线通常只定义物理层；第二代总线则采用 OSI 通信网络的七层协议的办法，除了定义物理层外，还定义了其链路层和更高层。

5.3.5 USB 总线

USB(universal serial bus，通用串行总线)是当年 COMPAQ、DEC、IBM、Intel、Microsoft、NEC、Northern Telecom 七大公司共同推出的一种总线接口标准。它是为简化 PC 与外设之间的互联而共同开发的一种标准化连接器，它支持各种 PC 与外设之间的连接。

早在 1995 年就已经有 PC 带有 USB 接口了，但由于缺乏软件及硬件设备的支持，这些 PC 的 USB 接口都闲置未用。1998 年后，随着微软在 Windows 98 中内置了对 USB 接口的支持模块，同时 USB 设备日渐增多，USB 接口才逐步走进了实用阶段。USB 总线标准也从早期的 USB1.1、USB1.2、USB2.0，发展到现在的 USB3.0。

1. USB 总线的特点

(1) 使用方便。使用 USB 接口可以连接多个不同的设备，支持热插拔；在软件方面，为 USB 设计的驱动程序和应用软件可以自动启动，无须用户干预。USB 设备能真正做到"即插即用"。

(2) 速度快。快速性能是 USB 技术的突出特点之一。USB2.0 最高传输速率可达 60Mbit/s，USB3.0 的最高传输速率可达 500Mbit/s。

(3) 连接灵活。USB 接口支持多个不同设备的串行连接，一个 USB 接口理论上可以连接 127 个 USB 设备。连接的方式也十分灵活，既可以使用串行连接，也可以使用中枢转接头，把多个设备连接在一起，再同 PC 的 USB 接口相接。

(4) 独立供电。USB 接口提供了内置电源。USB 电源能向低压设备提供 5V 的电源，从而降低了这些设备的成本并提高了性价比。

(5) 支持多媒体。USB 提供了对电话的两路数据支持，USB 可支持异步以及等时数据传输，使电话可与 PC 集成，共享语音邮件及其他特性。USB 还具有高保真音频。

2. USB 体系结构

USB 系统被定义为三个部分：USB 互连、USB 设备和 USB 主机。

1) USB 互连

USB 互连是指 USB 设备与主机之间进行连接和通信的操作。

USB 设备和 USB 主机的连接采用层叠星形结构，如图 5-12 所示。图中的 Hub 是一类特殊的 USB 设备,它是一组 USB 的连接点。主机中有一个被嵌入的 Hub 称为根 Hub(root Hub),主机通过根 Hub 提供若干个连接点。USB 采用星形连接来体现层次性,对端口加以扩展,从而达到支持多设备连接。理论上 USB 最多可连接 127 个物理设备。

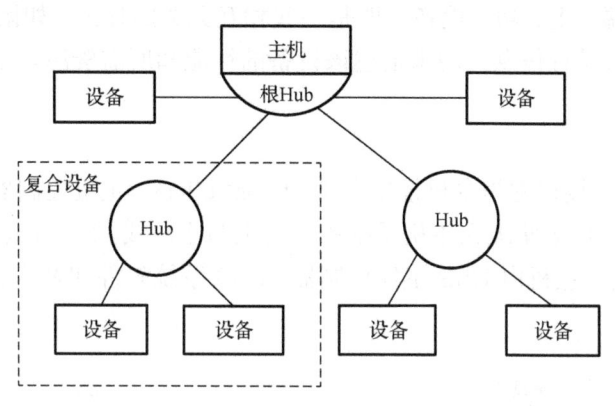

图 5-12 USB 物理总线的拓扑

USB2.0 连接电缆的特性如图 5-13 所示。USB2.0 传送信号和电源是通过一种四线的电缆,其中 D^+、D^- 2 条线用于传输信号,V_{BUS}、GND 2 条线向设备提供电源。存在两种数据传输速率:高速信号比特率为 12Mbit/s;低速信号传送的模式为 1.5Mbit/s;V_{BUS} 使用+5V 电源。USB3.0 采用了 9 针引脚设计,为了向下兼容 USB2.0,其中 4 个脚与 USB2.0 的形状、定义完全相同,另外 5 个脚是专门为 USB3.0 的传输加速。

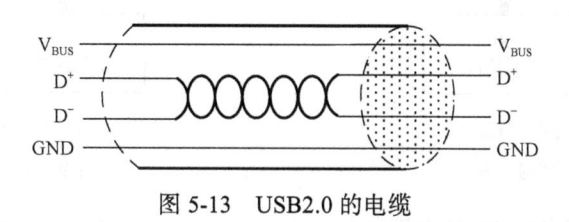

图 5-13 USB2.0 的电缆

USB 的通信分为两类:配置通信、应用通信。配置通信发生在上电或连接时主机检测到外设的情况,在配置通信中,主机通知设备,然后使它准备好交换数据;应用通信发生在主机的应用程序与一个检测到的外设交换数据的时候,这是实现设备目的的通信。

2) USB 设备

USB 设备的逻辑结构如图 5-14 所示,一个 USB 设备的逻辑结构包括 USB 总线接口、USB 逻辑设备及应用层三部分。当设备被连接、编号后,该设备就拥有一个唯一的 USB 地址。设备就是通过该 USB 地址被操作的,每一个 USB 设备通过一个或多个通道与主机通信。USB 主要有两种设备类型:集线器(hub)和功能部件(device)。集线器可以提供更多的 USB 的连接点,功能部件则为主机提供了具体的功能。

在即插即用的 USB 的结构体系中,集线器是一种重要设备。一个集线器包括两部分:集线控制器(controller)和集线放大器(repeater)。集线放大器是一种在上游端口和下游端口之间的协议控制开关,而且硬件上支持复位、挂起、唤醒等信号;集线控制器提供了接口寄存器用于与主机之间的通信，集线器允许主机对其特定状态和控制命令进行设置，并监视和控制其端口。

功能部件是一种通过总线进行发送接收数据和控制信息的 USB 设备，通过一根电缆连接在集线器的某个端口上，功能设备一般是一些相互无关的外设，如鼠标、光笔、键盘等。每个功能设备都包含设置信息，用来描述该设备的性能和所需资源。主机要在功能部件使用前对其进行设置。

3) USB 主机

主机系统中 USB 接口称为主机控制器(host controller)。主机控制器可以由硬件、固件或软件结合实现。根 Hub 集成在主机系统中，向上与主总线(如 PCI 总线)相连，向下可提供一个或多个连接点。主机由 USB 主机控制器、USB 系统软件和客户软件组成，如图 5-15 所示。

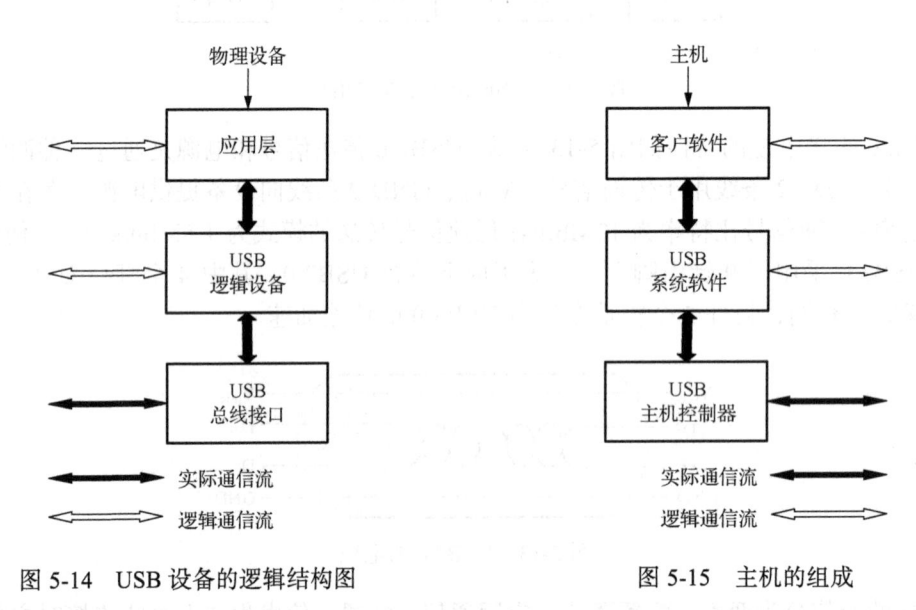

图 5-14　USB 设备的逻辑结构图　　　　图 5-15　主机的组成

USB 主机通过主机控制器与 USB 设备进行交互，其主要功能如下：

① 检测 USB 设备的连接和拆卸；
② 管理主机和 USB 设备之间的控制/数据流；
③ 收集状态和动作信息；
④ 为所连接的 USB 设备提供电源。

3. USB 的传输方式

一个 USB 传输的组成如图 5-16 所示，每个传输包括一个或多个事务(根据事务的目的和数据流的方向，事务分为三种类型：SETUP——发送控制传输请求给一个设备；IN——从一个设备接收数据；OUT——发送数据给一个其他设备)。每个事务包括一个记号包，也可能包括一个数据包或握手包。每个包由包标识 PID、必要信息和 CRC 组成。

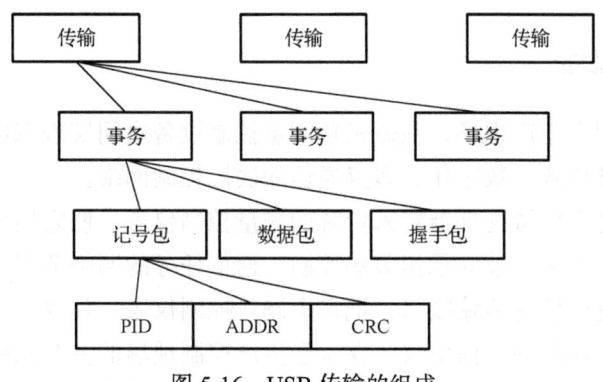

图 5-16 USB 传输的组成

记号包定义事务处理的类型、USB 设备地址等；数据包为具体需要传输的内容，其大小由事务类型确定；握手包向发送方提供反馈信息，通知对方数据是否已经成功收到。包的信息被发送到总线时，最低有效位(least significant bit，LSB)在前，接着是次最低有效位，最后是最高有效位(most significant bit，MSB)。在多字节字段通过总线时同样按从 LSB 到 MSB 的顺序进行。所有的包都具有包开始(start of packet，SOP)和包结束(end of packet，EOP)分隔符，包开始(SOP)分隔符是同步字段的一部分。

4. USB 总线的接头及引脚说明

USB 总线采用方形插座及插头，4 针接口外形如图 5-17 所示。其插针的功能定义如下：1—+5V 电源引脚(VCC)，2—数据输入/数据同步引脚(RD)，3—信号地引脚(GND)，4—数据输出/时钟同步引脚(TD)。VCC 和 GND 引脚用来向设备提供电源。

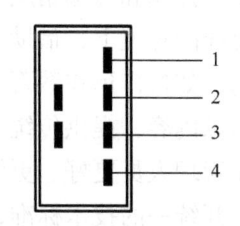

图 5-17 4 针引脚的 USB 接口外形

5.4 现 场 总 线

现场总线是 20 世纪 80 年代中期在国际上发展起来的。随着微处理器与计算机功能的不断增强和价格的降低，计算机与计算机网络系统得到迅速发展。现场总线可实现整个企业的信息集成，实施综合自动化，形成工厂底层网络，完成现场自动化设备之间的多点数字通信，实现底层现场设备之间以及生产现场与外界的信息交换。1983 年，Honeywell 推出了智能化仪表，它在原模拟仪表的基础上增加了具有计算功能的微处理器芯片，在输出的 4～20mA 直流信号上叠加了数字信号，使现场与控制室之间连接的模拟信号变为数字信号。之后，世界上各大公司推出了各种智能仪表。智能仪表的出现为现场总线的诞生奠定了基础。但不同厂商提供的设备通信标准不统一，束缚了底层网络的发展。现场总线要求不同的厂商遵从相同的制造标准，组成开放的互联网络是现场总线的发展趋势。

5.4.1 现场总线概述

现场总线是应用在生产现场，在微机化测量控制设备之间实现双向串行多节点数字通信的系统，也称为开放式、数字化、多点通信的底层控制网络。

现场总线技术将专用微处理器置入传统的测量控制仪表，使它们各自都具有了数字计算和数字通信能力，成为能独立承担某些控制、通信任务的网络节点。它们分别通过普通双绞线等多种途径进行信息传输联络，把多个测量控制仪表、计算机等作为节点连接成网络系统，采用公开、规范的通信协议，在位于生产控制现场的多个微机化自控设备之间，以及现场仪表与用作监控、管理的远程计算机之间，实现数据传输与信息共享，形成各种适应实际需要的自动控制系统。简而言之，它是把单个分散的测量控制设备变成网络节点，共同完成自控任务的网络系统与控制系统。

1. 现场总线的特点

现场总线是综合运用微处理器技术、网络技术、通信技术和自动控制技术的产物。它把微处理器置入现场自控设备，使设备具有数字计算和数字通信能力，这一方面提高了信号的测量、控制和传输精度，同时为丰富控制信息的内容，实现其远程传送创造了条件。在现场总线的环境下，借助现场总线网段以及与之有通信连接的其他网段，实现异地远程自动控制，如操作远在数百公里之外的电气开关等。与传统自控设备相比，现场总线设备拓宽了信息内容，提供传统仪表所不能提供的信息，如阀门开关动作次数、故障诊断等，便于操作管理人员更好、更深入地了解生产现场和自控设备的运行状态。由于现场总线强调遵循公开统一的技术标准，因而有条件实现设备的互操作性和互换性。也就是说，用户可以把不同厂家、不同品牌的产品集成在同一个系统内，并可在相同功能的产品之间进行相互替换，使用户具有了自控设备选择、集成的主动权。现场总线可采用多种途径传送数字信号，如用普通电缆、双绞线、光导纤维、红外线，甚至电力传输线等，因而可因地制宜、就地取材构成控制网络。一般由两根普通导线制成的双绞线，可挂接几十个自控设备，与传统的设备间一对一的接线方式相比，可节省大量线缆、槽架、连接件。同时，由于所有的连线都变得简单明了，系统设计、安装、维护的工作量也随之大大减少。另外，现场总线还支持总线供电，即两根导线在为多个自控设备传送数字信号的同时，还为这些设备传送工作电源。现场总线既是通信网络，又是自控系统。它作为通信网络，不同于日常用于声音、图像、文字传送的网络，它所传送的是接通、关断电源，开关阀门的指令与数据，直接关系到处于运行操作过程之中的设备、人身的安全，要求信号在粉尘、噪声、电磁干扰等较为恶劣的环境下能够准确、及时到位，同时还具有节点分散、报文简短等特征。它作为自动化系统，在系统结构上发生了较大变化，其显著特征是通过网络信号的传送联络，可由单个节点，也可由多个网络节点共同完成所要求的自动化功能，是一种由网络集成的自动化系统。

现场总线系统在技术上具有以下特点。

(1) 系统具有开放性和互用性。通信协议遵从相同的标准，设备之间可以实现信息交换，用户可按自己的需要，把不同供应商的产品组成开放互联的系统。系统间、设备间可以进行信息交换，不同生产厂家的性能类似的设备可以互换。

(2) 系统功能自治性。系统将传感测量、补偿计算、工程量处理与控制等功能分散到现场设备中完成，现场设备可以完成自动控制的基本功能，并可以随时诊断设备的运行状况。

(3) 系统具有分散性。现场总线构成的是一种全分散的控制系统结构，简化了系统结构，提高了可靠性。

(4) 系统具有对环境的适应性。现场总线支持双绞线、同轴电缆、光缆、射频、红外线、电力线等传输方式，具有较强的抗干扰能力，能采用两线制实现供电和通信，并可以满足安全防爆的要求。

由于现场总线结构简化，不再需要 DCS 系统的信号调理、转换隔离等功能单元及其复杂的接线，节省了硬件数量和投资。简单的连线设计，节省了安装费用。设备具有自诊断与简单故障处理能力，减少了维护工作量。设备的互换性、智能化、数字化提高了系统的准确性和可靠性，同时还具有设计简单、易于重构等优点。

2. 几种典型现场总线技术

1) 基金会现场总线

基金会现场总线(foundation fieldbus，FF)于 1994 年由美国 Fisher-Rosemount 和 Honeywell 为首成立。它以 ISO/OSI 开放系统互联模型为基础，取其物理层、数据链路层、应用层为 FF 通信模型的相应层次，并在应用层上增加了用户层。基金会现场总线分 H1 和 H2 两种通信速率。H1 的传输速率为 31.25Kbit/s，H2 的传输速率为 1Mbit/s 和 2.5Mbit/s 两种，可支持总线供电和安全防爆环境，支持双绞线、光缆和无线发射，协议符合 IEC 1158-2 标准。传输信号采用曼彻斯特编码。

2) LonWorks

LonWorks 由美国 Echelon 公司推出，采用 ISO/OSI 模型的全部七层协议，采用面向对象的设计方法，通过网络变量把网络通信设计简化为参数设置，支持双绞线、同轴电缆、光缆和红外线等多种通信介质，并开发了安全防爆产品，被誉为通用控制网络。采用 LonWorks 技术和神经元芯片的产品，被广泛应用在楼宇自动化、家庭自动化、保安系统、办公设备、交通运输、工业过程控制等行业。

3) Profibus

Profibus 是德国标准(DIN 19245)和欧洲标准(EN 50170)的现场总线标准，由 PROFIBUS-DP、PROFIBUS-FMS、PROFIBUS-PA 组成。DP 用于分散外设间高速数据传输，适用于加工自动化领域。FMS 适用于纺织、楼宇自动化、可编程控制器、低压开关等。PA 是用于过程自动化的总线类型，服从 IEC 1158-2 标准。

4) CAN

CAN(controller area network)是控制局域网络的简称,由德国 Bosch 公司推出,它广泛用于离散控制领域。CAN 的信号传输采用短帧结构,传输时间短,具有自动关闭功能,具有较强的抗干扰能力。

5) HART

HART 最早由 Rosemount 公司开发。其特点是在现有模拟信号传输线上实现数字信号通信,属于模拟系统向数字系统转变的过渡产品。由于它采用模拟数字信号混合,所以难以开发通用的通信接口芯片。HART 能利用总线供电,可满足本质安全防爆的要求,并可用于由手持编程器与管理系统主机作为主设备的双主设备系统。

6) EtherCAT 总线

EtherCAT(ethernet for control automation technology)现场总线协议是由德国倍福公司在 2003 年提出的。EtherCAT 符合以太网标准,网络中可以使用普通的以太网设备。EtherCAT 数据传输速率可以达到 100Mbit/s,依托补充的 EtherCAT G 技术,传输速率可达 1000Mbit/s。EtherCAT 支持多种网络拓扑结构,如线形、星形、树形拓扑结构,以及各种拓扑结构的组合,从而使得设备连接非常灵活。

5.4.2 CAN 总线

CAN 是由 ISO 定义的一种串行总线,也是国际上应用最广泛的现场总线之一。最初,CAN 用于汽车环境中的微控制器通信,在车载各电子控制装置(ECU)之间交换信息,形成汽车电子控制网络。例如,发动机管理系统、变速箱控制器、仪表装备、电子主干系统中均嵌入 CAN 控制装置。一个由 CAN 总线构成的单一网络中,理论上可以连接无数个节点。实际应用中,节点数目受网络硬件的电气特性所限制。例如,当使用 Philips P82C250 作为 CAN 收发器时,同一网络中允许挂接 110 个节点。CAN 可提供高达 1Mbit/s 的数据传输速率,这使实时控制变得非常容易。另外,硬件的错误检定特性也增强了 CAN 的抗电磁干扰能力。

1. CAN 的发展历程

CAN 最初出现在 20 世纪 80 年代末的汽车工业中,由德国 Bosch 公司最先提出。当时,由于消费者对于汽车功能的要求越来越多,而这些功能的实现大多是基于电子操作的,就使得电子装置之间的通信越来越复杂,同时意味着需要更多的连接信号线。提出 CAN 总线的最初动机就是为了解决现代汽车中庞大的电子控制装置之间的通信,减少不断增加的信号线。于是,他们设计了一个单一的网络总线,所有的外围器件可以被连接在该总线上。1993 年,CAN 已成为国际标准 ISO11898(高速应用)和 ISO11519(低速应用)。CAN 是一种多主方式的串行通信总线,基本设计规范要求有高的位速率、高的抗电磁干扰性,而且能够检测出产生的任何错误。当信号传输距离达到 10km 时,CAN 仍可提供高达 50Kbit/s 的数据传输速率。由于CAN总线具有很高的实时性能，因此，CAN已经在汽车工业、航空工业、工业控制、安全防护等领域中得到了广泛应用。

2. CAN的工作方式

CAN通信协议主要描述设备之间的信息传递方式。图5-18给出了CAN总线结构。CAN层的定义与开放系统互联模型(OSI)一致。每一层与另一设备上相同的那一层通信。实际的通信发生在每一设备上相邻的两层，而设备只通过模型物理层的物理介质互连。CAN的规范定义了模型的最下面两层：数据链路层和物理层。应用层协议可以由CAN用户定义成适合特别工业领域的任何方案。已在工业控制和制造业领域得到广泛应用的标准是DeviceNet，这是为PLC和智能传感器设计的。在汽车工业，许多制造商都应用他们自己的标准。两条信号线被称为"CAN_H"和"CAN_L"，静态时均是2.5V左右，此时状态表示为逻辑"1"，也可以称为"隐性"。用CAN_H比CAN_L高表示逻辑"0"，称为"显性"，此时，通常电压值为：CAN_H = 3.5V和CAN_L = 1.5V。

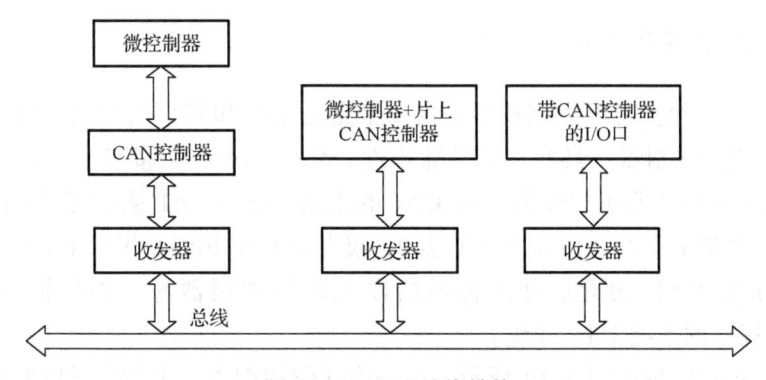

图 5-18 CAN 总线结构

3. CAN的特点

CAN具有十分优越的特点，这些特点包括以下方面。
(1) 低成本。
(2) 极高的总线利用率。
(3) 很远的数据传输距离(长达10km)。
(4) 高速的数据传输速率(高达1Mbit/s)。
(5) 可根据报文的ID决定接收或屏蔽该报文。
(6) 可靠的错误处理和检错机制。
(7) 发送的信息遭到破坏后，可自动重发。
(8) 节点在错误严重的情况下具有自动退出总线的功能。
(9) 报文不包含源地址或目标地址，仅用标志符来指示功能信息、优先级信息。

CAN的高层协议(也可理解为应用层协议)是一种在现有的底层协议(物理层和数据链路层)之上实现的协议。高层协议是在CAN规范的基础上发展起来的应用层。许多系统(如汽车工业)中，可以特别制定一个合适的应用层，但对于许多行业来说，这种方法是不经济的。一些组织已经研究并开放了应用层标准，以使系统的综合应用变得十分容易。

5.4.3 EtherCAT 总线

工业自动化技术的发展，对控制系统性能提出了更高的要求。自动化系统对通信的要求通常是速度快、数据量小、成本低、可靠性高。传统按层划分的控制体系通常由几个辅助系统组成(周期系统)，即实际控制任务、现场总线系统、I/O 系统中的本地扩展总线或外围设备的简单本地固件周期。正常情况下，系统响应时间是控制器周期时间的 3～5 倍，通信速率不是十分理想。EtherCAT 总线则满足了这些需求。

EtherCAT 采用开放的实时以太网通信协议，是可用于现场级的超高速 I/O 网络。它仅使用标准以太网物理层、链路层、应用层三层协议，硬件可以是常规的以太网卡，通信介质可为双绞线或光纤。相比于其他实时以太网协议，如 ProfiNET、EtherNet/IP 等，其协议更加精简，提高了 EtherCAT 协议的实时性。

1. EtherCAT 系统组成

EtherCAT 是一种实时以太网技术，由一个主站设备和多个从站设备组成。主站设备使用标准的以太网控制器，具有良好的兼容性，任何具有网络接口卡的计算机和具有以太网控制的嵌入式设备都可以作为 EtherCAT 的主站。EtherCAT 从站使用专门的从站控制器(ESC)，如专用集成芯片 T1100 和 ET1200，或者是利用 FPGA 集成 EtherCAT 通信功能的 IP-Core。EtherCAT 物理层使用标准的以太网物理层器件，如传输介质通常使用 100BASE-TX 规范的 5 类 UTP 线缆。

EtherCAT 运行原理如图 5-19 所示。在一个通信周期内，主站发送以太网数据帧给各个从站，数据帧到达从站后，每个从站根据寻址从数据帧内提取相应的数据，并把它反馈的数据写入数据帧。当数据帧发送到最后一个从站后返回，并通过第一个从站返回至主站。这种传输方式能够在一个周期内实现数据通信，同时改善了带宽利用率，最大有效数据利用率达 90%以上。

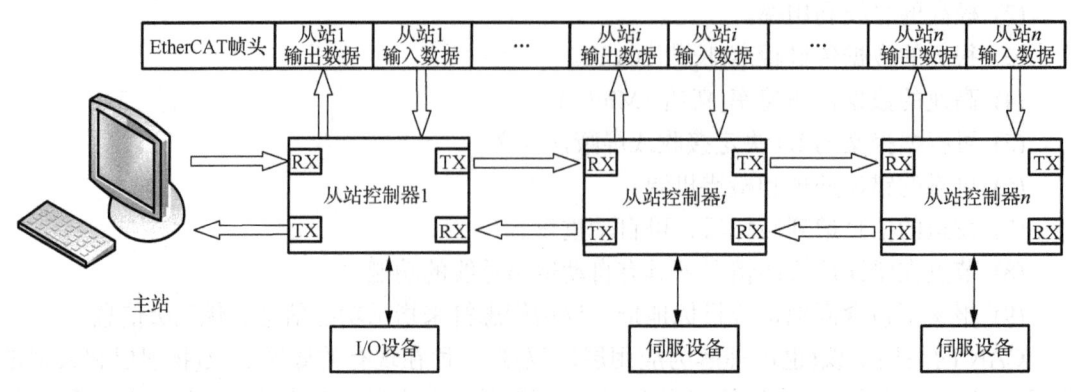

图 5-19 EtherCAT 运行原理

EtherCAT 数据直接通过以太网数据帧传输，数据帧类型为 0x88A4。EtherCAT 数据帧是由 14 字节的以太网帧头、2 字节的 EtherCAT 头、44~1498 字节的 EtherCAT 数据和 4 字节的帧校验序列构成的。

EtherCAT 几乎支持所有的拓扑结构：星形、线形、树形、菊花链形等，并支持各类电缆、光纤等多种通信介质，还支持热插拔特性，保证了各设备之间连接的灵活性。同时 EtherCAT 几乎没有设备容量限制，最大从站设备数可达 65535 个，使得网络中无须交换机，仅通过设备间的拓扑结构即能使得 EtherCAT 数据直达每个从站。

2. EtherCAT 寻址方式

EtherCAT 的数据通信是通过主站发送 EtherCAT 报文读写从站的内部寄存器实现的。EtherCAT 数据帧的子报文头里的地址区有 32 位，其中前 16 位是 EtherCAT 从站设备的地址，后 16 位是从站设备内存偏移地址。EtherCAT 报文首先通过网段寻址找到从站所在网段，之后通过设备寻址找到报文数据对应的从站设备，从而完成数据交换。

3. EtherCAT 分布时钟

EtherCAT 提供了分布式时钟(distributed clock，DC)单元来同步从站设备。相比于完全同步通信，分布式同步时钟具有更好的容错性，从而保证各 EtherCAT 从站设备同步工作的稳定性。

分布时钟同步的原理是将所有的从站设备时钟都同步于参考时钟，EtherCAT 将主站连接的第一个且具有分布时钟功能的从站作为参考时钟。为了实现各从站设备之间的准确同步控制，在 EtherCAT 网络上电初始化时，会对分布时钟进行初始化。通过测量和计算出各从站设备时钟与参考时间的偏移，对从站设备时钟进行校正，从而达到时钟同步的目的。EtherCAT 分布时钟同步方法基于硬件校正，具有很高的准确性，同步信号抖动小于 1μs。

4. EtherCAT 通信模式

EtherCAT 通信是以主从通信模式进行的，其中主站控制着 EtherCAT 系统通信。在实际自动化控制应用中，通信数据一般可分为：时间关键和非时间关键。在 EtherCAT 中利用周期性过程数据通信来进行时间关键数据通信，而采用非周期性邮箱数据通信(mailbox)来实现非时间关键数据通信。

周期性过程数据通信通常使用现场总线内存管理单元(fieldbus memory management unit，FMMU)进行逻辑寻址，主站可以通过逻辑读写命令来操作从站。周期性过程数据通信使用两个存储同步管理单元(syncmanager，SM)来保证数据交换的一致性和安全性，通信模式采用缓存模式。在缓存模式下使用三个相同大小的缓冲区，由 SM 统一管理。

非周期性邮箱数据通信模式只使用一个缓冲区，为保证数据不丢失，数据交换采用握手机制，即在一端完成对缓冲区数据操作后，另一端才能操作缓冲区数据。通过这种轮流方式进行读写操作，来实现邮箱数据交换。

5. EtherCAT 应用层协议

EtherCAT 的应用层直接面向应用任务，它定义了应用程序与网络连接的接口，为应用程序访问网络提供手段和服务。通过对常用协议进行简单修改，与 EtherCAT 通信协议相兼容，从而可得 EtherCAT 多种应用层协议，主要包括：EtherCAT 实现以太网(EoE)、CANopen(CoE)、伺服驱动设备行规 IEC 61491(SoE)以及文件读取(FoE)等。EtherCAT 协议本身具有良好的同步特性和较高的数据传输速率，非常适用于伺服系统的控制，其中 CoE 与 SoE 可实现交流伺服驱动器控制的应用层。

5.5 控制系统的选用

近代的控制系统均由微机和其他控制部件组成，利用软件实现各种控制。由微机组成的控制装置有多种，初期的微机控制大多数由单板机实现，如国内最先推出的简易车床数控系统即属此类，后来随着 IBM PC 的推广应用，出现了由 PC 经扩展而成的微机测控系统，但其环境适应性较差，以后又较多采用可靠性较高的 STD 总线系统，近几年又在推广性能更优越的可编程逻辑控制器。由此可见控制系统的发展是很快的，一般认为新的一类控制装置在性能方面总比前几类好。微机控制系统的各种类型均有它的特点，现简单介绍如下。

5.5.1 单板机和单片机控制系统

单板机控制系统较早用于工业控制，其特点是结构简单、价格低廉，技术上又容易掌握，有利于推广应用。但因该系统的硬件配置很不标准，常需要自行扩展接口，硬件制作工作量大，而且控制程序的编写只能采用汇编语言，以致软件工作量很大，并且开发过程中的操作和调试都比较麻烦，所以只适用于自行研制的简单控制系统。

为减少用户自行制作硬件带来的麻烦，并提高可靠性，已有生产厂家提供多种功能的接口电路板，利用单板机上的 S-100 总线接口进行系统扩展。

单片机组成的控制系统在功能上比单板机强，而且具有处理速度快、功耗低、体积小、灵活性好等方面的特点，所以常用于智能化仪表、机床数控显示及其他小型控制装置。单片机的编程比较方便，而且还可以在 PC 上进行仿真调试。

因受经费方面的限制，该类系统的硬件制作质量和抗干扰措施很难达到高标准，所以环境适应性较差，如果用于工业现场，需增加一些防范措施。

5.5.2 普通 PC 和工业 PC 的控制系统

1. 普通 PC 的控制系统

IBM PC 以及 X86 系列微机均属办公室用的个人计算机，其特点是软件功能非常丰富，数据处理能力很强，而且已配备一套完整的外部设备，如 CRT 显示器、操作键盘、打印机及磁盘驱动器等。如果将该类微机的接口予以扩展，增加少量的开关量和模拟量 I/O 接口板，便可组成功能较强、存储容量很大的测控系统，最适用于数据采集系统以及环境条件较好的多点模拟量控制系统。

控制系统的操作基本上利用 PC 的原有设备，如数据的设定可利用键盘、鼠标输入，控制方式的选择可由菜单方式确定，被控对象的运行参数可利用打印机予以记录，而且还可以利用 CRT 及有关软件做工况图形监视。

PC 系统的主要缺点是环境适应性差，不宜用在较差的工业现场连续工作，而且抗干扰能力也不好，需增加一定的防范措施。如果把它作为分散控制系统的上位机，并远离恶劣环境对下位机进行监控，则是较好的选择。

为 PC 系统配套的各种功能接口电路板，有现成的产品可提供，可减轻硬件的制作量，但费用要相应增加。

2. 工业 PC 的控制系统

工业 PC 的基本系统与普通 PC 大体相同，但已备有各种控制模板，一般不需再做硬件开发，使用十分方便。在结构上采用模块化设计，制作工艺和元器件筛选更加严格，并采取一系列抗干扰、抗振动措施，以提高可靠性，使它能适应恶劣的工业环境。

工业 PC 所用的微处理器均为高档产品，一般与普通 PC 的相同，所以它的处理速度和运算能力比一般微机控制系统高得多，适用于需要做大量数据处理的测控系统。

5.5.3 可编程逻辑控制器

可编程逻辑控制器(PLC)是高度可靠、结构小巧、适用性很强、功能强、可编程的电气控制装置，能应用于强电的控制系统中。

PLC 的控制功能由软件实现，所用的微处理器大多数为 8 位或 16 位，信号的输入和输出采用周期性的扫描方式，这一点同普通微机控制系统存在着重要的区别。

PLC 的编程语言大多数采用梯形图，其形式与继电器控制线路基本相同，所以很容易理解，并不要求使用者具备较多的计算机知识，这也是 PLC 易于推广应用的原因之一。

控制器本身已附有输入和输出用的连线端子，并有 I/O 电平状态指示，使用方便，而且因为抗干扰能力强、控制体积小，可直接装入强电动力箱内。

PLC 的输出有三种形式：继电器、晶体管、双向晶闸管。其中以继电器输出形式最常用，因触点电流可达 2A，可直接驱动电磁阀或接触器线圈。晶体管输出的特点是响应速度快又无动作次数的限制，所以一般用于脉冲输出或 LED 数码管扫描显示。双向晶闸管输出主要用于频繁操作的交流负载。

PLC 的控制功能以逻辑控制为主，最低档的 PLC 仅具有开关量输入、开关量输出、计数及定时等功能，用以取代继电器控制系统。一般小型 PLC 除具备逻辑控制功能外，还附有高速计数输入和简单的算术运算功能。后者用于与模拟量 I/O 单元配合实现闭环控制，而计数输入主要用于流水线上产量的计数或与编码器配合实现定位控制。

中大型的 PLC 为模块化结构，按用户所需的功能选配各类模块，组成最合理的控制系统。此类 PLC 的算术运算功能和数据处理能力都很强，处理速度又快，可以组成规模较大和精度较高的闭环控制系统。

PLC 的容量通常以输入和输出的总点数来确定，小型的 PLC 产品大致有 12 点、20 点、30 点、40 点、60 点、80 点等几种规格。如果 PLC 基本单元 I/O 点数不够用，可选用扩展单元进行 I/O 点数扩展，最多可达到 128 点、256 点、512 点或更多。大多数小型 PLC 常备有模拟量输入和模拟量输出单元，某些 PLC 可配用定位控制单元。总之，小型 PLC 非常适用于生产设备配套，实现各种复杂的逻辑控制和开关量控制。

5.5.4 几种控制装置的性能比较

综合以上几种控制装置，其性能比较参见表 5-3。

表 5-3 几种微机控制系统的性能比较

性能参数	普通微机系统		工业控制计算机		可编程逻辑控制器	
	单片(单板)机系统	PC 扩展系统	STD 总线系统	工业 PC 系统	小型 PLC (≤256 点)	大型 PLC
控制系统的组成	自行研制(非标准化)	配备各类功能接口板	选购标准化 STD 模板	整机已成系统，外部另行配置	按使用要求选购相应的产品	
系统功能	简单的逻辑控制或模拟量控制	数据处理功能强，可组成功能完整的控制系统	可组成从简单到复杂的各类测控系统	本身已具备完整的控制功能，软件丰富，执行速度快	逻辑控制为主，也可组成模拟量控制系统	大型复杂的多点控制系统
通信功能	按需自行配置	已备一个串行口，可按需另行配置	选用通信模板	产品已提供串行口	选用 RS232C 通信模块	选取相应的模块
硬件工作量	多	稍多	少	少	很少	很少
程序语言	汇编语言	汇编语言和高级语言均可	汇编语言和高级语言均可	高级语言为主	梯形图编程为主	多种高级语言
执行速度	快	很快	快	很快	稍慢	很快
输出带负载能力	差	较差	较强	较强	强	强
抗干扰能力	较差	差	好	好	很好	很好
可靠性	较差	较差	好	好	很好	很好
环境适应性	较差	差	较好	好	很好	很好
应用场合	智能仪器，单机简单控制	实验室环境的信号采集及控制	一般工业现场控制	较大规模的工业现场控制	一般规模的工业现场控制	大规模的工业现场控制，可组成监控网络
价格	最低	较高	稍高	高	一般	很高

例 5.1 图 5-20 所示为十字路口车行灯和人行灯动作流程示意图，其中车行灯分为红、黄、绿三种颜色。人行灯分为红、绿两种颜色。开始车行绿灯亮，人行红灯亮，30s 后车

行黄灯亮，15s 后车行红灯亮，延时 5s，人行绿灯亮，过 15s，人行绿灯闪光 5 次(每次亮 0.5s)后红灯亮，延时 5s 后车行绿灯亮。试确定控制方案。

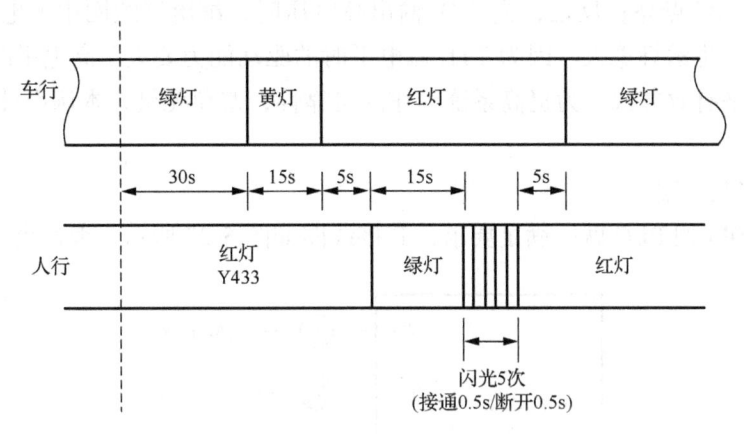

图 5-20 交通灯动作流程示意图

解 被控对象是五个信号灯的逻辑控制，需要控制计算机具有定时功能和五个输出 I/O 口。PC、单片机、可编程逻辑控制器都能满足控制要求。由于控制功能比较简单，用 PC 成本太高，宜选用单片机或可编程逻辑控制器，下面分别对这两种控制方案做较详细的分析。

1) 单片机控制方案

由于只需要五个输出 I/O 和一个定时器，选 AT89C2051 或 AT90S2313 单片机都能满足控制要求。它们都是 20 脚封装，内含 2K flash RAM，无须扩展外部程序存储器和数据存储器。系统的硬件原理如图 5-21 所示。

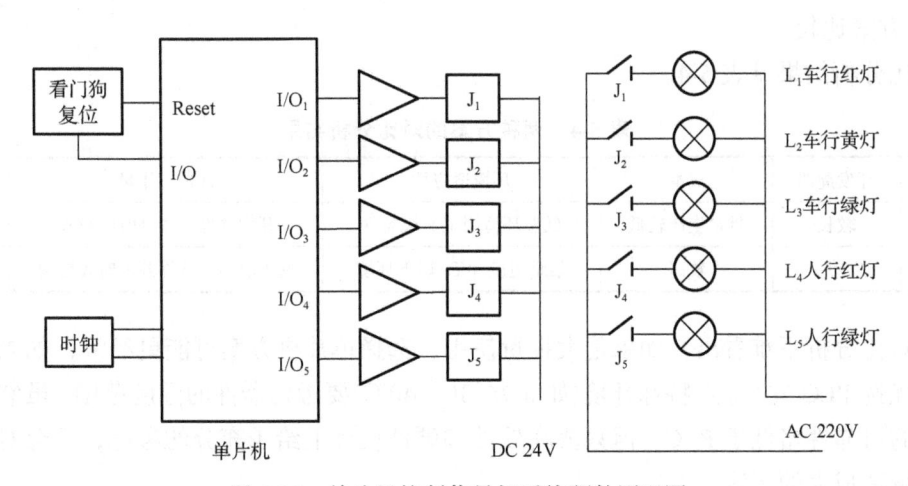

图 5-21 单片机控制信号灯系统硬件原理图

使用单片机的五个 I/O 口作为指示灯的开关控制。因为指示灯的工作电压为 AC 220V，不能用单片机的 I/O 直接控制。本例中采用 OC 门驱动电路(如 7407 或 75451)与继电器组成指示灯的控制接口电路。继电器线圈绕组的工作电压为 24V，驱动器(7407)工作于低电平有效方式，当某一个 I/O 输出低电压时，对应的继电器线圈有电流流过，相应的继电器触点闭合，指示灯点亮；反之，当 I/O 输出高电压时，继电器线圈中无电流通过，继电器的触点断开，指示灯熄灭。因为 TTL 低电平时的驱动能力要大于高电平时的驱动能力，所以选择低电平有效方式。为提高系统工作的可靠性，避免死机，本例设计了硬件看门狗电路。

2) PLC 控制方案

选用 F1-40M 型 PLC 就能满足要求，其接线图如图 5-22 所示，编程也非常简单。

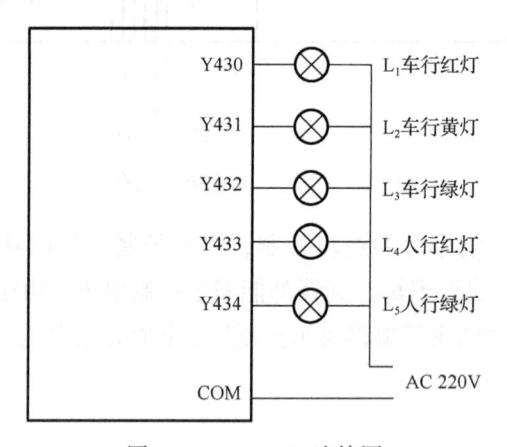

图 5-22　PLC I/O 连接图

PLC 的控制触点选择 AC 220V 的交流控制触点，直接控制五个指示灯，无须其他转换电路。

3) 方案比较

对比分析结果见表 5-4。

表 5-4　两种方案的对比分析结果

方案	开发周期	成本	环境适应性	开发工作量	可靠性
单片机	较长	批量生产较低	低温环境用工业级器件	开发软件、硬件时间较长	较差
PLC	短	较高	很难适应 0℃ 以下环境	选用成品，软件开发时间较短	高

从对比分析不难看出，如果是大批量使用，选择单片机方案可能更经济，如果是单件开发应优选 PLC 方案。对特殊环境(如北方-30～40℃)要考虑器件的温度范围。虽然单片机控制器的可靠性略低于 PLC，但只要在软件和硬件设计上给予充分的考虑，不会对信号控制的质量造成大的影响。

例 5.2　已知某物料搬运机械手的结构及动作过程如图 5-23 和图 5-24 所示，试确定控制方案。要求机械手的操作方式分为手动方式和自动方式两种；自动方式又分为单步、单周期和连续操作方式。

图 5-23 机械手动作示意图

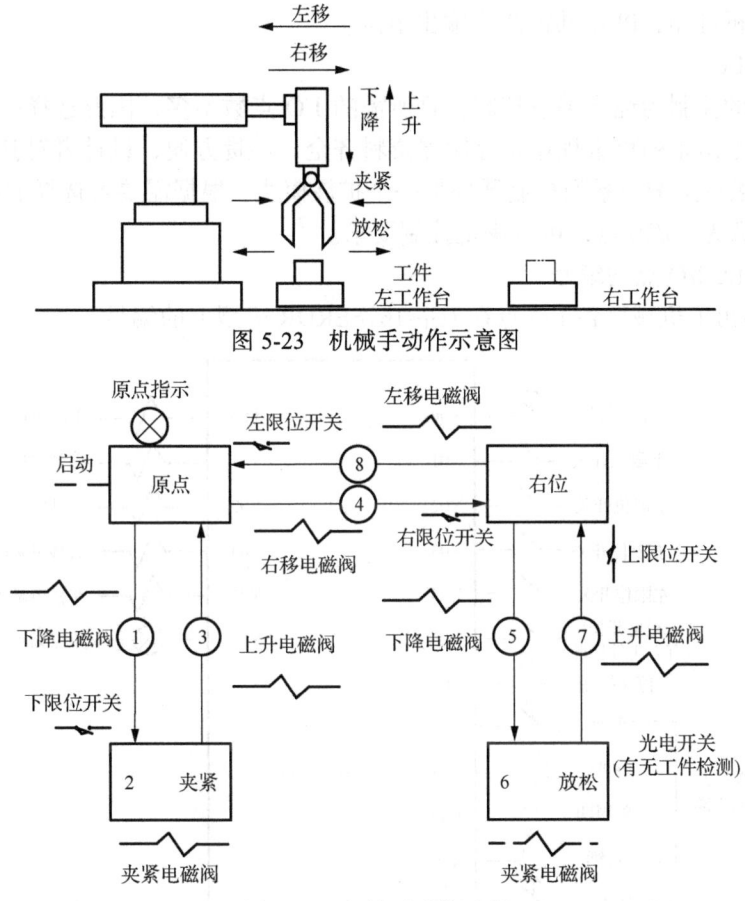

图 5-24 机械手动作过程

解 1) 控制方案

控制系统是一个单纯的逻辑控制，单纯从控制功能看使用单片机和 PLC 都能满足控制要求，考虑到车间的环境较差，干扰较大，机械手完成的是物料搬运工作，出现故障会影响整条生产线的工作，因此控制系统应具有较高的可靠性，使用 PLC 更合理。用工业 PC 也能胜任这项控制工作，但它的成本要高于 PLC，可靠性也不如 PLC。因此选用 PLC 控制方案。

2) 所需的用户输入/输出设备及 I/O 点数

(1) 设备的输入信号。

① 操作方式转换开关：手动、单步、单周期、连续。

② 手动时运动选择开关：上/下、左/右、夹/松。

③ 位置检测元件：机械手的上、下、左、右的限位行程开关。

④ 有无工件检测元件：用光电开关检测工作台有无工件。

加上启动、停止、复位按钮，共需 15 个 I/O 输入节点。

(2) 设备的输出信号。

① 气缸运动电磁阀：上升、下降、左移、右移、夹紧。

② 指示灯：机械手处于原点指示。

据上面分析可知，PLC 共需六个输出节点。

3) 选择 PLC

该机械手的控制为纯开关量控制，且所需的 I/O 点数不多，因此选择一般的小型低档机即可。假定汇川系列可编程逻辑控制器资料齐全，供货方便，设计者对其比较熟悉，根据上面 I/O 点数可选 H_{2U} 系列控制器外加一个扩展模块。根据需要可选择 H_{2U}-1616ERDR，其主机 I/O 点数为 20/20 点，可以满足控制要求。

4) 分配 PLC I/O 点的编号

图 5-25 给出了机械手各 I/O 点在 H_{2U}-1616ERDR 机型上的编号。

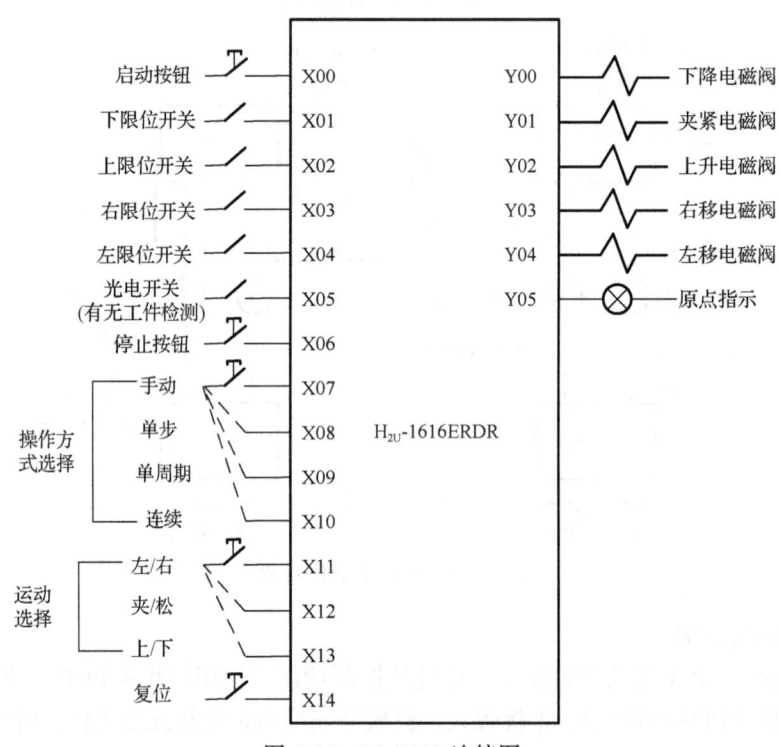

图 5-25 PLC I/O 连接图

例 5.3 仿人形服务机器人由头部、躯干、双臂和轮式行走机构构成。头部内置网络摄像机，实现指定位置的查看功能；头部具有俯仰和转动 2 个自由度，分别由直流电动机驱动；躯干为本体提供支撑；单上肢具有 4 个自由度，包括肩关节、肘关节、腕关节和手部夹取，可以实现物品的取放等功能。各自由度都由直流电动机驱动，故双臂需要 8 个电动机驱动。肩部、肘部及腕部均由蜗轮蜗杆减速器来实现关节的传动，进而实现手臂运动。手部夹取关节由鲍登线带动，实现手爪张合。双轮由直流电动机驱动。行走机构采用轮式结构，左右两轮各由直流电动机驱动，双轮差速控制实现机器人运动；前后两轮为随动轮。设计机器人的控制方案。

解 由题目条件可知，机器人共由 12 个电动机驱动。根据机器人的功能要求，在这 12 个电动机中，机器人双臂肩、肘、腕 3 个关节为闭环控制，其余电动机为开环控制。闭环控制需要位置、速度传感器，一般为增量式编码器，初始位置的标定采用旋转式电位计。

服务机器人的导航与定位也是机器人控制中需要重点考虑的问题。常用的移动机器人导航定位方法有视觉导航、光反射导航、GPS 惯性导航定位、超声波导航定位、SLAM 定位技术等。

由于机器人功能复杂,控制系统宜选用上下位机方式,控制系统框图如图 5-26 所示。上位机主要负责机器人远程控制、状态监测,选择工业 PC 作为控制系统的上位机,需要实现的功能:采用无线通信的方式实现与机器人的信息交互;向机器人发送控制命令并接收机器人返回的信息;实时监测机器人的工作状态;观看机器人返回的视频信息,完成对室内环境的巡视。

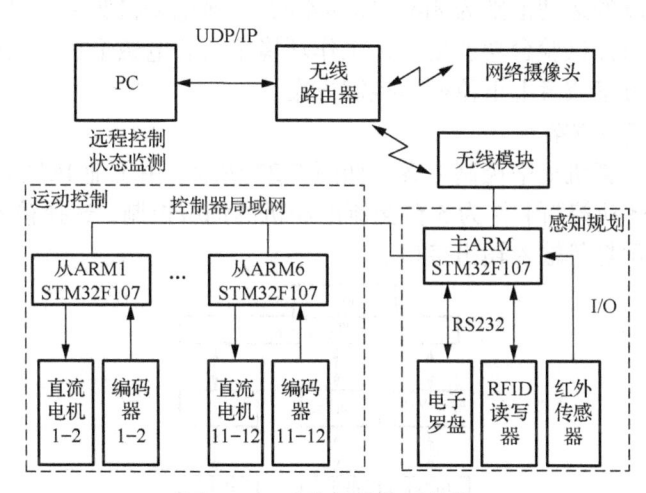

图 5-26 系统硬件体系结构

下位机负责机器人的控制与信息采集,由 ARM(advanced RISC machines)微处理器来实现系统的下位机控制,整个下位机由一个主 ARM 和几个从 ARM 构成。主 ARM 负责机器人的环境感知与运动规划,采集 RFID、电子罗盘和红外传感器的信息,对上位机下发的命令进行分解,形成从 ARM 控制指令,下发给各个从 ARM,并向上位机发送机器人信息;一个从 ARM 负责两路直流电机的闭环或开环控制。主 ARM 和从 ARM 之间采用 CAN 总线通信方式。根据功能要求,选用高性能 ARM 芯片 STM32F107,这款芯片的标准外设包括 2 个 12 位 A/D 转换器、2 个高级定时器、4 个普通定时器、5 个 RS232 串口、2 路 CAN2.0B 接口、以太网接口以及高质量数字音频接口,内部集成了编码器输入接口和 PWM 输出接口,可以满足控制系统需求。控制量、采集量和硬件需求见表 5-5。

上位机与机器人主 ARM 芯片、网络摄像头的无线通信功能通过无线路由器来实现。

表 5-5 控制量、采集量和硬件需求

功能	控制量、采集量	硬件需求
导航定位	RFID(射频识别系统)	RS232 串行通信
	电子罗盘	RS232 串行通信
避障	红外传感器	开关量输入
电机闭环控制	光电编码器	编码器输入接口
	旋转式电位计	A/D 转换接口
	电动机 PWM 控制	定时器 PWM 功能

续表

功能	控制量、采集量	硬件需求
主从 ARM 通信	CAN 总线	CAN 总线接口
上下位机通信	以太网	以太网接口
	无线通信	Wi-Fi
网络摄像机通信	网络摄像机	无线路由器

例 5.4 已知一直角坐标式试验台,其具有 3 个位置自由度和 2 个姿态自由度,试验台的 3 个位置自由度的运动范围为 8m×6m×4m,交流电动机驱动,试设计控制系统。

解 根据题目可知试验台功能复杂,工作环境中会有电磁干扰,因而需要选择工业控制计算机集中控制方案或者上下位机的控制方案。

方案 1:集中控制方案

选择工业控制计算机集中控制方案,如图 5-27 所示。由工业 PC 实现试验台的所有控制功能,选择多轴运动控制卡作为 5 台交流电动机的伺服控制,选择输入/输出卡作为传感器、行程开关、指示灯等输入输出接口。

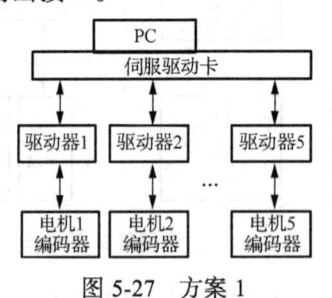

图 5-27 方案 1

方案 2:上下位机控制方案

选择工业 PC 作为上位机,PLC 作为下位机,上下位机采用网络通信,如图 5-28 所示。上位机负责试验台的试验任务管理、试验数据显示与存储、故障报警等。下位机与交流伺服驱动器通过 EtherCAT 总线相连,完成各伺服电动机的命令给定、协调控制,可选 PLC 或者专用控制器。

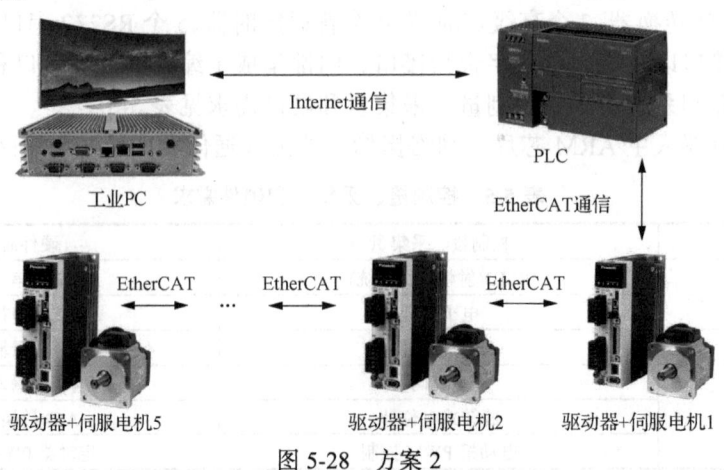

图 5-28 方案 2

考虑到试验台各自由度运动范围大，空间跨度大，各个电机驱动器应就近放置在电动机附近。驱动器与控制器之间距离长，采用 EtherCAT 总线方式，可以减少连接线，提高系统的抗电磁干扰能力。采用上下位机方式，上位机可以放在操控室中，方便操作人员使用，因此选择方案 2。

习　题

5-1　工业控制计算机和普通信息处理计算机的主要区别是什么？
5-2　常用计算机总线有哪些？
5-3　可编程逻辑控制器和嵌入式处理器的主要区别是什么？
5-4　现场总线有什么特点？
5-5　CAN 总线有什么特点？
5-6　EtherCAT 总线有什么特点？

第 6 章　传感器与检测系统

传感器与检测系统由传感器和信号处理电路等组成，传感器是其中的重要环节，它的性能决定了整个传感检测系统的性能。本章主要介绍机电一体化系统中常用传感器的特点及选用方法。

6.1　传感器的组成及分类

传感器是一种以一定的精确度将被测量(如位移、力、加速度等)转换为与之有确定对应关系的、易于精确处理和测量的某种物理量(如电量)的测量部件或装置。目前，由于电子技术的进步，电量具有便于传输、转换、处理、显示等特点，因此通常传感器是将非电量转换成电量输出。

6.1.1　传感器的组成

传感器一般由敏感元件、转换元件和基本转换电路三部分组成，如图 6-1 所示。

被测量 → 敏感元件 → 转换元件 → 基本转换电路 → 电量

图 6-1　传感器组成框图

(1) 敏感元件。直接感受被测量，并以确定关系输出某一物理量，如弹性敏感元件将力转换为位移或应变输出。

(2) 转换元件。将敏感元件输出的非电物理量(如位移、应变、光强等)转换成电参数量(如电阻、电感、电容等)。

(3) 基本转换电路。将电参数量转换成便于测量的电量，如电压、电流、频率等。

实际的传感器，有的很简单，有的则较复杂。有些传感器只有敏感元件，如热电偶感受被测对象的温差时直接输出电动势。有些传感器由敏感元件和变换电路组成，无须基本转换电路，如电压式加速度传感器。另外，还有些传感器由敏感元件和基本转换电路组成，如电容式位移传感器。有些传感器转换元件不止一个，要经过若干次转换才能输出电量，如机器人六维腕力传感器。大多数传感器是开环系统，但也有个别传感器是具有反馈的闭环系统。

当前，由于空间的限制及技术等原因，基本转换电路一般不和敏感元件、转换元件装在一个壳体内,而是装在电控箱中。但不少传感器需通过基本转换电路才能输出便于测量的电量,而基本转换电路的类型又与不同传感器的工作原理有关。因此,常把基本转换电路作为传感器的组成环节之一。

6.1.2 传感器的分类

目前较多采用的传感器分类方法主要有以下几种。

1. 按被测物理量分类

这种分类方法明确地表示了传感器的用途,便于使用者选择,如位移传感器用于测量位移、温度传感器用于测量温度等。一些常见的非电基本物理量及其派生物理量见表 6-1。

表 6-1 非电基本物理量及其派生物理量

基本物理量		派生物理量	基本物理量	派生物理量
位移	线位移	长度、厚度、位置、振幅、表面波度、表面粗糙度、应变、磨损	加速度 线加速度	振动、冲击、质量、重量、应力、力
	角位移	角度、偏振角、俯仰角	角加速度	角振动、角冲击、力矩、扭矩、转动惯量
速度	线速度	振动、动量、流量	温度	热量、比热容
	角速度	角动量、转速、角振动	湿度	水分、露点
力、压力		重量、密度、力矩、应力、真空度、声压、噪声、变形	光度	光通量、颜色、透明度、光谱、红外光、照度、可见光

2. 按传感器工作原理分类

这种分类方法清楚地表明了传感器的工作原理,有利于传感器的设计和应用,见表 6-2。

表 6-2 传感器按工作原理分类

类型		工作原理	典型应用
电阻式	电阻应变片式	应变使应变片的电阻值发生变化	力、压力、力矩、应变、位移、加速度、荷重
	固态电阻式	利用半导体材料的压阻效应	压力、加速度
	电位器式	移动电位器触点改变电阻值	位移、力、压力
电感式	自感式	改变磁路磁阻使线圈自感发生变化	位移、力、压力、振动、厚度、液位
	互感式(变压器式)	改变互感	位移、力、力矩
	电涡流式	利用电涡流现象改变线圈自感、阻抗	位移、厚度、探伤
	压磁式	利用导磁体的压磁效应	力、压力
	感应同步器	两个平面绕组的互感随位置不同而变化	位移(线位移、角位移)
电磁式	磁电感应式	利用导体和磁场相对运动产生感应电势	速度、转速、扭矩
	霍尔式	利用半导体霍尔元件的霍尔效应	位移、力、振动
	磁栅式	利用磁头相对磁栅位置或位移将磁栅上的磁信号读出	长度、线位移、角位移

续表

类型		工作原理		典型应用
压电式	正压电式	利用压电元件的正压电效应		力、压力、加速度、粗糙度
	声表面波式	利用压电元件的正、逆压电效应		力、压力、角加速度、位移
电容式	电容式	改变电容量		位移、加速度、压力、液位、力、声强、厚度、含水量
	容栅式	改变电容量或加以激励电压产生感应电势		位移
光电式	一般形式	改变光路的光通量	再用各种光电器件的光电效应将光信号转换成电信号	位移、温度、转速、浑浊度
	光栅式	利用光栅副形成的莫尔条纹和位移的关系		长度、角度、线位移、角位移
	光纤式	利用光导纤维的传输特性或材料的效应		位移、加速度、速度、水声、温度、压力
	光学编码式	利用编码器转换成亮暗光信号		线位移、角位移、转速
	固体图像式	半导体光敏元阵列实现图像转换		图像、字符识别、尺寸自动检测
	激光式	利用激光干涉、多普勒效应、衍射及光电器件		长度、位移、速度、尺寸
	红外式	利用红外辐射的热效应或光电效应		温度、遥感、探伤、气体分析
热电式	热电偶	利用温差电效应(塞贝克效应)		温度、热流
	热电阻	利用金属的热电阻效应		温度
	热敏电阻	利用半导体的热电阻效应		温度、红外辐射
气电式		利用气动测量原理,改变气室中压力或管路中流量,再由电感式、光电式等传感器转换成电信号		尺寸(主动测量和自动分选)
陀螺式		利用陀螺原理或相对原理		角速度、角位移
谐振式	振弦式	改变振弦、振筒、振膜、振梁、石英晶体的固有参数来改变谐振频率,输出频率电信号		大压力、扭矩、加速度、力
	振筒式			气体压力、密度
	振膜式			压力
	振梁式			角位移、静态力和缓变力
	压电式			压力、温度
波式	超声波	改变超声波声学参数,接收并转换成电信号		厚度、流速、无损探伤
	微波	利用微波在被测物的反射、吸收等特性,由接收天线接收并转换成电信号		物位、液位、厚度、距离
射线式		利用被测物对放射线的吸收、反散射或射线对被测物的电离作用,并由探测器输出电信号		厚度、物位、液位、气体成分、密度、缺陷
力平衡式		应用反馈技术构成闭环系统,将反馈力与输入力相平衡,其差由位移传感器转换成电信号		力、压力、加速度、振动

3. 按传感器转换能量的情况分类

(1) 能量转换型。其又称发电型，不需要外加电源而把被测能量转换成电能量输出。这类传感器有压电式、磁电感应式、热电偶、光电式等。

(2) 能量控制型。其又称参量型，需外加电源才能输出电量。这类传感器有电阻式、电容式、电感式、霍尔式等，还有热敏电阻、光敏电阻、湿敏电阻等。

4. 按传感器的工作机理分类

(1) 结构型。被测参数变化引起传感器的结构变化，使输出电量变化。结构型传感器利用物理学中场的定律和运动定律等构成，定律方程式就是传感器工作的数学模型，如电感式、电容式、光栅式等传感器就属于结构型传感器。

(2) 物性型。物性型传感器利用某些物质的某种性质随被测参数变化而变化的原理构成。传感器的性能与材料密切相关，如光电管、半导体传感器、压电式传感器等都属于物性型传感器。

5. 按传感器转换过程可逆与否分类

(1) 单向。只能将被测量转换为电量的传感器称为单向传感器。绝大多数传感器属于这一类。

(2) 双向。能在传感器的输入、输出端做双向传输，即具有可逆特性的传感器称为双向传感器，如压电式传感器和磁电感应式传感器。

6. 按传感器输出信号的形式分类

(1) 模拟式。传感器输出模拟信号。
(2) 数字式。传感器输出数字信号，如编码器式传感器。
(3) 开关式。传感器输出开关信号，如光电开关、磁电开关等。

应该指出，习惯上常以其工作原理和用途相结合来命名传感器，如电位计式位移传感器、压电式加速度传感器等。

6.2 传感器的特性

机电系统工作时，要对各种各样的参数进行检测和控制，就要求传感器能感受被测非电量的变化，并将其不失真地变换为相应的电量，这取决于传感器的基本特性，即输出/输入特性。如果把传感器看作二端口网络，即有两个输入端和两个输出端，那么传感器的输出/输入特性是与其内部结构参数有关的外部特性。传感器的基本特性可用静态特性和动态特性来描述。

6.2.1 传感器的动、静特性

1. 传感器的静态特性

当传感器的输入量为常量或随时间做缓慢变化时,传感器的输出与输入之间的关系称为静态特性,简称静特性。表征传感器静特性的指标有线性度、灵敏度、重复性等。采用哪些指标表达传感器的静特性应根据实际需要来确定。静态特性指标见表6-3。

表 6-3 传感器的静态特性

基本指标	定义、公式	说明
灵敏度 S_0	传感器输出变化量 Δy 与引起此变化的输入变化量 Δx 之比,即 $$S_0 = \frac{\Delta y}{\Delta x}$$ 灵敏度误差: $\gamma_s = \frac{\Delta S_0}{S_0} \times 100\%$	表示传感器对被测量变化的反应能力
线性度 (非线性误差)	被测值处于稳定状态时,传感器输出和输入之间的关系曲线(称标准或标定曲线)对拟合直线的接近程度: $$\gamma_1 = \frac{\Delta_{Lm}}{y_{FS}} \times 100\%$$ 式中,γ_1 为引用非线性误差;Δ_{Lm} 为标定曲线对拟合直线的最大偏差;y_{FS} 为满量程输出值	选取的拟合直线不同,所得的线性度值也不同。较常用的拟合直线方法有最小二乘法、端点法、端点平移法等
迟滞	传感器在正(输入量最大)反(输入量最小)行程中输出输入特性曲线的不重合度,迟滞误差一般以满量程输出 y_{FS} 的百分数表示: $$\gamma_H = \pm \frac{\Delta_{Hm}}{y_{FS}} \times 100\% \quad 或 \quad \gamma_H = \pm \frac{1}{2} \frac{\Delta_{Hm}}{y_{FS}} \times 100\%$$ 式中,γ_H 为迟滞误差;Δ_{Hm} 为正反行程的最大偏差	迟滞特性一般由实验方法确认
重复性	传感器在输入量按同一方向做全量程连续多次变动时所得特性曲线不一致的程度,重复性误差用满量程输出的百分数表示: (1) 近似计算 $\gamma_R = \pm \frac{\Delta_{Rm}}{y_{FS}} \times 100\%$ (2) 精确计算 $\gamma_R = \pm \frac{2 \sim 3}{y_{FS}} \sqrt{\sum_{i=1}^{n} \frac{(y_i - \bar{y})^2}{n-1}} \times 100\%$ 式中,Δ_{Rm} 为输出最大重复性偏差;y_i 为第 i 次测量值;$\bar{y}$ 为测量值的算术平均值;n 为测量次数;y_{FS} 为满量程输出值	重复特性用实验方法确定,重复性误差则常用绝对误差表示
满量程输出	传感器的测量上限和测量下限处的输出值之差	被测量的上、下限之差称为量程
分辨率	传感器能检测到最小的输入增量,有时也用该值相对满量程输入值的百分数来表示	在输入零点附近的分辨率称为阈值

续表

基本指标	定义、公式	说明
稳定性	传感器在长时间工作情况下(输入不变)，输出量的变化	可用相对误差表示，也可用绝对误差表示
零漂	传感器在零输入状态下，输出值的变化	
精确度	精确度是传感器的系统误差与随机误差的综合指标，表示测量结果与其理论值(真值)的靠近程度，一般用极限误差或极限误差与满量程输出之比的百分数表示	一般在标定或校验过程中确定，此时的"真值"由工作基准或更高精确度的仪器给出

2. 传感器的动态特性

(1) 动态特性。传感器的输出量对于随时间变化的输入量的响应特性称为传感器的动态特性。动态特性简称为动特性。

(2) 动特性的分析方法。传感器的动特性取决于传感器本身及输入信号的形式。传感器按其传递、转换信息的形式可分为接触式传感器(以刚性接触形式传递信息)、模拟式传感器(多数是非刚性传递信息)和数字式传感器三类。若兼有几种形式，则应综合分析，常以其中最薄弱环节的动特性为该传感器的动特性。动态测量输入信号的形式，通常采用正弦周期信号和阶跃信号来表示。

(3) 接触式传感器的动特性(表 6-4)。

表 6-4　接触式传感器的动特性

特性	定义、公式	说明
临界频率	正弦周期信号输入时，传感器测杆与被测对象、传感器内的接触传动副之间不发生脱离时，所输入正弦信号的最高频率。 求临界频率方法：列出测杆与接触传动部分的运动方程；在正弦输入时不发生脱开各接触环节的上限频率，其中最小者为临界频率	利用电感式传感器检测磨削加工中轴类零件安装是否偏心
稳定时间	工件进入测位与传感器测杆产生碰撞(相当于输入阶跃信号)运动，直至测杆稳定接触工件所需的时间	自动分选机中，工件进入测位，由电感式传感器进行测量
临界速度	工件强制进入测位，撞击测杆，保证测杆不脱离工件表面，工件的最高进给速度： $$v_0 = 2\omega_0 \sqrt{b(2a-b)}/\sin 2\beta$$ 式中，ω_0 为传感器运动部分的角频率，$\omega_0 = \sqrt{k/m}$，其中 k 为弹簧总刚度系数，m 为测杆质量；b 为被测工件上端点与测杆下端点的距离；$2a$ 为工件高度；β 为工件速度的方向与碰撞点切线方向的夹角	自动分选机中，工件进入传感器测位

(4) 模拟式传感器的动特性。为了分析方便，通常把模拟式传感器看成线性、定常、集中参数的系统，并分别用零阶、一阶和二阶的常微分方程表示其输出与输入之间的关系。凡是能用一个一阶线性微分方程表示的传感器称为一阶传感器，以此类推。实际中，模拟式传感器以一阶、二阶的居多，高阶(三阶和三阶以上)的较少，且高阶传感器一般可分解为若干

个二阶环节和一阶环节，有时则采用实验方法获得其动态特性。模拟式传感器的基本特性及其定义见表 6-5。

表 6-5　模拟式传感器的基本特性及其定义

特征	定义、公式	说明
传递函数 $H(s)$	初始条件为零时，输出 $y(t)$ 的拉氏变换 $Y(s)$ 和输入 $x(t)$ 的拉氏变换 $X(s)$ 之比：$$H(s)=\frac{Y(s)}{X(s)}=\frac{b_m s^m+b_{m-1}s^{m-1}+\cdots+b_1 s+b_0}{a_n s^n+a_{n-1}s^{n-1}+\cdots+a_1 s+a_0}$$ 式中，s 为拉氏变量，也称为复频率，$s=\delta+j\omega$；$a_n, a_{n-1}, \cdots, a_0, b_m, b_{m-1}, \cdots, b_0$ 为由传感器结构的某些物理参数决定的常数，与输入无关，且 $m \leqslant n$	$H(s)$ 是在复域 s 内对传感器传递信号的特性进行描述，它只取决于传感器本身的结构参数，与输入输出函数无关
频率响应函数 $H(j\omega)$（简称频率特性或频率响应）	初始条件为零时，输出的傅里叶变换与输入的傅里叶变换之比：$$H(j\omega)=\frac{Y(j\omega)}{X(j\omega)}=\frac{b_m(j\omega)^m+\cdots+b_1(j\omega)+b_0}{a_n(j\omega)^n+\cdots+a_1(j\omega)+a_0}$$ 或 $$H(j\omega)=\frac{\int_0^\infty Y(t)e^{-j\omega t}dt}{\int_0^\infty X(t)e^{-j\omega t}dt}=|H(j\omega)|e^{-j\varphi(\omega)}$$	$H(j\omega)$ 是在频域 ω 内对传感器传递信号特性的描述，输入为各频率的正弦信号，输出为与输入同频率的稳态响应，其振幅与相位则发生变化
幅频特性	频率特性 $H(j\omega)$ 的模，即输出与输入傅里叶变换的幅值比：$$A(\omega)=|H(j\omega)|$$ 以 ω 为自变量、以 $A(\omega)$ 为因变量的曲线称为幅频特性曲线	传感器不产生失真，应满足：$$\begin{cases}A(\omega)=A_0,\ A_0\ \text{为常数}\\ \varphi(\omega)=-\varphi_0\omega,\ \varphi_0\ \text{为常数}\end{cases}$$ $A(\omega)\neq A_0$，称幅值失真
相频特性	频率特性 $H(j\omega)$ 的相角，即输出与输入的相角差：$$\varphi(\omega)=-\arctan H(j\omega)$$ 以 ω 为自变量、以 $\varphi(\omega)$ 为因变量的曲线称为相频特性曲线	$\varphi(\omega)\neq -\varphi_0\omega$，称相位失真
脉冲响应函数 $h(t)$	初始条件为零时，传感器对单位脉冲函数的响应，也称作权函数，用 $h(t)$ 或 $\delta(t)$ 表示单位脉冲函数：$$\delta(t)=\begin{cases}\infty,\ t=0\\ 0,\ t\neq 0\end{cases}\text{且}\int_{-\infty}^{\infty}\delta(t)dt=1$$	在时域内对传感器动特性的描述 $\delta(t)$ 的拉氏变换为 1，$h(t)$ 的拉氏变换为 $H(s)$，即 $h(t)=L^{-1}[H(s)]$
单位阶跃响应函数 $y_u(t)$	初始条件为零时，传感器对单位阶跃输入的响应：$$y_u(t)=L^{-1}\left[H(s)\frac{1}{s}\right]$$	单位阶跃函数为 $x(t)=l(t)=\begin{cases}0,\ t\leqslant 0\\ 1,\ t>0\end{cases}$ 其拉氏变换为 $X(s)=1/s$
单位斜坡响应函数 $y_r(t)$	初始条件为零时，传感器对单位斜坡输入的响应：$$y_r(t)=L^{-1}\left[H(s)\frac{1}{s^2}\right]$$	单位斜坡函数为 $x(t)=\begin{cases}0,\ t\leqslant 0\\ t,\ t>0\end{cases}$ 其拉氏变换为 $X(s)=1/s^2$

(5) 数字式传感器的动特性。对数字式传感器的主要要求是在工作过程中不能丢数。因此，其动特性为输入量变化的临界速度。

6.2.2 传感器的性能指标

传感器是非电量电测的主要环节和关键部件。传感器质量的好坏，一般通过若干个主要性能指标来表示，见表6-6。

表 6-6 传感器的主要性能指标

项目			相应指标
基本参数	量程	测量范围	在允许误差极限内，传感器被测量值的范围
		量程值	测量范围的上限(最高)值和下限(最低)值之差
		过载能力	传感器在不致引起规定性能指标永久改变的条件下，允许超过测量范围的能力，一般用超过测量上限(或下限)的被测量值与量程的百分比表示
	灵敏度		灵敏度、分辨率、阈值、满量程输出
	静态精度		精确度、线性度、重复性、迟滞、灵敏度误差
	动态性能	频率特性	频率响应范围、临界频率、幅频特性、相频特性
		阶跃特性	过冲量、临界速度、稳定时间
			时间常数、固有频率、阻尼比、动态误差
环境参数	温度		工作温度范围、温度误差、温度漂移、温度系数、热滞后
	振动、冲击		允许各向抗冲击振动的频率、振幅及加速度，冲击振动所允许引入的误差
	其他		抗潮湿能力、抗介质腐蚀能力、抗电磁场干扰能力等
可靠性			工作寿命、平均无故障时间、保险期、疲劳性能、绝缘电阻、耐压
使用条件			电源(直流、交流、电压范围、频率、功率、稳定度)
			外形尺寸、质量、条件、壳体材质、结构特点、安装方式、馈线电缆、出厂日期、保修期、校准周期
经济性			价格、性能价格比

对于不同的传感器，应根据实际需要，确定其主要性能指标参数。有些指标可以要求低些或可不予考虑。应注意稳定性指标，这样才有可能利用电路或微机对传感器误差进行补偿和修正，使传感器成本低又能达到较高精度。

各种传感器的变换原理、结构、使用目的、环境条件虽不相同，但对它们的主要性能指标要求却是一致的。一个高性能的传感器应该具备以下特点。

(1) 高精度、低成本，应根据实际要求合理确定静态精度与成本的关系，尽量提高精度，降低成本。

(2) 高灵敏度，应根据需要合理确定，有时灵敏度过高，抗干扰性能会降低。

(3) 工作可靠。

(4) 稳定性好，应长期工作稳定，抗腐蚀性好。

(5) 抗干扰能力强。

(6) 结构特性良好，动态测量应具有良好的动态特性。

(7) 结构简单、小巧，使用维护方便，通用性强，功耗低等。

6.2.3 传感器的输入、输出特性和对电源、环境的要求

1. 输入特性

传感器的输入特性是用来衡量传感器对被测对象的影响(称为负荷效应)程度。其主要参数是输入阻抗或静态刚度。

(1) 广义输入阻抗。由于传感器的输入量不是电量，因此用电阻抗推广而来的广义输入阻抗为

$$Z = \frac{被测作用变量}{被测流通变量} = \frac{q_1}{q_2} \tag{6-1}$$

式中，q_1 为示强变量，表示在某种场合下作用强度的量，如力、压力、温度等；q_2 为示容变量，表示状态变化多少的量，如位移、速度、体积、商等。q_1,q_2 的乘积为与能量有关的量，如力和位移的积为功，力与速度的积为功率，即

$$P = q_1 q_2 \tag{6-2}$$

因而

$$P = \frac{q_1^2}{Z} \quad 或 \quad P = q_2^2 Z$$

Z 越大，对被测对象的干扰就越小，带来的误差也就越小。反之，当被测量为流通变量(速度、质量等)时，传感器的广义输入阻抗 Z 越小，负荷效应也越小。

(2) 静态刚度。某些传感器在静态工作时，例如，力传感器测静态力，处于平衡状态传感器受力点的速度为零，因此其输入阻抗将为无穷大。这时用静态刚度系数 K 表示其输入特性，即

$$K = \frac{F}{x} \tag{6-3}$$

式中，F 为作用力；x 为位移。

相应能量为

$$P = \frac{F}{k^2} \tag{6-4}$$

所以传感器的刚度越大，从被测对象上获取的能量就越小，负荷效应也就越小。

2. 输出特性

非电量电测传感器的输出为电量，与测量电路之间有电阻抗匹配问题，因此传感器的输出特性的主要参数为输出阻抗。

3. 对电源的要求

能量控制型传感器需外接电源。为了不使电源影响传感器的精度，应根据不同情况，要求电源的电压或电流、频率恒定。

4. 对环境的要求

环境变化(温度、振动、噪声等)将改变传感器的某些特性,如灵敏度、线性度等指标,造成与被测参数无关的输出,如零点漂移等。为了保证测量精确度,根据使用目的,可对环境条件提出一定的要求,或采取一定的措施(隔振);也可根据环境条件和传感器的环境参数指标(零点温漂、加速度、灵敏度等)合理选用传感器;还可采用反馈环节或微机系统来补偿甚至消除环境因素的影响。

6.2.4 传感器的测量电路

在机电一体化系统中,传感器获取系统的有关信息,并通过检测系统进行处理,以实施系统的控制。传感器处于被测对象与检测系统的界面位置,是信号输入的主要窗口。被检测系统提供必需的原始信号,中间转换电路将传感器的敏感元件输入的电参数信号转换成易于测量或处理的电压或电流信号。通常这种电量信号很弱,需要由中间转换电路进行放大、调制、解调、A/D、D/A 转换等处理,以满足信号传输及计算机处理的要求。根据需求还须进行阻抗匹配、线性化及温度补偿等处理。中间传输电路的种类和构成由传感器的类型决定,不同的传感器要求配用的中间转换电路经常具有自己的特色。

需要指出的是,在机电一体化系统设计中所选用的传感器多数已由生产厂家配好转换放大电路,而不需要用户设计。除非是现有传感器产品在精度、尺寸、性能等方面不能满足设计要求,才自己选用传感器的敏感元件,并设计相应的转换测量电路。传感器输出信号(模拟信号、数字信号和开关信号)不同,其测量电路也有模拟型测量电路、数字型测量电路和开关型测量电路之分。

1. 模拟型测量电路

模拟型测量电路适合于电阻式、电感式、电容式、电热式等输出模拟信号的传感器,当传感器为电参量时,即被测量的变化引起敏感元件的电阻、电感或电容的参数变化时,需要通过基本转换电路将其转换成电量(电压、电流等)。若传感器的输出是电量,则不需要基本转换电路。为了使测量信号具有区别于其他杂散信号的特征,以提高其抗干扰能力,可以采用中间转换电路对其进行调制。信号的调制一般在转换电路中进行,调制后的信号经放大和解调,将信号恢复原有形式,通过滤波器选取其有效信号。为适应不同测量范围的需要,还可以引入量程切换电路。为了获得数字显示或便于计算机连接,常采用 A/D 转换电路将模拟信号处理成数字信号。

2. 数字型测量电路

数字型测量电路有绝对码数字式和增量码数字式。绝对码数字式传感器输出的编码与被测量一一对应,每一条码道的状态由相应的光电元件读出,经光电转换、放大整形后,得到与被测量对应的编码。增量码数字式传感器通常只有一条码道,只能测量信号的变化量。

常用的数字传感器，如光栅、磁栅、容栅、感应同步器、激光干涉仪等均使用增量测量电路。为了提高传感器的分辨率，常采用细分的方法，使传感器的输出变化 $1/N$ 周期时计一个数，N 称为细分数。细分电路通常还具有整形作用，有时为便于读出还需要进行脉冲当量变换。变向电路用于辨别运动部件的运动方向，以正确进行加法或减法计算，经计算后的数值被传送到相关地方(显示或控制器)显示或控制。

3. 开关型测量电路

传感器的输出信号为开关信号，如光电开关和电触点开关的通断信号等。这类信号的测量电路实质为功率放大电路。

6.2.5 传感器的标定与校准

1. 传感器的标定

采用标准设备产生已知的非电量(标准量)，用基准量来确定传感器电输出量与非电输入量之间关系的过程称为标定(计量学称之为定度)。

工程测试中，传感器的标定应在其使用条件相似的环境状态下进行，并将传感器所配用的滤波器、放大器及电缆等和传感器连接后一起标定。标定时按规定的安装条件进行安装。

1) 静态标定

已知输入的标准非电量，测出传感器的输出，给出标定曲线、标定方程和标定常数，计算灵敏度、线性度、滞差、重复性等传感器的静态特性指标。

传感器的静态标定设备有力标定设备(测力砝码、拉压式测力计)、压力标定设备(水压力计、水银压力计、麦氏真空计)、位移标定设备(量块、直尺等)、温度标定设备(铂电阻温度计、铂铑-铂热电偶、基准光电高温比较仪)等。对标定设备的要求是具有足够的精度，至少应比被标定的传感器及其系统高一个精度等级，并且符合国家计量量值传递的规定，或经计量部门检定合格；量程范围应与被标定的传感器的量程相适应；性能稳定可靠，使用方便，能适用于多种环境。

2) 动态标定

动态标定用于确定传感器的动态性能指标。通过确定其线性工作范围(用同一频率不同幅值的正弦信号输入传感器测量其输出)、频率响应函数、幅频特性和相频特性曲线、阶跃响应曲线，来确定传感器的频率响应范围、幅值误差和相位误差、时间常数、阻尼比、固有频率等。

传感器的种类繁多，动态标定方法各异。几种标定方法中常用的动态激励设备有激振器(电磁振动台、低频回转台、机械振动台等)、激波管、周期与非周期的函数压力发生器等。其中激振器可用于加速度传感器、速度传感器、位移传感器、力传感器、压力传感器的动态标定。

2. 传感器的校准

传感器需定期检测其基本性能参数，判定是否可继续使用，若能继续使用，则应对其有变化的主要指标(灵敏度)进行数据修正，确保传感器的测量精确度。

校准与标定的内容是基本相同的。

6.3 常用传感器及其应用

机电系统中常用的传感器有位移传感器、速度传感器、温度传感器、力传感器和开关量传感器等，本节将介绍这些传感器及其应用实例。

6.3.1 位移传感器

1. 常用的位移传感器

常用的位移传感器的主要特点和应用范围如下。

(1) 电感式传感器。主要用于小位移量的测量，如尺寸偏差、形状误差、位置误差、表面粗糙度测量等；测量精度高，用于小偏差测量可达亚微米精度；传感器输出阻抗小，有较强的抗干扰能力，广泛用于各种测量，包括加工中的测量；能用于几赫兹至几百赫兹变化量的测量；通过特殊设计，量程可达几毫米至几十毫米；分辨率可达亚微米级(<0.01μm)。也可用于能转换为位移量的各种物理量的测量。

(2) 变压器式传感器。特点与应用范围大致与电感式传感器相同，量程可达几百毫米；日本、美国多用变压器式传感器，欧洲多用电感式传感器；我国两种传感器均有生产，但在高精度要求的场合以用电感式传感器为多。

(3) 电涡流式传感器。主要用于尺寸和位移参数的偏差测量；用于不接触测量，测量范围比较小，同时被测对象要求是非铁磁性金属材料；精度可达微米级；参考值：量程1~5mm，线性度1%~3%，分辨率0.05~5μm；用于形位误差和轮廓误差测量较少。

(4) 电容式传感器。主要用于小位移、尺寸偏差等测量；可实现不接触测量，频率响应高(达数千赫兹)，在机床轴系测量中得到广泛应用；输出阻抗高，传感器电容值小，易受外界环境因素干扰，需采取妥善屏蔽措施；灵敏度高，在采取可行屏蔽措施条件下可达很高精度(微米至几十纳米)；其接触式测量可用于测量形位误差，也可用于加工中测量；可做成测角传感器，或利用介电常数的变化测量液位等。

利用容栅可实现大位移测量(测量达数百毫米)。容栅结构简单、尺寸小(与光栅等相比)，常用于数显量具中，精度可达几微米。

(5) 电位器式传感器。可用于中小位移(几百毫米内的位移量)和角度位置、位移的测量(量程可达几圈，用于精度要求不高的场合)，优点是结构简单、成本低。

(6) 应变片式传感器。主要用于力或热产生的变形的测量。

(7) 感应同步器。用于大线位移和角位移的测量，可测量长达几米的线位移和360°内角位移；输出阻抗低，抗干扰能力强，对环境要求不高，广泛用于各种数控机床的数显装置上，也常用于中低精度的坐标测量机上，精度可达每米几微米或几角秒；通过接长或采用三重型感应同步器，可实现长达几十米的线位移测量；一般感应同步器为绝对码系统，即位置与编码有一一对应关系，有很强的抗干扰能力，不受移动速度限制，停电后能恢复读数。

(8) 磁栅式传感器。用于大线位移与360°内角位移的测量；尺型磁栅可测1m左右位移，带型磁栅与同轴型磁栅可测数米位移；特别是带型磁栅有更大的量程，常用于中等精度数控机床；尺型磁栅的测量精度与感应同步器相仿，约每米数微米；带型磁栅与同轴型磁栅的精度稍低，为每米0.01mm级；同轴型磁栅体积小，带型磁栅可用于没有良好安装基面的情况；磁尺录磁方便，磁盘与采用激光录磁的磁尺都有很高精度，使它们广泛用于机床传动链的测量中；采用磁栅，要求没有强磁场的干扰。

(9) 光栅式传感器。用于大线位移测量和360°内角位移的测量；测量精度高，每米可达1～2μm的精度，常用于各种精密机床、多坐标测量机、测角仪器与传动链测量仪器中；对环境有较高的要求，量程常为1m左右，金属光栅可稍长些；加长不如感应同步器方便，长光栅刻划也较困难；圆光栅测角可达1"或更高精度，光栅为增量码测量系统；可以刻制零位标，使停电后能恢复原读数并形成绝对坐标系，这类光栅称为零位光栅。玻璃光栅对恒温有较高要求，否则温度变化会引起较大测量误差。

(10) 光电码盘式传感器。光电码盘式传感器分为绝对式和增量式两种。绝对式传感器，随着分辨率的提高，要求码道数增加，刻划的难度急剧增大；主要用于抗干扰性能要求特别高和需长期监视其角度位置(如航天装置)的场合。原理上也可构成码尺，但很少用。

(11) 激光式传感器。激光干涉传感器主要用于大量程、高精度的线位移的测量，每米可达0.1～0.2μm的精度，采取特殊措施还可达更高精度，量程可达数米；对环境有较严格的要求。激光干涉原理也可用于小角度、直线度、垂直度、表面粗糙度等的精密测量；激光扫描与衍射可用于中小尺寸的测量。

(12) 光纤与化学成像式传感器。光纤式传感器利用光纤可方便地将光束引到测量部位，如加工区域，或实现内尺寸的测量，常用于小位移的测量和表面粗糙度的测量。

电荷耦合器件(charge coupled device，CCD)可方便地构成图像传感器，实现视觉传感，进行图像识别、轮廓测量等。

(13) 气电转换传感器。气电转换传感器首先将被测尺寸或位移的变化转换为气压或气流量的变化，然后再变为电量；它可实现不接触测量，常用于大批生产的小位移或形状误差测量中，也可用于加工中的测量，精度可达1μm左右。

(14) 压电式位移传感器。由于压电元件的特性，它只能用于不断变化的位移测量；在几何量测量中主要用于表面粗糙度与圆度测量中；精度比采用电感式传感器低，但成本较低，电路简单。

(15) 霍尔式传感器。可实现不接触测量，主要用于一些特殊场合，如测量振动位移、测量力等场合，或精度要求不高的场合，如接近开关。

2. 典型位移传感器及应用

位移传感器的种类很多，工作原理也各不相同，为加强对传感器在机电一体化系统中应用的认识，本节将对几个典型位移传感器产品进行介绍和应用实例分析。

1) 电位器式位移传感器

电位器式位移传感器(也称电位计)是通过电位器元件将机械位移转换成与之成确定关系的电压输出，常用于几毫米到几十米位移，以及几度到360°的角度测量，测量精度可以高达0.1%。图6-2(a)电位器式位移传感器的外形，图6-2(b)是其测量原理。如图6-2(b)所示，电位器的可动电刷与被测物体相连，物体的位移引起电位器移动端电阻的变化，电阻值的变化量反映了位移的量值，而电阻值的增加、减小则表明了位移的方向。通常在电位器上通以电源电压，以把电阻的变化转换为电压输出。绕线式电位器电刷移动时电阻以匝电阻为阶梯而变化，会产生输出脉动。非绕线式电位器则克服了这个弱点，如合成膜电位器、导电塑料电位器等。

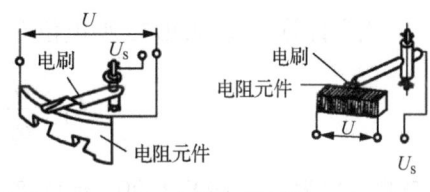

(a) 电位器外形 (b) 电位器工作原理

图 6-2 电位器式位移传感器

由图6-2(b)可知，电位器实际上是一个可变电阻，当测量轴带动电刷转动时，电刷相对电阻的位置发生变化。如果在电阻两端加固定电位 U，则电刷的输出电压为

$$U_s = \frac{\Delta R}{R} U \tag{6-5}$$

式中，R 为电位器的总电阻；ΔR 为电位器的电刷与初始位置之间的电阻。

U_s 的值与测量轴转过的角度成比例，电位器将测量轴的转角转换成一个与之对应的电压信号。通过对电压信号 U_s 的测量即可知道测量轴转过的角度。电位器式位移传感器的特点是结构简单，成本较低，测量精度较高，输出量是测量轴的绝对位置。一般与 A/D 接口配合使用，可用于小于 340° 的角位置测量或直线位移测量。

例如，WDD35 型精密导电塑料电位器的外形如图 6-2(a)所示，其性能指标如表 6-7 所示。

表 6-7 WDD35 型精密导电塑料电位器的性能指标

名称	参数	名称	参数
标称电阻	1kΩ, 2kΩ, 5kΩ, 10kΩ, 20kΩ	工作温度范围	−55～125℃
独立线性	0.1%, 0.2%	机械转角	360°(连续)
有效电气转角	340°	启动力矩	≤9.8×10⁻⁴ N·m
分辨率	理论上无上限	旋转寿命	10×10⁶ r
极限工作电流	2mA	振动	15g

例 6.1 已知某机械手关节的转角范围为 ±90°，10 位 A/D 转换器的量程为 ±10V。试选择电位器式传感器，确定放大器的放大倍数，并计算 A/D 输入电压信号与转角的比率。

解 依题意，测量角度范围为 180°，可以使用电位器式传感器。

① 电源电压的选择。A/D 为双极性输入，考虑电位器与 A/D 的阻抗匹配关系及噪声的抑制，需采用有源滤波器，考虑到运算放大器的工作电源，选择±12V 直流稳压电源给放大器和电位器供电。

② 电位器电阻值选择。电源电位差为 $U = 24\text{V}$，根据电位器工作电流 $I_{max} = 2\text{mA}$ 的要求，电阻为

$$R_{min} = U / I_{max} = 12\text{k}\Omega$$

因此应选择 $R = 20\text{k}\Omega$ 的电位器。

③ 线性度选择。由于 A/D 为 10 位，其分辨率为 0.1%，因此应选择 0.1%线性度的电位器。

④ 比率计算。选 WDD35 型电位器，有效电气转角为 $\theta_e = 340°$，电位器的标度系数为

$$K_1 = \frac{U}{\theta_e} = \frac{24}{340} = 0.07(\text{V}/(°))$$

又知被测转角为 $\theta_{max} = 90° - (-90°) = 180°$，对应的电压范围为

$$U_1 = \theta_{max} K_1 = 12.7(\text{V})$$

小于 A/D 的输入范围 $U_{imax} = 10 - (-10) = 20(\text{V})$。

⑤ 放大器电路设计。为充分发挥 A/D 的测量精度，放大器的增益应为

$$K_2 = \frac{U_{imax}}{U_1} = \frac{20}{12.7} \approx 1.5 \text{倍}$$

A/D 输入电压与转角的比例系数为

$$K = \frac{180°}{20\text{V}} = 9((°)/\text{V})$$

按 0V 电压对应转角 0°标定，精确调整放大器增益 K_2，使 $K = 9((°)/\text{V})$，则 A/D 的输入电压与转角的对应关系为

$$U_i = \frac{\theta_i}{k}$$

当 θ_i 从-90°变到 90°时，A/D 输入电压从-10V 增加到 10V。图 6-3 所示是传感器放大滤波电路的原理图。由图中可知，放大器的直流增益为 $K_2 = R_f / R_i$，滤波器的时间常数为 $\tau = R_f \times C$，滤波电路输出为 $U_o = -\theta_i / K$，输出 U_o 与转角 θ_i 负相反。可以改变电位器供电源的极性，即将 12V 与-12V 对调，则有 $U_o = \theta_i / K$，即-90°转角对应-10V，90°转角对应 10V。

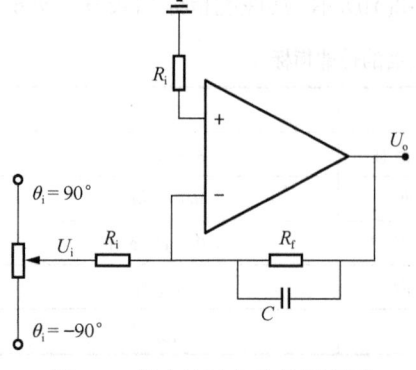

图 6-3 放大滤波电路的原理图

2) 编码器式位置传感器

常用的编码器式传感器有光电式和磁电式两种，其中光电式较常用。光电式传感器又分为绝对式和增量式。光电编码器的外形与旋转电位器相似，它的主要特点是测量精度高(如增量编码器的每转脉冲数可达 10000)；输出量为脉冲信号，抗干扰能力强；可以同时用于位置和速度测量，使用方便；高精度编码器的价格较昂贵。它在工业机器人、数控机床等机电一体化产品中得到了广泛的应用。图 6-4 给出了几种常见的光电编码器。

图 6-4 典型光电编码器

增量式光电编码器主要由光栅板和光电检测装置组成，光栅板是在一定直径的圆板上等间隔地开通若干个长方形孔。由于光电编码器与电动机同轴，电动机旋转时，光栅板与电动机同速旋转，经发光二极管、光敏元件等组成的检测装置输出若干脉冲信号，光电编码器每秒输出脉冲的个数反映了当前电动机的转速。此外，为判断旋转方向，码盘还可提供相位相差 90°的 A、B 两路脉冲信号。根据 A、B 两路脉冲，经处理电路可得到被测轴的转角或速度信息。有的编码器具有 Z 相脉冲，称为"每转脉冲"，用于产生旋转的基准点。增量式光电编码器输出信号波形如图 6-5 所示。

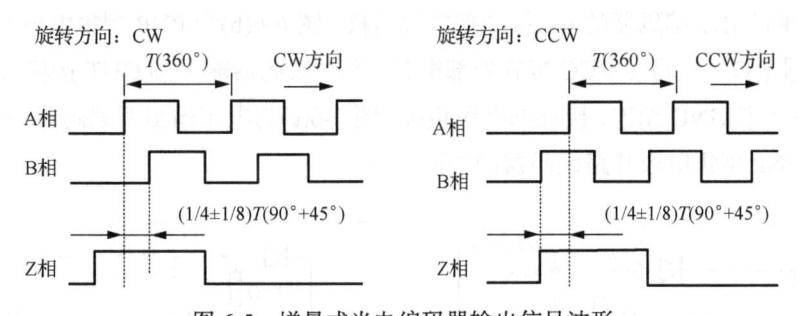

图 6-5 增量式光电编码器输出信号波形

绝对式光电编码器的基本原理及组成部件与增量式光电编码器基本相同，不同之处在于光栅板沿直径方向有若干同心码道，不同位置输出的值不同。绝对式光电编码器输出值采用自然二进制、循环二进制(格雷码)、十进制等编码。它的特点是：可以直接读出角度坐标的绝对值，没有累积误差，电源切除后位置信息不会丢失，编码器的精度取决于位数，最高运转速度比增量式光电编码器高。绝对式编码器与增量式编码器的性能比较列于表 6-8 中。

表 6-8 绝对式编码器和增量式编码器的性能比较

传感器类型	输出形式	信号特点	转角范围	价格	应用
绝对式	角位置	数字信号	<360°	高	低速端角位置测量
增量式	角度增量	两相互成 90°相位的脉冲信号	无限	较高	高速端角位置或转速测量

例如，OMRON 增量式编码器 E6B2-C 的最大分辨率为 3600pps，供电电源为 DC5～24V(集电极开路输出型)，输出轴径向负载为 30N、轴向负载为 20N，输出形式分为集电极开路、电压输出、互补输出和线性驱动器输出形式，其中集电极开路输出又分为 NPN 输出和 PNP 输出两种，前两种常用，后两种常用于远距离传输。编码器的参数如表 6-9 所示。

表 6-9 OMRON E6B2-C 参数表

电源电压	输出形式	分辨率/pps
DC5～24V	集电极开路(NPN 输出)	10、20、30、40、50、60、100、200、300、360、400、500、600、720、800、1000、1024、1200、1500、1800、2000
DC12～24V	集电极开路(PNP 输出)	100、200、360、500、600、1000、2000
DC5～12V	电压输出	10、20、30、40、50、60、100、200、300、360、400、500、600、1000、1200、1500、1800、2000
DC12～24V	互补输出	10、20、30、40、50、60、100、200、300、360、400、500、600、720、800、1000、1024、1200、1500、1800、2000、3600
DC5V	线性驱动器输出	10、20、30、40、50、60、100、200、300、360、400、500、600、1000、1024、1200、1500、1800、2000

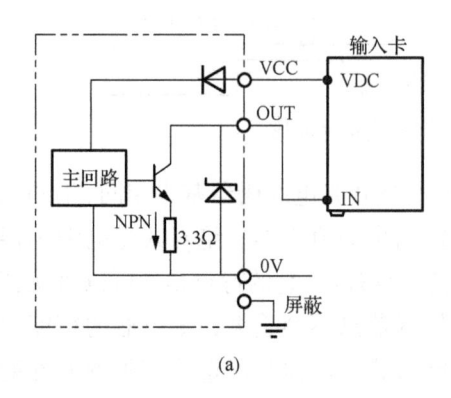

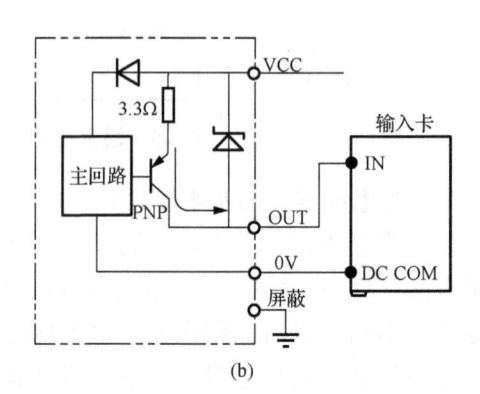

增量式编码器 E6B2 的输出端口如图 6-6 所示。图 6-6(a)为 NPN 型集电极开路输出型编码器与控制器接口，编码器 VCC 与输入卡 VDC 相连，接到外部电源正极，编码器输出端 OUT 接输入卡的 IN，编码器的 0V 接外部电源负极。图 6-6(b)为 PNP 型集电极开路输出型编码器与控制器接口，编码器 VCC 接到外部电源正极，编码器输出端 OUT 接输入卡的 IN，编码器 0V 与输入卡 GND 相连，接外部电源负极。图 6-6(c)为电压输出型编码器与控制器接口，接口电路与 PNP 型集电极开路编码器的相同。

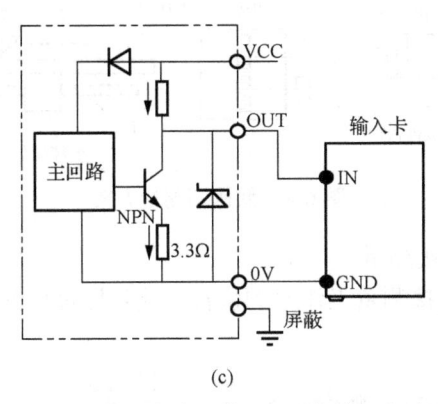

图 6-6 增量式编码器 E6B2 的接口电路

例 6.2 某工作台采用直流电动机丝杠螺母机构驱动，已知工作台的位移为 $L=250\text{mm}$，丝杠的导程为 $P=4\text{mm}$(单头)，齿轮减速比为 $i=5$，要求测量精度为 0.01mm，试确定测量方案，并选择编码器。

解 实现工作台的位移测量可以有三种测量方案。

方案 1：高速端转角测量

传感器与电动机连接，通过测量电动机转角实现对工作台位移的间接测量，测量原理如图 6-7 所示。

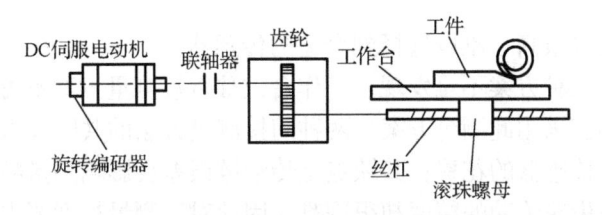

图 6-7 高速端测量方案

设传感器的每转脉冲数为 n_s，则传感器的每个脉冲对应工作台的位移为 $\Delta L = P/(i \cdot n_s)$，所以有

$$n_s = \frac{P}{i \cdot \Delta L} = \frac{4}{5 \times 0.01} = 80$$

实际选用的传感器脉冲数应大于计算值，参照样本，选 $n=100$ 的增量式编码器 OMRON E6B2-C，测量精度为

$$\Delta L' = \frac{P}{i \cdot n} = \frac{4}{5 \times 100} = 0.008 (\text{mm})$$

满足设计要求。

方案 2：低速端转角测量

低速端测量原理如图 6-8 所示，传感器与丝杠的端部相连，传感器直接测量丝杠的转角，与减速比无关，则有 $\Delta L = P/n_s$，$n_s = P/\Delta L = 4/0.01 = 400$，要选用 $n=500$ 的增量式编码器。

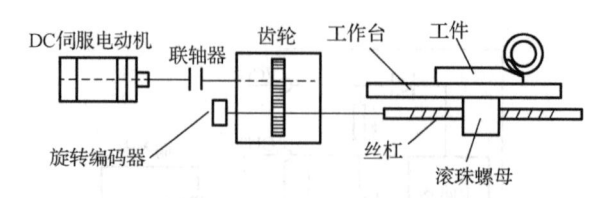

图 6-8 低速端测量方案

方案 3：工作台位移直接测量

采用直线位移传感器直接测量工作台的位移，测量原理如图 6-9 所示。

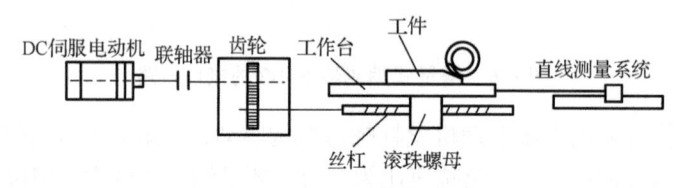

图 6-9 直线位移测量方案

依题意，如果选用数字式位移传感器，其分辨率应高于 0.01mm，传感器的综合线性度应满足：

$$\delta \leqslant \frac{\Delta L}{L} = \frac{0.01}{250} = \frac{4}{100000}$$

对传感器的分辨率要求很高，难以选择到合适的传感器。

讨论：对比以上三种方案不难发现，工作台位移直接测量方案不可取，特别是当工作台的行程较大时一般不宜采用此测量方案。两种间接测量方法的共同优点是对传感器的分辨率要求较低，可以降低传感器的花费；其缺点是传动链误差会影响测量精度。滚珠丝杠的传动精度可以很高，提高齿轮传动的精度却很困难，因此对于测量精度要求较高时，宜采用低速端间接测量方案。低速端测量时传感器的分辨率是高速端测量时的 i 倍，当 i 较小时，两者的分辨率相差不大。如果齿轮的减速比 i 较大，两者的分辨率相差会很大，传感器的价格也会相差很多，这时就要综合价格和测量精度的要求来选择测量方案。当齿轮减速比较大时高速端测量更合理。

3) 激光测距传感器

激光测距传感器是典型的非接触式传感器，它具有良好的线性度和极高的分辨率，可用于工件表面形状误差、工件尺寸和位移的非接触测量。例如，基恩士公司生产的 LK-G3000 激光测距传感器，适合于金属、木材、纸、塑料、陶瓷、电子元件等物体表面的测量。LK-G3000 是一种内部具有微处理器的激光测距系统，其测量原理是基于三角法，发光二极管发出一束光到被测物体表面，经反射后被 CD 器件所接收。内部微处理器对测量值进行处理，并以模拟量的形式输出。因此，在选用这种传感器时，要注意被测物体的表面应具有良好的反射性。图 6-10 给出了激光测距传感器的应用场景，图 6-11 给出了 LK-G3000 激光测距传感器的外形图。

(a) 车体的宽度和倾倒振动的测量　(b) 坯料重叠传送的测量　(c) 扁钢坯的宽度和形状的测量

(d) 相机自动对焦位置测量　(e) 电镀层的等级测量　(f) 消声器的振动测量

图 6-10　激光测距传感器的应用场景

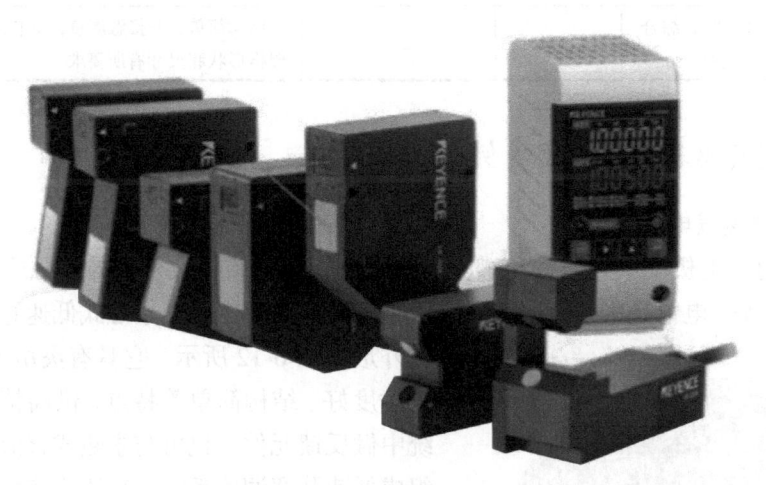

图 6-11　传感器外形图

LK-G3000 系列 G30/G35 型激光传感器的主要参数如下。

测量方式：扩散反射、镜面反射。

测量范围：±(4.5～5)mm。

参考距离：(23.5～30)mm。

线性度：F.S.的±0.05%(F.S. = ±5mm)。

6.3.2　速度传感器

1. 速度传感器的分类及特点

速度传感器主要包括模拟式和数字式两类。典型的速度传感器及其特点列于表 6-10 中。

表 6-10 典型的速度传感器及其特点

类型	精度	线性度	分辨率或灵敏度	特点
光电式	0.1%~0.5%或±1 脉冲	—	—	结构简单、体积小、质量小、非接触测量、工作可靠、成本低、精度高，可测转角和转速
电涡流式	±1 脉冲	—	—	结构简单，非接触测量，耐油及污水，主要用来测量转速
霍尔式	±1 脉冲	—	—	结构简单、体积小，但对温度敏感，测转速
测速发电机	—	0.2%~1%	(0.4~5)mV·(min/r)	线性度好，灵敏度高，输出信号大，性能稳定，用于工业自动控制中测量和自动调节电动机的转速，一般测量范围为 20~400r/min
多普勒效应测速	—	—	—	精度高，测量范围宽，用激光可测 1cm/h 超低速至超声速，非接触测量，但装置较复杂，成本较高
相关法测速	0.1%~0.5%	—	—	非接触测量，可连续地对大行程物体进行测速，如测量冷、热轧钢带速度，以及车辆速度等。不易受外界如气流等影响，安装调整较难
栅格式	±0.22%，综合为±0.5%	±0.2%	—	结构简单，非接触测量，安装调整较容易，但对栅格形状和尺寸有所要求

2. 速度传感器典型应用实例

1) 直流测速发电机

直流测速发电机由永久磁铁和感应线圈组成，它的结构及外形与永磁式直流电动机相似，所不同的是，电枢是用来获取速度信号的。例如，CYD 系列永磁式低速直流测速发电机的外形如图 6-12 所示。它具有灵敏度高、反应快、线性度好、结构简单等特点，供高精度低速伺服系统中做反馈元件，也可与永磁式直流电动机结合，组成低速脉宽调速系统。直流测速发电机的输出信号是与输入轴的转速成比例的电压信号，主要包括输出斜率、最大工作转速、最大转速时的电压、波纹系数、线性误差、最小负载电阻、电枢转动惯量等参数。由于直流测速发电机所允许的负载电阻值较大，输出电压纹波较大，一般要经过放大滤波才能使用。

图 6-12 CYD 系列测速发电机外形

例 6.3 某伺服工作台采用永磁式直流力矩电动机直接驱动，电动机的最大转速为 300r/min，要求测量电动机的转速，并构成数字式闭环控制系统，试选择测速传感器，并确定信号处理电路的主要参数。

解 ① 传感器选择。

依题意，该伺服系统属于低速系统，可以采用直流测速发电机测量电动机的转速。电动机的最高转速为300r/min，因此可选择n_{max} = 400r/min 的测速发电机。现选 70CYD-1 型测速发电机，其主要参数如下。

输出斜率：K = 1V/(rad/s)。
最大转速：n_{max} = 400r/min。
最大转速时的电压：U_{max} = 41V。
线性误差：γ_L = 1%。
最小负载电阻：$R_{L,min}$ = 23kΩ。
每转波纹频率：f_r = 33T/r。

② 取样电路。

由于$R_{L,min}$ = 23kΩ，U_{max} = 41V，而一般模拟放大器的最大输入电压为10V，取样电路原理如图6-13所示。测速的负载电阻为$R_L = R_1 + R_2$ = 48kΩ＞$R_{L,min}$，最大取样电压为

$$U_{1,max} = U_{max} \frac{R_2}{R_1 + R_2} = 41 \times \frac{15}{33+15} = 12.8(V)$$

调整可变电阻R_2，可使$U_{1,max}$在0～12.8V内取值。

③ 滤波器电路。

因传感器的输出信号阻抗较大，考虑到与A/D的阻抗匹配，这里采用有源滤波器，如图6-14所示。滤波器电路由两级同相输入放大器组和一个T形滤波电路组成。同相输入放大器的特点是输入阻抗高，如果输入信号是单极性的，则运算放大器可以采用单电源供电。这个电路也可以作为电位器式传感器的放大滤波电路。电路的直流增益为$K = 1 + R_f / R_i$。

取$R_f = R_i$，则K = 2。如果A/D的输入范围为±10V，则应通过调整R_2使U_1在±5V范围内变化。滤波器的时间常数由R_3、R_4和C决定，它们的大小可根据系统带宽要求来确定。

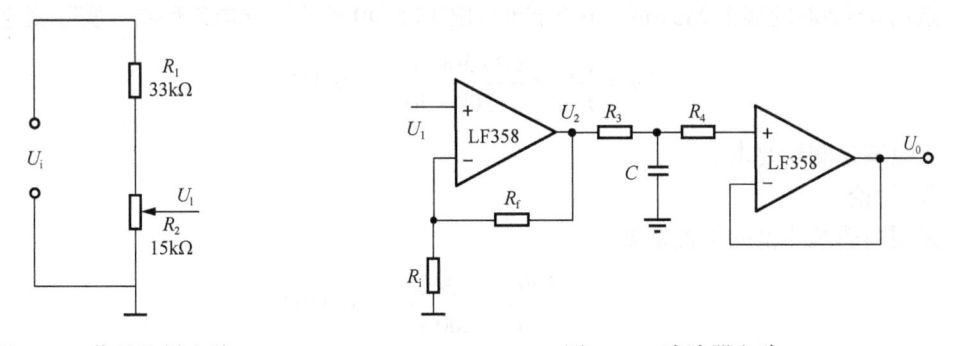

图6-13 信号取样电路　　　　图6-14 滤波器电路

2) 编码器式测速传感器

增量式编码器输出的是与转角变化成比例的增量脉冲，既可以通过对脉冲计数(或积分)获得角位置信号，也可以定时取样脉冲数的增量实现角速度测量。用增量式编码器测量角速度(或转速)比较方便，测量精度高。它常与直流电动机配合使用，构成脉宽调速系统。因为使用增量式编码器可以同时获得转角及转速信号，所以在高精度位置伺服系统中也经常用它实现转速和转角反馈，以及速度和位置双闭环控制。由于转速信号是通过计算单位时间的脉

冲数获得的,对于低转速的测量则要求编码器具有很高的分辨率,这会增加传感器的成本,因此,在使用编码器测量转速时,常把它安装在高速端(直接与电动机耦合)。

增量式编码器分为光电式增量编码器和磁电式编码器两种产品。磁电式编码器的分辨率较低,一般小于每转200个脉冲;光电式增量编码器的分辨率可以高达每转10000个脉冲。低分辨率的编码器一般与高速电动机配合使用,构成调速系统;高分辨率的编码器常用在控制对象的低速端,需要同时测量转角和转速的场合。

例 6.4 某直流伺服电动机系统,电动机的额定转速为3000r/min,减速器的传动比为50,要用光电编码器反馈实现闭环速度控制,调速范围为10～60r/min,调整精度不小于0.06°/s,试确定转速测量方案,并选择转速传感器。

解 ① 编码器的脉冲数选择。

由题意可知 $n_{max} = 60$r/min, $\Delta n = 0.06°/s$, $i = 50$。

当采用低速端测量方案时,编码器的每转脉冲数应为

$$n_L = \frac{n_{max}}{\Delta n} = \frac{60 \times 360°/60}{0.06} = 6000$$

当采用高速端测量方案时,编码器每转脉冲数为

$$n_H = \frac{n_{max}}{i \cdot \Delta n} = \frac{60 \times 360°/60}{0.06 \times 50} = 120$$

② 测量方案选择。

比较 n_L 和 n_H 的值不难看出,当采用低速端测量方案时,编码器的每转脉冲数高达6000,需选用高精度传感器,价格很贵,传感器的安装也比较困难。当采用高速端测量方案时,仅使用每转120个脉冲的一般光电编码器即可满足测量要求,它可以直接安装在电动机的尾部,一般的直流电动机在尾部都留有传感器的安装轴,安装方法简单,且结构紧凑。

选用 $n = 200$ 的瑞士Maxon公司生产的HEDS-5540型小型光电编码器,实际测速精度为

$$\Delta n = \frac{n_{max}}{n_s \cdot i} = \frac{60 \times 360°/60}{200 \times 50} = 0.036°/s$$

可以满足测量要求。

③ 讨论。

采用高速端测量的位置精度为

$$\Delta \theta = \frac{360°}{n_s \cdot i} = \frac{360°}{200 \times 50} = 0.036°$$

由于减速器的误差不会反映在传感器的输出信号上,只有当减速器的传动误差小于0.036°时才能获得以上测量精度。

采用低速端测量时,选择 $n = 10000$ 的编码器:

$$\Delta \theta = \frac{360°}{n_s} = \frac{360°}{10000} = 0.036°$$

由于传感器装在减速器之后的输出轴上,传感器直接反映对象的角位移,测量精度不受减速器影响,对减速器的精度没有特殊要求。

3) 旋转变压器

旋转变压器是一种电磁式传感器，用于测量角位移和角速度，其原理与变压器类似，又称同步分解器。当旋转变压器的一次侧加励磁电压时，它的输出信号与转子转角成某种函数关系。因此，旋转变压器也是一种测量角度的小型交流电动机。其具有结构简单、工作可靠的优点，且精度能满足一般的检测要求。旋转变压器属于自动控制系统中的精密感应式微电机，在伺服系统、数据传输系统和随动系统中得到了广泛的应用。

旋转变压器的典型结构与一般绕线式异步电动机相似，由定子和转子两大部分组成。每一大部分又有自己的电磁场部分和机械部分。定子和转子之间是均匀的气隙磁场。定子和转子的电磁部分由可导电的绕组和能导磁的铁心组成。旋转变压器的定子绕组和转子绕组各有空间上相差90°电度角的两套绕组。两套定子绕组分别称为定子励磁绕组(D_1、D_2)和定子交轴绕组(D_3、D_4)，这两套绕组结构上完全相同，都布置在定子槽中。两套转子绕组分别是正弦输出绕组(Z_1、Z_2)和余弦输出绕组(Z_3、Z_4)。定子绕组通过固定在壳体上的接线柱直接引出，转子绕组的引出方式分为有刷和无刷两种。有刷式引出方式的特点是结构简单、体积小，但可靠性差、寿命短。无刷式引出方式的可靠性好、使用寿命长，但增加了体积、质量和成本。

旋转变压器按其在控制系统中的不同用途可分为计算用旋转变压器和数据传输用旋转变压器两类。

按照输出电压和转子转角间的函数关系，旋转变压器主要可以分为正余弦旋转变压器、线性旋转变压器、比例式旋转变压器、矢量旋转变压器及特殊函数旋转变压器。其中，正余弦旋转变压器的输出电压与转子转角成正余弦函数关系。线性旋转变压器的输出电压与转子转角在一定范围内成正比。比例式旋转变压器在结构上增加了一个锁定转子位置的装置。

按极对数的多少，可将旋转变压器分为单对极旋转变压器和多对极旋转变压器两种。采用多对极旋转变压器是为了提高系统的精度；若按有无电刷和滑环间的滑动接触来分类，旋转变压器可分为接触式旋转变压器和无接触式旋转变压器两大类。

例 6.5 某船载稳定平台系统，其运动范围横摇 ±15°、纵摇 ±6°，最大速度横摇 1.96r/min、纵摇 1.57r/min，动态精度横摇 20′、纵摇 15′，请选择传感器。

解 (1)传感器选择。

因海上环境较为恶劣，冲击、振动等不利因素较多。虽然光电式编码器从精度、性能和接口电路来说都对控制较为有利，但由于光电设备自身的局限性难以满足船上平台的使用要求。系统选用赢双 YS36XG975C 旋转变压器(图 6-15)，其精度可以达到 ±10′，激励电压为 7V，激励频率为 10kHz。

图 6-15 旋转变压器实物图

旋转变压器输入电压为

$$U_r = U_p \times \sin\omega t \tag{6-6}$$

式中，U_r 为激励信号，V；U_p 为激励信号幅值，V；ω 为激励角频率，rad/s。

输出的两相绕组在空间为正交的 90°夹角，输出信号可表示为

$$U_a = U_s \times \sin\omega t \times \sin\theta \tag{6-7}$$

$$U_b = U_s \times \sin\omega t \times \cos\theta \tag{6-8}$$

式中，U_a 为正弦相输出电压，V；U_b 为余弦相输出电压，V；U_s 为次级输出电压幅值，V；ω 为激励角频率，rad/s；θ 为转子转角，rad。

旋转变压器的特点为将角度信息集成在信号的幅值上，旋转变压器转子的角度根据式(6-7)、式(6-8)解析计算得出。

(2) 解码电路设计。

旋转变压器信号处理采用 AD 公司的 AD2S1210 芯片，其外部连接信号包括 4 线串行通信 SPI、3 路编码器信号、8 路控制 I/O 信号和 4 路状态 I/O 信号。编码器输出信号可选为增量式编码器输出方式，对控制系统较为有利。芯片可以为旋变提供频率为(2～20)kHz 正弦波，但信号需要运算放大器才能输出给旋转变压器。旋转变压器输出的信号也需要滤波和调幅才能返回到芯片中。

解码电路如图 6-16 所示。AD2S1210 将旋转变压器输出的正弦、余弦信号转换为仿编码器 AB 相信号，通过隔离电路送给 ARM。AD2S1210 与 ARM 之间的 SPI 串行通信、I/O 信号也设计了隔离电路。

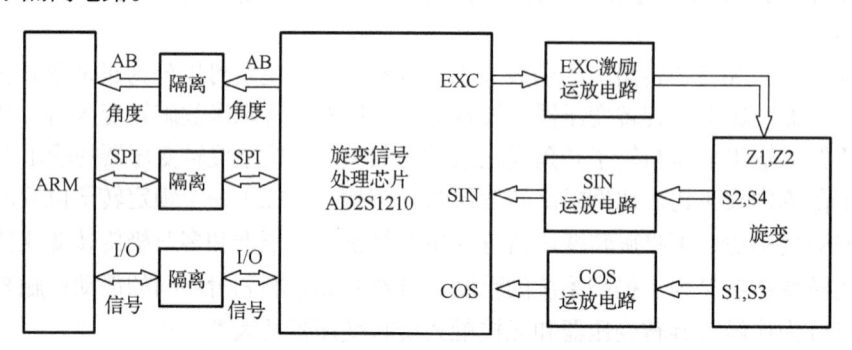

图 6-16 旋转变压器信号处理电路原理图

EXC 激励运算放大电路的信号为 3.6V、频率为 10kHz 的正弦信号，信号中有较大的噪声。根据芯片手册中的相位和频率关系，初步选取运放电路整体相位滞后小于 40°，同时高频有较高的衰减。根据要求将 EXC 信号激励电路配置为多反馈(MFB)三阶巴特沃思低通滤波器。电路如图 6-17 所示，图中给出了电阻和电容值，由电路参数可以求得截止频率为 76kHz，相位延迟为 15°，满足设计要求。

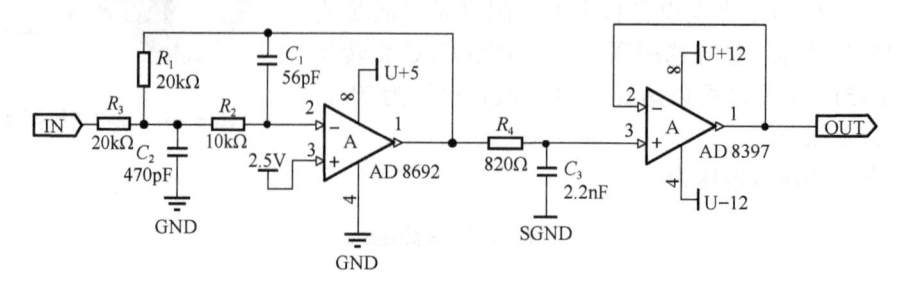

图 6-17 激励运放电路

正余弦信号运算放大电路的性能和设计要求与激励运放电路相似，如图 6-18 所示。

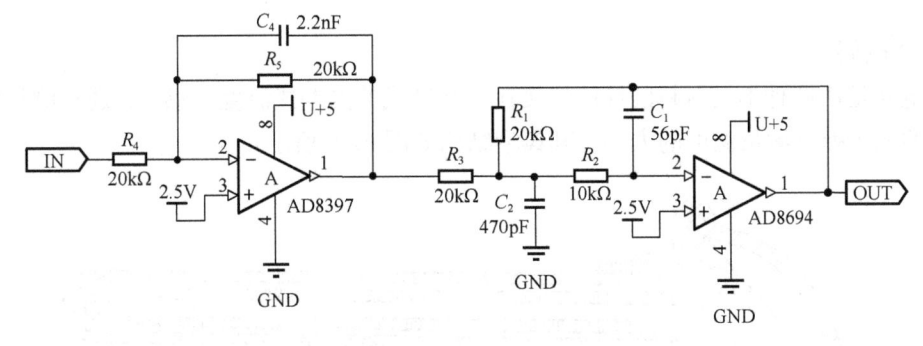

图 6-18 正余弦输入电路

6.3.3 温度传感器

1. 温度传感器的特点及分类

温度传感器是利用物质各种物理性质随温度变化的规律把温度转换为电量的传感器。这些呈现规律性变化的物理性质，主要有体积或压力的变化、电阻阻值的变化、两种材料接点处温差电势的变化、热辐射效应、颜色或形状的变化、晶体共振频率的变化等。温度不能直接测量，只能借助不同冷热物体之间的热交换，以及物体的某些物理性质随冷热程度不同而变化的特性来测量。表 6-11 列出了常用温度传感器的种类及其优缺点。

表 6-11 常用温度传感器的种类及其优缺点

测温方式		种类	测温范围/℃	优点	缺点
接触式	膨胀式	玻璃液体	−50～600	结构简单，使用方便，测量准确，价格低廉	测量上限和精度受玻璃质量的限制，易碎，不能记录远传
		双金属	−80～600	结构紧凑，牢固可靠	精度低，量程和使用范围有限
	压力式	液体 气体 蒸汽	−30～600 −20～350 0～250	结构简单，抗振、防爆、能记录、报警，价格低廉	精度低，测温距离短，滞后大
	热电偶	铂铑-铂 镍铬-镍硅 镍铬-铜镍	0～1600 −50～1000 −40～650	测温范围广，精度高，便于远距离、多点、集中测量和自动控制	需冷端温度补偿，在低温段测量精度较低
	热电阻	铂 铜	−200～600 −50～150	测量温度高，便于远距离、多点集中测量和自动控制	不能测高温，须注意环境温度的影响
非接触式	辐射式	辐射式 光学式 比色式	400～2000 700～3200 900～1700	测温时，不破坏被测温度场	低温段测量不准，环境条件会影响测温准确度
	红外线	光电探测 热电探测	0～3500 200～2000	测温范围大，适于测温度分布，不破坏被测温度场，响应快	易受外界干扰，标定困难

2. 温度传感器的典型应用及实例

1) 热电偶

热电偶是由两种不同材料的导体焊接在一起制成的温差式温度传感器,通过测量两种金属之间的电势差来测量温度的大小。其典型结构如图 6-19 所示。

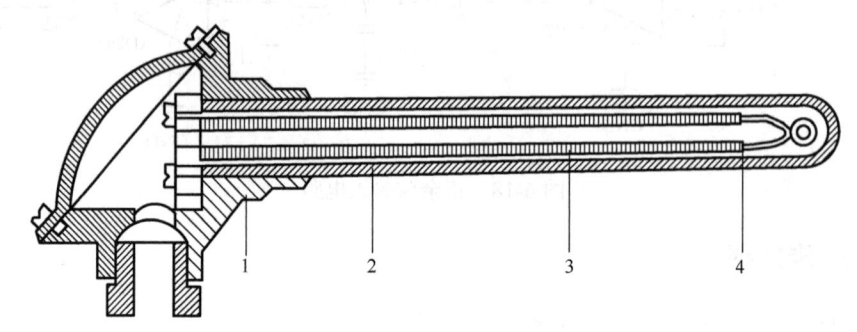

图 6-19 热电偶结构原理

1-接线盒；2-保险套管；3-绝缘套管；4-热电偶丝

2) 热电阻、热敏电阻

(1) 热电阻。热电阻是利用金属导体的电阻值随温度的变化而变化的原理,通过测量导体的电阻随温度的变化量来测量环境的温度。随热电阻材料的不同其测温范围和温度特性也各不相同,一般为-50～600℃。

表 6-12 列出了常用热电阻的特性,热电阻常用于一般环境的温度测量,如家用电器、锅炉水温测量,以及各种环境温度测量等。

表 6-12 热电阻的特性

名称	温度特性	温度范围	特点
铂电阻	$R_t = R_0(1 + At + Bt^2 + Ct^3)$	0～650℃	物理、化学性质稳定,温度与电阻变化呈三阶非线性
铜电阻	$R_t = R_0[1 + \alpha(t - t_0)]$	-50～150℃	线性好,稳定性好,高温易氧化

注：R_0 是 t_0 时的电阻，A、B、C、α 是常数,根据实验标定获得。

(2) 热敏电阻。热敏电阻是一种用半导体制成的电阻随温度变化的传感器。它的温度系数很大,比热电偶和热电阻的灵敏度高几十倍,适用于微小温度变化的测量。它的缺点是非线性,只能用于在较窄范围内的温度测量。热敏电阻常用在测量精度要求不高的场合,如控制装置的过热保护等。

3) 红外线温度传感器

红外线温度传感器是利用红外线的物理性质来进行无接触测量的温度传感器,通过测量红外线的辐射功率来确定被测物体的温度。它的特点是可以实现非接触温度测量,不影响被测目标的温度分布,可测量-50～3500℃的温度范围,灵敏度为 0.01～1000,精度为 0.5%～2%,反应速度可达几十毫秒。其常用于各种非接触测量场合,如人体的探测、轴承温度的在线检测、物体表面温度测量等。根据红外测量原理制成的便携式非接触温度计是其中一个实例。

例 6.6 某家用淋浴器的温度范围为 10~90℃，要求温度测量精度为 1℃，试选择温度传感器。

解 ① 传感器的选择。依题意，要测量 10~90℃范围内的温度变化，且有较高的测量精度要求，不宜选用热敏电阻传感器。又因要测水箱内水的温度，水箱有一定厚度的保温层，也不宜用红外式温度传感器。选用热电偶或热电阻式传感器较合适。因测量温度较低，再考虑价格因素，采用热电阻比较合理。根据温度测量范围和测量精度的要求，选用铜电阻温度传感器，其温度特性为 $R_t = R_0(1 + \alpha(t - t_0))$，$R_0$ 是 t_0 时的电阻，$\alpha = 4.25 \times 10^{-3}$。

② 测量电路。参考测量电路如图 6-20 所示，其中：U_{ref} 为参考电源，根据 R_t 的电流要求来确定；R_1 为取样电阻，根据 R_t 的大小来确定；R_2 为调零可变电阻；R_3、R_f、R_4、R_5 为放大器匹配电阻，取 $R_3 = R_4$，$R_f = R_5$，C_f 为滤波电容。

放大器输出的直流分量为

$$U_t = (U_1 - U_2)\frac{R_f}{R_3} = \left(\frac{U_{ref} R_t}{R_1 + R_t} - U_2\right)\frac{R_f}{R_3} \quad (6-9)$$

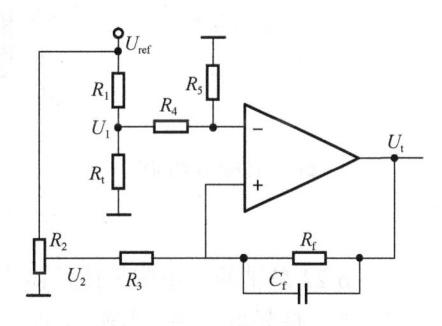

图 6-20 温度测量电路

③ 调整方法。电路参数的调整按以下几个步骤进行。

a. 将温度传感器浸在冰水混合物中，调整 R_2 使 $U_t = 0$。

b. 将温度传感器浸在沸水中，调整 R_f 使 $U_t = 10V$，即温度系数为 $K = 10℃/V$。

c. 重复以上过程，做更精确的调整。

经反复调整后，获得放大器的输出电压与温度的关系为

$$T = K \cdot U_t \quad (6-10)$$

C_f 可以根据信号噪声的情况和对温度信号的动态要求来确定，由于热水器对温度动态特性要求较低，因此可以选较大的滤波时间常数。因为温度测量精度为 1℃，对应的电压为 0.1V，因此噪声峰的峰值应该小于 0.1V。用示波器的交流挡(50mV 量程)测量 U_t，选择适当容量的电容使噪声峰峰值小于 0.05V，即噪声对温度的影响不大于 0.5℃。

6.3.4 力传感器

力传感器包括拉力、压力、扭矩等测量传感器，根据敏感元件的种类可分为电阻应变式、压电式、电容式、光学式等几类。使用比较多的为应变片式力传感器和压阻式力传感器。应变片式力传感器的结构为扭力梁上贴应变片，应变片受外力后产生阻值变化，再转化成电压信号，之后根据电压变化，对应出力和力矩的数值。图 6-21 是常见的几种应变片式力传感器的原理图和外形图。

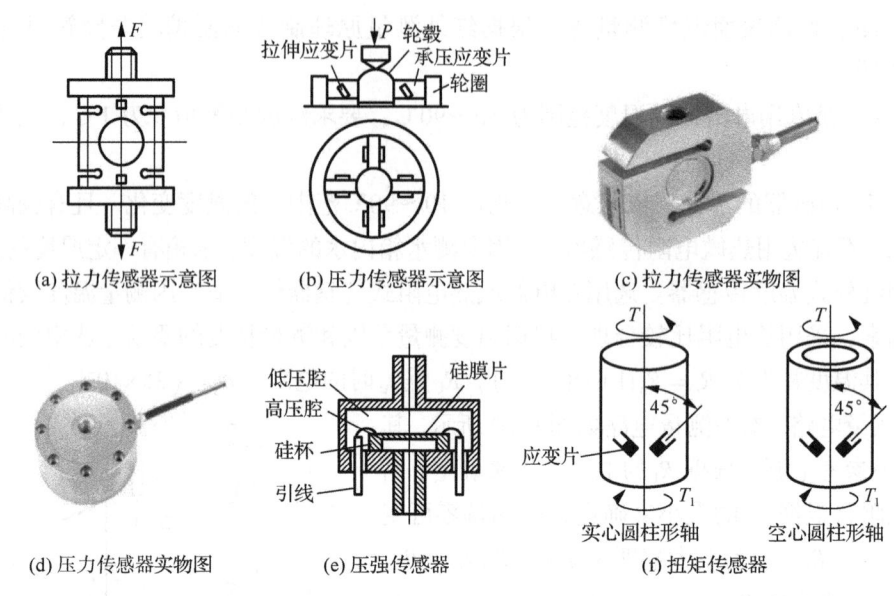

(a) 拉力传感器示意图　(b) 压力传感器示意图　(c) 拉力传感器实物图

(d) 压力传感器实物图　(e) 压强传感器　(f) 扭矩传感器

图 6-21　典型应变片式力传感器

图 6-22 是轴的扭矩测量传感器原理图，由于轴是转动的，因此要通过导电滑环和电刷把应变片上的信号取出来。其缺点是电刷与导电滑环之间有接触电阻，由于污染、振动等因素的影响，会产生一定的噪声和干扰。

在某些应用场合，需要同时测量多轴力或力矩，例如，机器人末端操作器的柔顺控制时，需要测量与外部环境的接触力/力矩或抓取工件的抓取力/力矩，常常用到六维力/力矩传感器。图 6-23 给出了一种静电电容型六维力传感器，该传感器是 DynPick 公司的 WEF 型传感器，可以输出 3 轴力(F_x, F_y, F_z)和 3 轴力矩(M_x, M_y, M_z)。该系列传感器的额定载荷有 3 种，分别是：±200N 和 ±4N·m、±500N 和 ±10N·m、±1000N 和 ±30N·m。为保证传感器在突然过载的情况下不被损毁，传感器内部具有过载保护结构。

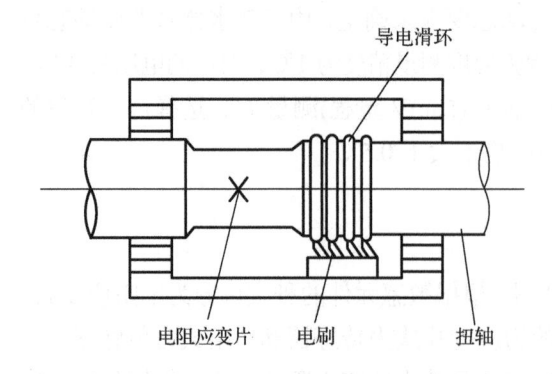

图 6-22　扭矩传感器的结构原理　　图 6-23　六维力传感器

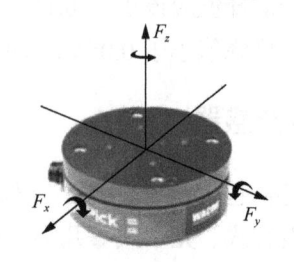

力传感器都需要专用测量仪表或放大器。这些测量仪表和力传感器都有现成的产品，用户只要根据自己的使用要求来选择相应的产品即可。在选择力传感器产品时，主要考虑以下

性能指标：测量范围(量程)、测量精度、动态特性、输出信号形式和大小、工作环境要求等。表 6-13 列出了常用力传感器及其特性。

表 6-13 力、力矩和压力传感器类型、特点及应用

类型		特点	应用
电阻式	电阻应变式	测量范围宽(测力为 $10^{-3} \sim 10^8$N，测压为几十帕至 10^{11}Pa)，精度高(一般小于或等于±0.1%，最高可达 $10^{-5} \sim 10^{-6}$)，动态性能好(可达几十千赫兹至几百千赫兹)，寿命长，体积小，质量轻，价格便宜，可在恶劣条件下(高速高压、振动、磁场、辐射、腐蚀)工作。有一定的非线性误差，抗干扰能力较差，需屏蔽，工作温度小于 1000℃	粘贴在不同形式的弹性元件表面，可测力、压力、扭矩、荷重等应用最广、大部分场合均可应用
	压阻式	灵敏度高，机械滞后小，分辨率高，测量范围大，频率响应范围宽，体积小，功耗小，易集成，使用方便；但有较大的非线性误差和温度误差，需采取温度补偿措施	应用于各种场合，目前主要用来测量压力，是一种有发展前途的传感器
压电式		线性好，频率响应范围宽($10^{-6} \sim 50$kHz)，灵敏度高，迟滞小，重复性良好，结构简单，工作可靠，使用方便，无须外加电源，抗声、磁干扰能力强，温度系数低(小于 0.02℃)。工作温度一般为-196~200℃，特种材料可达 760℃，无须静态输出，要求后级具有高的输入阻抗，应采用低电源、低噪声、高绝缘电阻电缆，需老化处理以提高其稳定性	用来测量静态力到动态力，压力更适用于动态和恶劣环境中力的测量，如测量机械设备和部件所受的冲击力、锻锤等机械设备的冲击力、振动台的激振力等
压磁式		输出功率大，信号强，抗干扰能力和过载能力强，牢固可靠，寿命长，能在恶劣环境条件下工作 精度较低(约 1%)，反应速度较慢	常用于机械、冶金、矿山、运输等部门测力、测扭矩和称重，如测量轧制力、切削力、张力、重量，也可用作电梯安全保护
光纤式		质量轻，可制成任意形状，频响范围宽，灵敏度高，抗电磁干扰能力强，可在恶劣条件下工作	测量压力、水声，适用于易燃易爆、强腐蚀、电磁干扰等工业环境，尤其适用于遥测
气电式		易实现自动化，可在高温、磁场等环境中工作，响应时间较长(0.2~1s)，需净化压缩气源	测量压力、压差
谐振式	振弦式	灵敏度高，结构简单，测量范围大，输出频率信号；精度较低(约±1.5%满量程)，并且要求振弦材料性能和加工工艺较高	测量大压力，可达几十兆帕，也可用于测量扭矩
	振筒式	迟滞误差和漂移误差极小，稳定性和重复性好，分辨力高，轻便，成本低，输出频率信号；有非线性误差，不能测大的气压	测量气体压力
	振膜式	测量范围大，精度较高(如测量 10MPa 精度可达 0.1%)，输出频率信号；有非线性误差	测量压力
	振动式	稳定度高，尺寸小，质量轻，量程可达 10^7N，输出频率信号；有非线性误差，当频率变化 10%时有 3%~5%的非线性误差	测量静态力和缓变力(0~50Hz)
	石英晶体谐振式	精度高，灵敏度高，线性好，测量范围宽，体积小，质量轻，动态响应好，功耗低，输出频率信号，抗干扰能力强，价格较昂贵	测量静压力和准静压力，也可测量动态压力
核辐射式		不受温度等因素影响，精度一般为 1%，装置复杂，需特殊防护	测量气体压力，称重

类型		特点	应用
力平衡式		精度高,稳定性好,动特性好,灵敏度高,横向灵敏度低,调整方便灵活;体积较大,结构较复杂,价格昂贵	可测力和压力,但目前主要用于超低频加速度测量
位移式	电容式	结构简单,灵敏度高,动态特性好,过载能力强,环境要求低,成本低;但干扰大,寄生电容影响大,需屏蔽	测量压力
	霍尔式	结构简单,体积小,频带宽(直流至微波),动态范围大(输出电势变化1000:1),寿命长,可靠性高,易集成;但转换效率低,温度影响大	

例 6.7 某绳索驱动式人机合作机器人由七个伺服单元组成,每个单元的结构原理如图 6-24 所示,要求测量绳索张力。已知最大张力为 1000N,系统带宽为 8Hz,测量精度为 0.2%,A/D 的量程为 0~10V,试选择测力传感器。

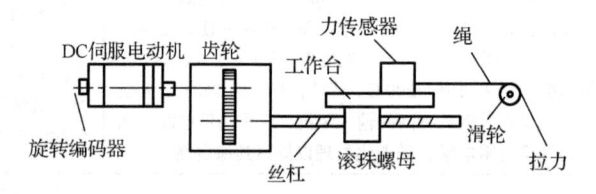

图 6-24 绳驱动单元原理图

解 ① 传感器的主要特性参数。依题意,对传感器的测量精度要求较高,信号带宽较大,宜采用应变片式测拉力传感器。为保证信号的质量,经放大后的传感器信号的各项指标应略高于给定条件。

精度: $\Delta F = \frac{1}{2}\Delta F_0 = \frac{1}{2} \times 0.2\% = 0.1\%$ (包括线性度和漂移)

频宽: $f = (5 \sim 10)f_n = (5 \sim 10) \times 8 = 40 \sim 80$Hz,取 $f = 80$Hz

量程: $F_{max} = 1000$N (力传感器一般有 20% 的过载能力)

输出信号范围: 0~10V

② 传感器的选择。选用浙江余姚传感器厂的 SHK-2 型拉力传感器,其主要技术指标如表 6-14 所示。

表 6-14 SHK-2 型拉力传感器的主要技术指标

技术指标	数值	技术指标	数值
灵敏度	2mV/V	温度漂移(每度)	0.03%
非线性	±0.03%	供桥电压	10V
重复误差	0.02%	输出阻抗	350Ω
温度补偿范围	−10~75℃	额定负载	1000N
滞后误差	0.03%	允许过载负荷	125%

该传感器的各项精度指标均不小于 0.03%,其综合精度满足设计要求。

③ 放大器。

放大器可以在有关厂家定做，也可以自行设计，其具体指标需满足增益：

$$K_A = \frac{10^3 \times U_{i,\max}}{S_0 \times U_s} = \frac{10^3 \times 10}{2 \times 10} = 500 \text{倍}$$

式中，$U_{i,\max}$ 为 A/D 的满量程电压，V；S_0 为灵敏度，mV/V；U_s 为供桥电压，V。

频宽：$f_A = 10 f_n = 80\text{Hz}$。

线性度：$\gamma_L \leqslant 0.1\%$。

电源电压：$U_c = 12\text{V}$。

输入阻抗：$R_i \geqslant 10 R_0 = 3.5\text{k}\Omega$。

例 6.8 已知某皮带秤的最大负荷为 $W_{\max} = 50\text{kg}$，测量精度为 0.1kg，数字式质量显示表的输入电压为 $U_i = 0 \sim 10\text{V}$，显示范围为 $0.1 \sim 99.9\text{kg}$，试确定力传感器及放大器的主要参数。

解 ① 传感器的主要参数。

信号精度：

$$\gamma = \frac{W_{\min}}{W_{\max}} = \frac{0.1}{50} = 0.2\%$$

最大信号电压：

$$U_{i,\max} = \frac{W_{\max}}{99.9} \times 10 = 5(\text{V})$$

最大负荷：

$$W_{\max} = 50(\text{kg})$$

② 传感器选择。选择 SHK-1 型压力传感器，其主要指标如下。

灵敏度：$S_0 = 2.5\text{mV/V}$。

非线性：$\gamma_L = 0.05\%$。

重复误差：$\gamma_R = 0.03\%$。

误差：$\gamma_H = 0.05\%$。

供电电压：$U_s = 10\text{V}$。

输出阻抗：$R_0 = (350 \pm 5\%)\Omega$。

温度范围：$T_s = -10 \sim 75\text{℃}$。

③ 放大器系数计算。

增益：

$$K_A = \frac{U_{i,\max} \times 10^3}{S_0 \cdot U_s} = \frac{5 \times 10^3}{2.5 \times 10} = 200 \text{倍}$$

噪声峰峰值电压 U_{pp} 满足：

$$U_{pp} \leq \frac{1}{2}\gamma U_{i,\ max} = \frac{1}{2} \times \frac{0.2}{100} \times 5V = 5(mV)$$

例 6.9 航天员虚拟装配训练中，要完成物体搬运、拆装等过程模拟，物体由柔索并联机器人控制，模拟太空微重力环境下的运动。已知搬运物体质量为 10~100kg，请选择力传感器。

解 ① 人机交互力测量。

末端执行器与柔索铰接，具有 6 个自由度。六轴力/力矩传感器安装在末端执行器和操作把手之间。航天员操作把手进行虚拟装配时，柔索并联机器人计算出虚拟物体与环境之间的作用力，反作用于航天员。柔索并联机器人的力控制算法需要实时测量航天员手臂与物体之间的作用力，包括 3 个轴的力和 3 个轴的力矩，从而给航天员带来真实的力学感受。

在太空微重力环境下，物体只受到惯性力。由文献可知，航天服会产生阻尼力，航天员手臂移动物体的速度在 0.5m/s 以内，最大加速度在 0.5m/s² 以内。设航天员与物体之间的作用力≤200N，力矩≤2N·m，可选 DynPick 公司的 WEF 型-200N 的传感器，其各项参数指标如表 6-15 所示，检测方案如图 6-25 所示。

表 6-15 六轴力矩传感器参数

参数		单位	数值	参数		单位	数值
额定载荷	F_x,F_y,F_z	N	±200	最大静载荷	F_x,F_y,F_z	N	±500
	M_x,M_y,M_z	N·m	±4		M_x,M_y,M_z	N·m	±6
线性度		%FS	3	迟滞		%FS	3
电压		V	24	最大工作电流		mA	280

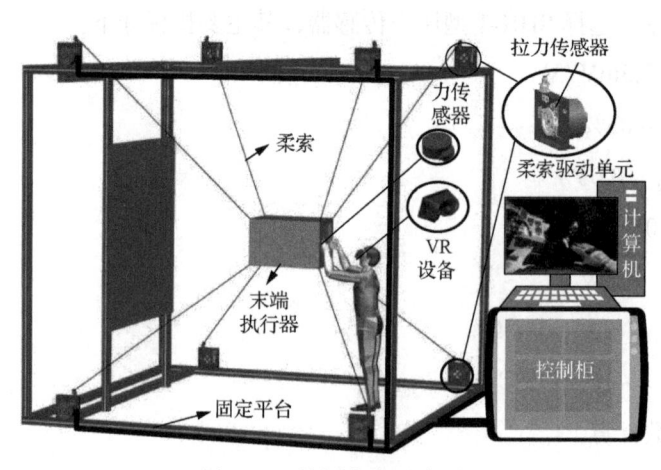

图 6-25 检测方案示意图

六轴力矩传感器的使用和数据处理如下。

a. 供电电压为 5~24V，启动时间在 5s 以上，传感器启动后 10~30s 输出数值达到稳定状态。

第6章 传感器与检测系统

b. 传感器各轴数据的数值范围为 0～16383，无载荷时传感器输出的数据为零点输出值，加载载荷后传感器的输出力及力矩的计算方法为

$$F(或M) = (C - C_0) / \text{LSB} \tag{6-11}$$

式中，C 和 C_0 为传感器输出值和零点输出值；LSB 为对应轴的检测灵敏度(最低有效位)。

c. 数据通信协议。传感器的输出方式为 RS422，通信协议如表 6-16 所示。

表 6-16 通信协议表

项目	参数	项目	参数
输入输出	RS422	数据位	8bit
采样周期	0.5ms	停止位	1bit
波特率	921.6Kbit/s	奇偶位	无
数据流控	无		

传感器的输出信号如图 6-26 所示。

N	F_x	F_y	F_z	M_x	M_y	M_z	CRLF

图 6-26 传感器的输出信号

图 6-26 中：N 为数据编号，0～9 逐次增加 1，1 字节；F_x～M_z 为各轴输出值，数据范围为 0000～3FFF(十六进制)，各 4 字节；CRLF 为行尾符，2 字节。

② 柔索张力测量。

柔索张力测量选用 S 形拉压传感器，传感器如图 6-27(a)所示。传感器可以工作在-20～60℃的环境中，该型张力传感器的抗扭、抗侧和抗偏载能力较强。其各项参数指标如表 6-17 所示。

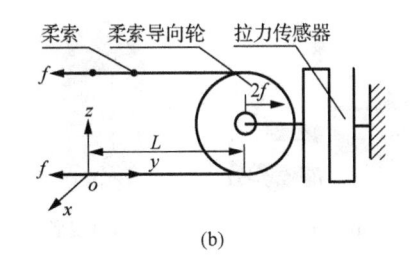

图 6-27 柔索张力传感器及测量原理

表 6-17 拉力传感器参数

参数	单位	数值	参数	单位	数值
质量	kg	0.5	输出电阻	Ω	350
激励电压	V	10	滞后误差	%FS	≤0.03
灵敏度	mV/V	1.995	重复性误差	%FS	≤0.03
量程	N	1000	非线性	%FS	≤0.03

柔索张力测量原理如图 6-27(b)所示。传感器一端固定，另一端连接柔索导向轮，则柔索张力计算公式为

$$F = \frac{2f + \xi}{2} \tag{6-12}$$

其中，F 为绳索张力；$2f$ 为传感器测量值；ξ 为传感器测量噪声。此种安装方式带来的柔索张力测量误差约为 0.06%，远小于机械振动和传感器误差等带来的测量误差，所以传感器的安装方式产生的测量误差可以忽略。

6.3.5 开关量传感器

1. 开关量传感器的特点及分类

在自动化系统中，常需要检测目标物的存在与否。例如，服务机器人在工作时，需要检测周围有无障碍，遇到障碍需要及时处理。又如，机床的各个运动轴是有运动范围的，超过运动范围需要停止运动。为了判断是否有障碍、是否到达限位，系统需要开关量传感器。

开关量传感器按照工作原理主要分为限位开关和接近传感器，按照敏感元件类型分为机械式、光电式、电感式、电容式、超声波、霍尔元件等。

无论采用什么技术，检测一个目标物是否存在的动作就像一个普通的开关(开或闭)一样，如果一个传感器状态是常开(N.O.)的，当检测到目标物时它就将闭合，类似地，如果它是常闭(N.C.)的，当检测到目标物它就将断开。

1) 机械式限位开关

自动控制系统中最常见的检测传感器是限位开关，一个机械限位开关由一个开关和执行器组成。最常见的开关都具有一套常开触点和一套常闭触点，根据执行器的不同，可以将限位开关分为杠杆型、推辊型、摆杆型、叉杆型等，外观如图 6-28 所示。

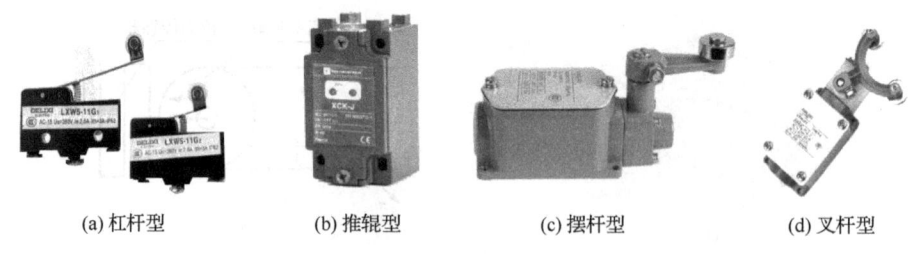

(a) 杠杆型　　(b) 推辊型　　(c) 摆杆型　　(d) 叉杆型

图 6-28　机械式限位开关

2) 接近传感器

接近传感器又称接近开关，可以不用接触目标物而检测它的存在，其功能就像一个开关(开或闭)。接近开关分为电感式与电容式两种类型。

(1) 电感式接近开关可以检测金属(铁或非铁)目标。这种传感器顶部具有一个能产生高频电磁场的振荡器，当有金属目标物进入电磁场，振荡幅值减小，幅值变化被传感器中的信号触发电路检测到，使"开关"闭合，接近开关的工作范围可达 2m。当有目标物进入这个范围时，传感器可以检测到它。常用的电感式接近开关如图 6-29 所示。

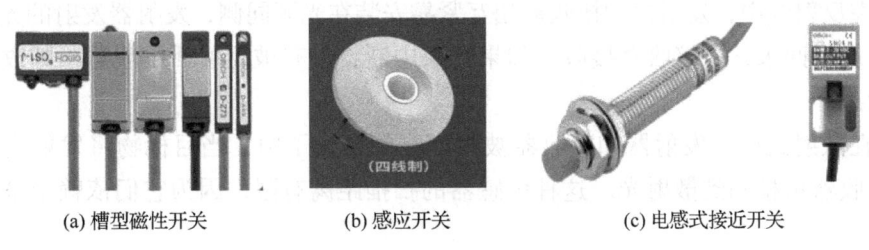

(a) 槽型磁性开关　　　　(b) 感应开关　　　　(c) 电感式接近开关

图 6-29　常用电感式接近开关

(2) 电容式接近开关和电感式接近开关有些类似，通过产生的静电场可以检测导电的或非导电的物体。传感器顶部的两个电极形成一个电容。当有目标物靠近传感器顶部时，电容量和振荡器的输出改变。传感器中的信号处理电路检测到这个变化，闭合开关，电容式接近开关的工作范围通常比电感式接近开关的小。

3) 光电传感器

光电传感器通过光来探测目标物的存在，其作用类似一个开关。光电传感器包括一个发射器和一个接收器。发射器是光源，通常采用不可见的红外光。接收器对光进行检测，如果接收器为常闭输出型，则光束被目标物挡住时的输出为断开，无遮挡时输出为闭合。常用的光电传感器如图 6-30 所示。

(a) 漫反射式光电开关　　　　(b) 槽型光电开关

图 6-30　常用的光电传感器

光电传感器具有三种检测方法：对射式、反射式、散射式，其工作原理如图 6-31 所示。

(1) 在对射式中，发射器和接收器面对面配置在一条直线上，当目标物阻断发射器和接收器之间的光束时，开关改变状态，如图 6-31(a)所示。

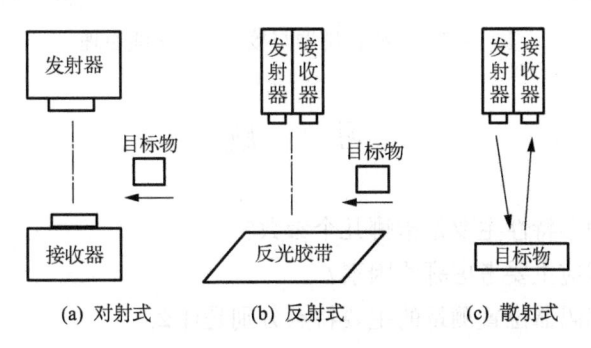

(a) 对射式　　　　(b) 反射式　　　　(c) 散射式

图 6-31　不同光电式检测传感器的工作原理

(2) 在反射式中，发射器和接收器相互紧靠安装在光源同侧，发射器发射的光经对面的反光胶带反射回来，被接收器接收。如果光束中断，没有被反射回接收器，则改变传感器的输出状态。

(3) 在散射式中，发射器和接收器被封闭在一个盒子中，当目标物将发射光束反射回来时，接收器可检测到散射光。这种传感器的扫描距离有限，因为它们依赖于来自目标物的散射光。

2. 开关量测量传感器的接口电路

开关量测量传感器通常采用三线制，IEC 60947-5-2 标准规定了其引出线的颜色。棕色线和蓝色线分别为电源的正、负端，黑色线是传感器的输出信号线。此类传感器的内部"开关"电路一般采用晶体管，可分为 PNP 型和 NPN 型两种。三线传感器与接口卡的接线原理图如图 6-32 所示。图 6-32(a)中传感器采用 PNP 晶体管，传感器 OUT 端连接输入卡 IN 端，传感器负端 COM 连接输入卡 COM。当传感器被外部事件触发时，晶体管导通，向输入卡提供电流，输入卡 IN 端为高电平，否则为低电平。传感器生产商资料中常使用术语"负载"来表示被连接到传感器的器件。图 6-32(b)中传感器采用 NPN 晶体管，传感器的 VDC 端连接输入卡的 VDC 端，传感器的 OUT 端连接输入卡的 IN 端，传感器的 COM 接地。当传感器触发时，NPN 晶体管导通，接收来自负载的电流，IN 端为低电平，否则为高电平。

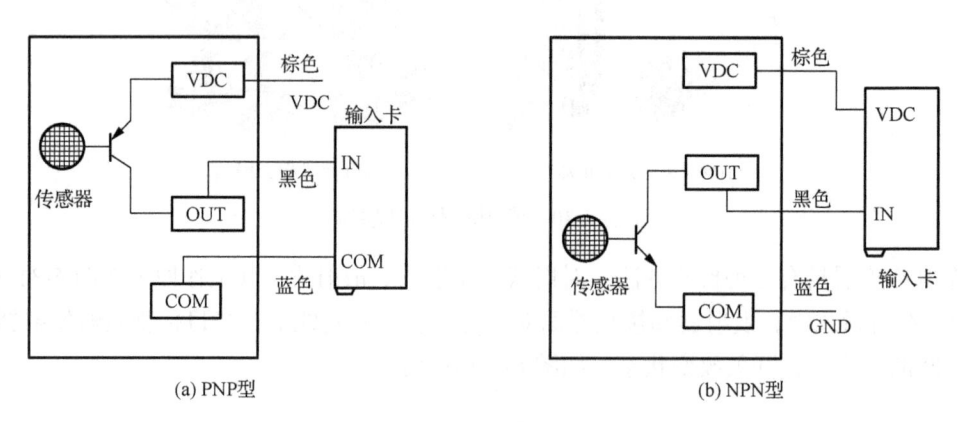

图 6-32 三线传感器与接口卡的接线原理

习 题

6-1 传感器的静态特性主要是指哪几个参数？

6-2 选择传感器应主要考虑哪些因素？

6-3 电位器和编码器位置测量的主要特点分别是什么？

6-4 直流测速发电机和编码器做转速测量的特点分别是什么？

6-5 激光传感器做位移测量的特点是什么?

6-6 应变片式力传感器的特点是什么?

6-7 例 6.1 中，如果 A/D 的量程为 0～10V，其他条件不变，试确定传感器的有关参数(电阻、电压、比率)，并设计放大器电路。

6-8 已知直流电动机伺服系统采用编码器式传感器直接与电动机轴耦合。已知电动机的极限转速为 n_{max}= 6000r/min，减速器的减速比为 i = 100，要求减速器输出轴的控制精度为 A_n = 0.05°/s，试确定光电编码器的脉冲数，计算输出转角的分辨率，并计算电动机转速为 1000r/min 时传感器输出信号的脉冲频率。

6-9 已知某人体秤的测量范围为 0～1000N，要求测量精度为 1N，试确定力传感器的静态精度。

第 7 章　机电一体化系统应用实例

机电一体化产品一般由机械本体、传感器、控制器、执行机构和驱动部分组成。机械本体是基础框架，提供系统的支撑；执行机构用来完成一定的运动功能，如机械手的手臂和手爪；驱动部分提供驱动力，常见的驱动元件有直流伺服电机、步进电机、交流伺服电机和液压、气压驱动元件；控制器对本体进行精确的运动控制，一般使用工业控制计算机、微处理器和专用伺服控制器；传感器提供本体或其所处环境的信息，提供反馈信号，常用的传感器有位移传感器、速度传感器和力传感器等。本章以机器人、数控旋压机、深水闸刀式切管机等为例，介绍机电一体化系统的设计。

7.1　机电一体化系统设计与综合

机器人是典型的机电一体化产品，图 7-1 给出了机器人系统的组成原理图。工业机器人主要用于完成一定的作业任务，它是实际应用最多的机器人。常见的机器人运动形式有五种：直角坐标型、圆柱坐标型、球坐标型、关节型和 SCARA 型。每种运动形式都有各自的特点，结构的负载程度、作业空间范围、动静态特性以及适用范围都有所不同，运用时应根据具体需要选择运动形式。选择的原则是：在满足需要的前提下，使自由度最小，机构简单。

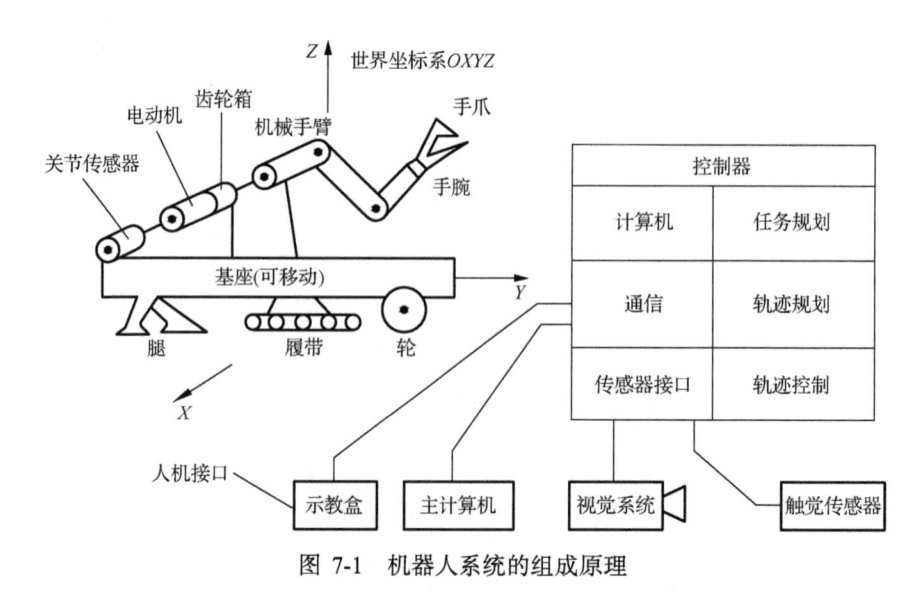

图 7-1　机器人系统的组成原理

本节以关节型机器人为例讨论机电一体化系统设计方法。关节型结构形式的机器人动作灵活、工作空间大、在作业空间内手臂的干涉最小、结构紧凑、占地面积小、关节相对部位密封易于实现。但关节型机器人的运动学原理较复杂，逆解困难，确定末端位置不直观，进行控制时计算量比较大。设关节型机器人主要作为教学研究用，其工作环境为教学实验室，要求它能够进行连续轨迹控制，同时具有示教再现功能。设机器人具有 5 个自由度，包括 3 个位置自由度和 2 个姿态自由度，末端负载质量为 400g，各位置自由度关节精度为 0.1°，机器人位置自由度参数的要求如表 7-1 所示。

表 7-1 机器人位置自由度参数

杆长			关节转角范围			最大运动速度		
高度	大臂长	小臂长	腰	肩关节	肘关节	腰	肩关节	肘关节
300mm	260mm	260mm	±150°	±45°	±45°	100°/s	120°/s	145°/s

1. 机器人的机械本体及驱动方案设计

机器人的动态特性通常用质量、惯性矩、刚度、阻尼系数、固有频率和振动模态来描述。为了提高系统的动态特性，在设计时应尽量减少质量和惯量，提高结构刚度和系统的固有频率，增加阻尼。

设机器人三个位置自由度分布如图 7-2 所示，具有腰回转、垂直臂俯仰和水平臂俯仰三个自由度。这种结构的机器人有两种常用执行机构：一种是转动输出型执行机构，电动机通过齿轮减速器驱动机器人的关节；另一种是直线输出型执行机构，由电动机带动丝杠螺母机构，再通过连杆机构将螺母的位移变成关节转动。两种执行机构的结构方案如图 7-3 所示。

方案 1 为转动型执行机构，腰关节直接与驱动器输出轴耦合，水平臂和垂直臂的驱动器以对称形式分别安装在肩关节的两侧，通过齿形带分别与肩关节和肘关节

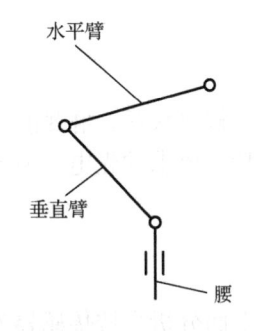

图 7-2 机器人位置自由度

耦合。这种结构方案的特点是三个电动机都安装在基座上，可以减小机器人的负荷及负载惯量，快速性好；缺点是结构较复杂，成本较高。方案 2 为电动缸驱动方案，三个驱动器都为直线输出型，通过连杆机构将驱动器的直线位移转换为关节的转角。这种方案的优点是结构比较简单；缺点是驱动机构把直线位移转换到转角的过程存在非线性。

也可以选用液压驱动方式，方案 1 采用摆动马达驱动，方案 2 选用液压缸驱动。液压驱动的优点是它采用直接驱动，驱动元件与关节之间不使用减速装置，机械手可实现逆向操作，这一功能有利于实现机械手的手把手示教。但需要使用专用的液压站和一些液压附件，系统比较复杂，会使系统成本提高。对于教学用关节型机器人，选择直流伺服电动机驱动的方案更合理。

综合考虑，腰部回转关节采用转动型的方案 1，通过一对锥齿轮进行直角传动，锥齿

轮传动比为 3.4∶1，电机为 FAULHABER 2342S024CR，电机配套减速器的传动比为 246∶1，编码器为 IE2-512。肩关节采用直线输出型的方案 2，通过一对传动比为 1 的圆柱直齿轮传动，驱动丝杠螺母进行直线传动，推动大臂旋转，为减少负载的影响，保证运动的平稳性，加装了平衡弹簧。肘关节的传动形式与大臂俯仰关节相同。电机为 FAULHABER 2342S024CR，配套减速器的传动比为 3.71∶1。

(a) 转动型执行机构　　(b) 电动缸驱动方案

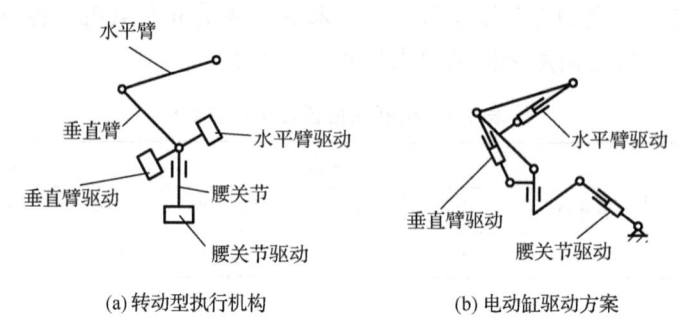

图 7-3　两种结构方案简图

2. 传感器的选择

腰关节转动角度 θ 的范围是 $\pm 150°$，关节精度 $\Delta\theta = 0.1°$，则传感器分辨率为

$$S_e = \frac{\Delta\theta}{\theta_{max}} = \frac{0.1}{150° - (-150°)} \times 100\% \approx 0.033\%$$

因为分辨率较高，角度范围大，需要同时测量角度和角速度，因此选择光电编码器更好些。满足精度要求的光电编码器每转脉冲数 n 为

$$n = \frac{360°}{\Delta\theta} = \frac{360°}{0.1°} = 3600$$

上面分析是按传感器安装在关节轴上，直接测量关节角度考虑的，属于低速轴测量方案。若编码器安装在电动机轴上，即采用高速轴测量方案，前面选择减速器的减速比为 246 和 3.4，则光电编码器每转脉冲数为

$$n_1 = \frac{360°}{i \cdot \Delta\theta} = \frac{360°}{246 \times 3.4 \times 0.1°} \approx 4.3$$

所选电机带有 IE2-512 型编码器，满足要求。对比可知，高速端测量方案所需脉冲数较低速端测量方案少得多，在相同测量精度下，高速轴测量方案的成本要比低速轴测量方案的成本低很多。但高速轴测量方案也有它的不足，高速轴测量方案的减速器在闭环之外，减速器的误差(间隙)没有办法通过反馈控制来消除，因此要求减速器的精度较高，回程间隙较小，即回程间隙一定要小于 0.1°。

同理选择其他自由度的传感器，编码器型号为 IE2-512。

3. 机器人的控制方案设计

机器人控制可分为两部分：关节的运动伺服控制和各个关节之间的协调控制。机器人控制系统方案有集中控制和主从控制两种。

集中控制方式的系统方框图如图 7-4 所示。机器人具有五个关节，五个关节都需要闭环控制。每个关节的控制回路包括传感器信息采集、控制算法和电动机的伺服驱动。若采用一台计算机对五个关节进行控制，则每个关节的数据处理时间之和应小于系统的采样周期，对计算机的运算速度有一定要求，一般应采用 PC。

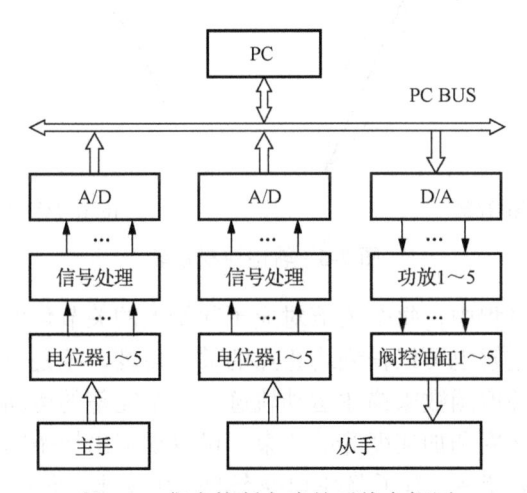

图 7-4 集中控制方式的系统方框图

主从控制方式的系统方框图如图 7-5 所示。转接插座实现系统工作方式转换。PC 实现关节点位示教、运动轨迹规划示教、数据自动再现、轨迹选择。手动示教盒通过按键完成机器人的关节示教，具有数据存储、工作状态显示等功能。PC 和手动示教盒通过串口与关节控制单片机进行一对多通信。关节控制单片机的主要作用是实现单一关节的 PWM 伺服控制，接收主机的动作命令并向主机反馈关节状态。

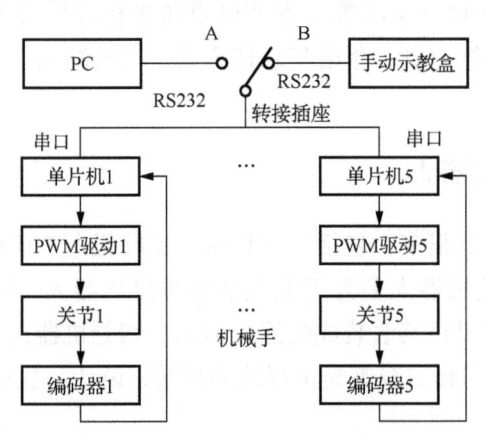

图 7-5 主从控制方式的系统方框图

由于机器人具有多个控制回路,其关节采用直流电动机伺服控制,完成示教再现功能,需要较大的数据存储空间,采用主从控制方案比较合理。

机器人的轨迹控制,按照控制形式一般分为点位控制(point-to-point control,PTP)和连续轨迹(continuous path,CP)控制两种方式,如图 7-6 所示。点位控制对机器人在两点之间运动的路径和姿态不做任何规定,只要求其快速准确地实现两点间的运动。连续轨迹控制则要求连续地控制机器人的末端执行器在空间的位姿,要求它严格按照预定的轨迹和速度在一定的精度要求内运动,而且速度可控,轨迹连续光滑,运动平稳。

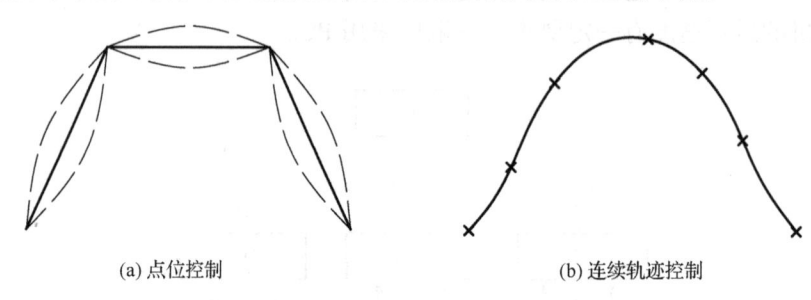

(a) 点位控制　　　　　　　　(b) 连续轨迹控制

图 7-6　轨迹控制方案

由于机器人在运动过程中,每个关节对应于起始点的关节角度可通过绝对码盘检测获得,同时通过运动学的逆解也可以得到终止点的关节角度,于是可用起始点与终止点的关节角度之间的一个平滑插值函数来描述运动轨迹。一个完整的运动轨迹可用多个三次样条曲线表示,加上角度、速度和加速度等的约束,可以求解出样条曲线的各项系数,得到机器人各关节三次样条插补指令。有了路径和姿态的变化规律,便可对机器人进行轨迹控制。

7.2　生产设备应用实例

随着科学技术的进步,生产设备向着机械化、自动化、智能化方向发展,属于典型的机电一体化产品,在工业、农业、矿山、冶金等领域应用广泛。典型的生产设备有工业机器人、数控机床、自动化流水线等。本节以直角坐标焊接机器人、数控旋压机、深水闸刀式切管机和 3D 打印机为例,介绍其总体方案、机械结构、伺服驱动、检测与控制系统设计。

7.2.1　直角坐标焊接机器人

焊接机器人的应用行业很多,包括工程机械、铁路机车、船舶制造、汽车、摩托车等行业。目前市场上的焊接机器人多为工业关节型焊接机器人,适合于完成复杂的焊接任务,除此之外还可根据需要将其改装成喷涂机器人、切割机器人等,其功能强大,价格不菲。本节针对直线、圆弧和相贯线等简单焊缝的焊接,设计一套焊接机器人系统(包括工装夹具)。

1. 设计要求

工作空间：$X \times Y \times Z = 1200\text{mm} \times 600\text{mm} \times 600\text{mm}$。
焊枪姿态角度范围：300°。
送丝速度范围：2～22m/min。
直线定位精度：0.1mm。
直线最高速度：220mm/s。
回转定位精度：0.01°。
回转轴ϕ轴负重：0～5kg。
编程方式：工件示教、计算机辅助编程。
焊接形式：二氧化碳保护焊。
焊缝形式：直线焊缝、圆弧焊缝、相贯线焊缝。
工作台：两工位。
焊接夹具：机架产品焊接、气动装夹。

2. 总体方案设计

1) 焊接机器人的机构方案

根据设计要求可选择多关节式和直角坐标式两种结构方案。

方案 1 采用多关节式机构方案，如图 7-7 所示。机器人采用 6 自由度形式，分为腰部关节、肩关节、肘关节、腕关节(三个)自由度，实现空间 6 自由度的焊接需求。

方案 2 采用直角坐标式机构方案，如图 7-8 所示。机器人具有 X、Y、Z 三个直线运动自由度，焊枪回转机构安装在 Z 方向末端。

图 7-7　多关节式机构方案　　　　　图 7-8　直角坐标式机构方案

对比两个方案可见，方案 1 结构复杂，可以实现复杂焊缝的焊接，跟踪焊缝时多关节联动，控制复杂。方案 2 的三自由度独立运动，易于实现控制，但是不适合复杂焊缝情况。由于本例的焊缝形式相对简单，选择方案 2 作为机器人基本架构。

机器人包含三个直线自由度和一个旋转自由度，可以通过滚珠丝杠机构将电机转动转化为各轴平动，且各轴互相垂直成直角坐标系形式。工业上常见的滚珠丝杠机构是线性模组，如各类搬运机器人、点胶机的驱动关节，其优点是刚度强、稳定性好、承载能力强、定位精度高(可达 0.05mm)、结构简单、造价便宜、维护方便、使用寿命长，线性模组各部分模块化，机械安装与维护方便。焊接机器人三个运动方向均选用线性模组。

焊接工作台的作用是固定焊接夹具，多个焊接工位时起到准确变位的作用。常见的变位式焊接工作台有直线式、回转式、旋转式和综合式 4 种。针对焊缝需求，选择直线滑移式两工位焊接工作台，如图 7-9 所示。中间位置为焊接工位，当工作台位于右侧时(图 7-9 所示位置)，右边工位是辅助工位 2，左边工位是焊接工位；当工作台位于左侧时，左边的工位是辅助工位 1，右边工位是焊接工位。工人分别处于辅助工位 1 和辅助工位 2 进行上料、下料操作，其间机器人在焊接工位焊接，提高机器人工作效率。考虑到夹具的安装以及开模压模气缸的安装，每个工位的空间要大于实际的焊接空间，最小空间要求为 1200mm × 600mm。

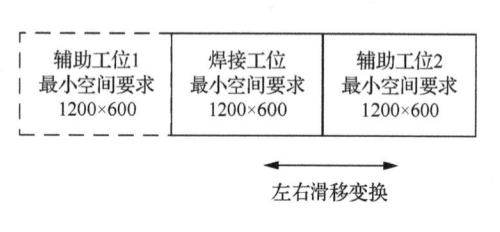

图 7-9 直线滑移式两工位焊接工作台

2) 驱动元件选择

考虑到工业用途的成本、寿命、维修成本以及运行环境，并且本机器人的负荷较小，交流永磁同步电机转子无损耗、电机功率因数高、快速响应能力强、性价比高、低速性能好，适宜于恶劣的工作环境，故选用交流永磁同步电机。

3) 控制方案选择

焊接机器人共有 X、Y、Z、ϕ 四个轴，每个轴的运动都由一套交流伺服单元完成，协调 4 个伺服单元运动的是运动控制器。送丝机电机、工作台驱动电机，以及焊接夹具驱动气缸采用开关控制。由于焊接机器人要求有示教编程功能，故选用触摸屏作为人机交互设备，其与控制器通过 RS232 通信。焊接机器人控制系统方框图如图 7-10 所示。

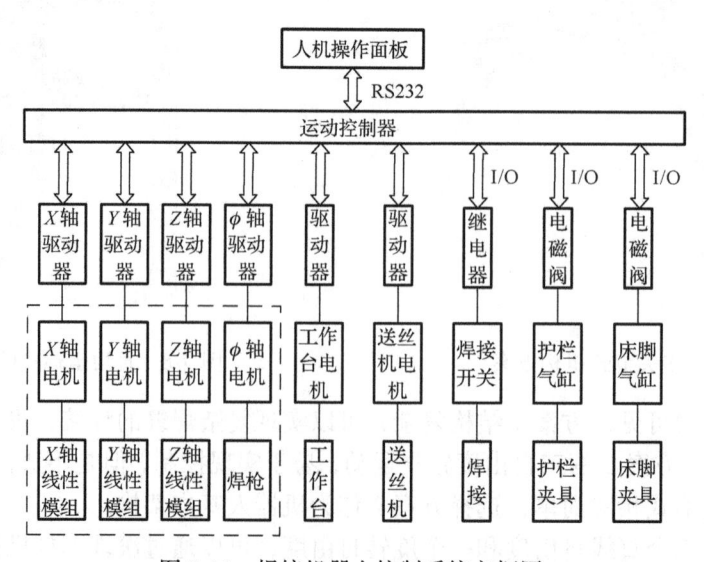

图 7-10 焊接机器人控制系统方框图

3. 结构设计

机器人可以分解为运动单元组合、悬臂结构和龙门框架主要的三部分。

1) 龙门框架静态特性分析及结构改进

龙门框架是整个机器人的承载体，它的强度与刚度将决定整个机器人强度与刚度是否满足要求。图 7-11 给出了龙门框架结构变形简化图，由于平行四边形结构的不稳定性，当 X 方向受力较大时，整个框架会有较大的变形。为了减小变形，可以增加肋板，如图 7-12 所示。下面将使用有限元分析方法，对比分析两种方案效果。

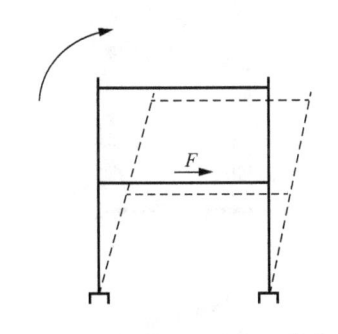

图 7-11 龙门框架结构变形简化图 　　图 7-12 增加肋板的龙门框架

在 ANSYS Workbench 中建立分析模型，采用高位三阶 10 节点固体结构单元 Tet10、多点约束(multi-point constraints，MPC)法作为接触的模拟方法。单元尺寸为 20mm，未加肋结构划分为 28799 个网格、58312 个节点。加肋结构划分为 31211 个网格、62847 个节点。添加龙门框架底部槽钢位置约束，并且在中间横梁处施加 5kN 水平冲击力 F，作用时间为 0.5s，得到两种结构的形变云图如图 7-13 所示。

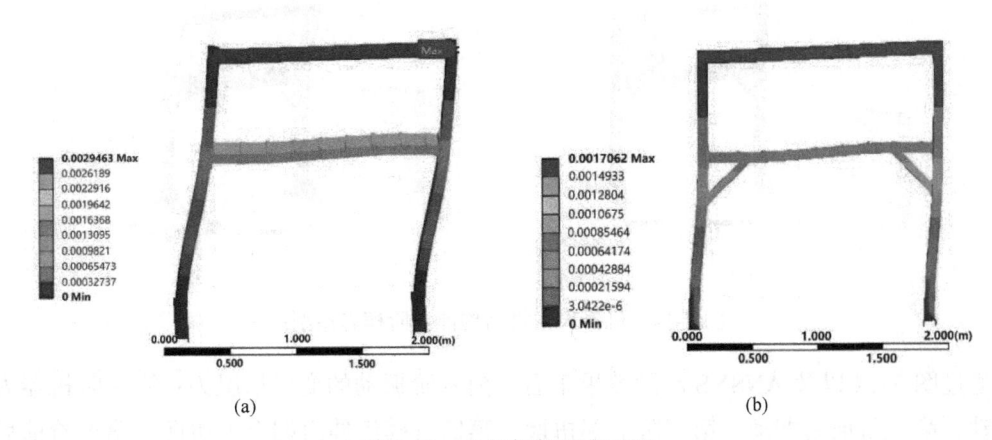

图 7-13 龙门框架形变云图

通过图 7-13 可以看出，两种结构的变形都类似平行四边形的变形，其中位移最大的区域是在龙门框架的顶部横梁。未加肋结构最大位移点的位移为 2.9463mm，加肋结构

同样位置最大位移为 1.7062mm，可见通过增加肋板整个龙门框架的受冲击形变可以减少约 42%。

2) 焊接机器人结构模态分析

焊接机器人运动时产生的振动会对机械零部件造成损坏，影响系统的稳定性和控制精度。这里采用 ANSYS Workbench 对焊接机器人进行模态分析，第一阶至第六阶的模态振型分别如图 7-14(a)~(f)所示。

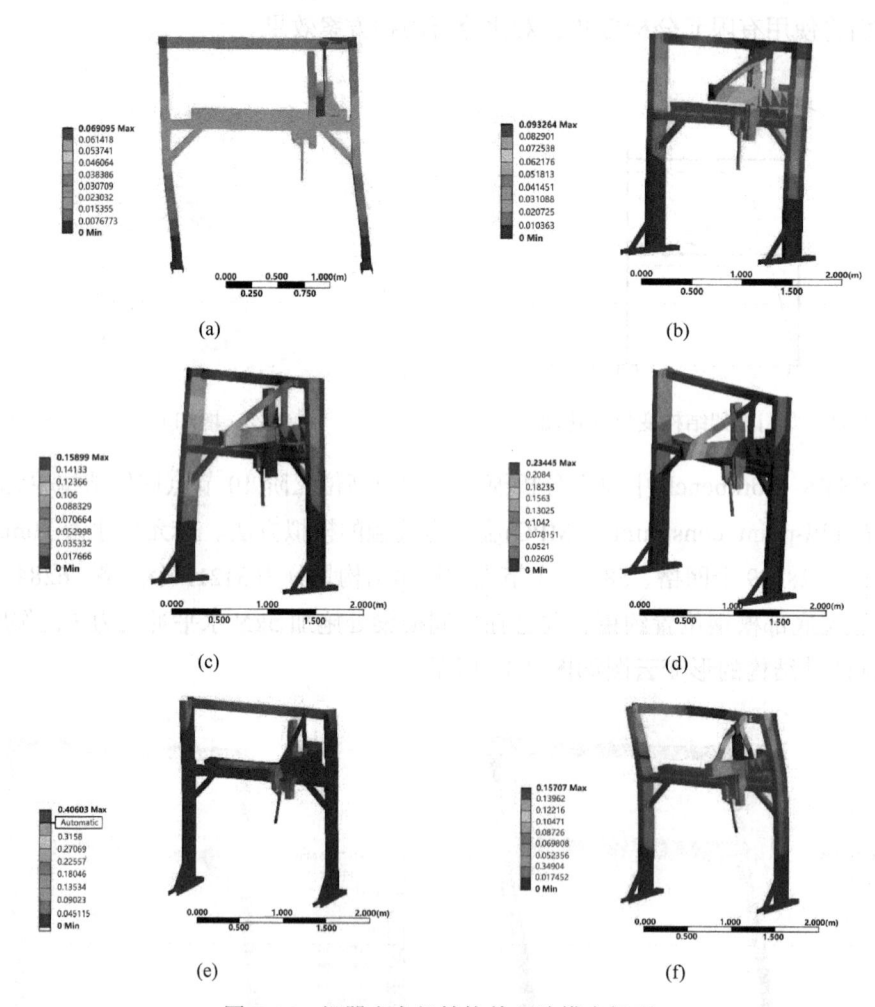

图 7-14 机器人主机结构前六阶模态振型

通过图 7-14 以及 ANSYS 动画效果来看，前六阶振动的变形情况为：第一阶机器人左右摆动，第二阶前后摆动，第三阶上部扭摆，第四阶模组伸出端上下扭摆，第五阶前后摆动，第六阶左右扭摆。

由 ANSYS Workbench 分析得出机器人前六阶模态振动频率，见表 7-2。

表 7-2 机器人的前六阶模态振动频率

阶数	1	2	3	4	5	6
频率/Hz	60.013	74.541	89.870	95.221	121.045	130.763

由表 7-2 可以看出，机器人前六阶频率随阶数递增，所以为了避开共振，电机频率避开第一阶固有频率的避开率应达到 15%。由速度指标可知电机需要满足的最高速度为 3000r/min，电机频率为 50Hz。从而得到避开率为

$$\xi = \frac{60.013 - 50}{60.013} \times 100\% \approx 16.7\% > 15\%$$

可见电机在小于等于 3000r/min 的速度下运行，可以有效地避免共振。

3) 模组选型

以台湾 SATA 线性模组为例进行选型分析。Z 向线性模组为竖直安装，其负载主要是焊枪。设焊枪回转整体重心到 Z 滑块表面中心距离 $L_z = 102$mm，角度约为 90°，且整个结构质量 $M_z = 3$kg，通过查阅选型手册，F136S-L5-S600-M2 型号模组在竖直安装情况下允许载重见图 7-15，L 为滑块中心到搬送物重心的距离。

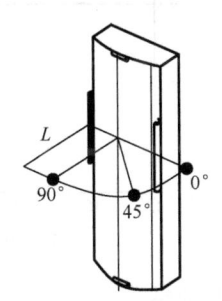

重心距/mm	载重/kg	0°	45°	90°
L	10	102	145	300
	14	65	92	170
	18	37	65	120

图 7-15 Z 向线性模组竖直安装允许载重

当载重 $M \leq 5$kg 时，$L \geq 300$mm $\geq L_z = 102$mm，所以 Z 向线性模组符合要求且有一定余量。同理可得各轴线性模组参数见表 7-3。

表 7-3 各轴线性模组参数

坐标	型号	行程/mm	螺杆外径/mm	单向定位精度/mm	最高速度/(mm/s)	螺杆导程/mm	安装方式	质量/kg
X	F168D-L5-S1200-M2	1200	20	±0.02	250	5	水平安装，电机外置	34
Y	F136D-L5-S600-M2	600	16				墙面安装，电机外置	18
Z	F136S-L5-S600-M2	600	16				竖直安装，电机外置	15

4. 电机选型

以松下 A5 系列交流伺服电机为例进行选型分析。该电机属于全数字式交流伺服电机，

具有控制精度高、矩频特性好、过载能力强等优点。由于 Z 轴为竖直安装，承受焊枪回转结构所附加的重力，为保证停止时位置准确，Z 轴电机需要具有制动功能。

根据 Z 轴模组参数、电机运转模式，计算负载惯量为 $J_L = 0.93 \times 10^{-4} \text{kg} \cdot \text{m}^2$。预选电动机型号为 MHMD042G1V，其额定功率为 400W，额定电流为 2.6A，额定转矩为 $1.3\text{N} \cdot \text{m}$，额定转速为 3000r/min，转子转动惯量为 $0.00007\text{kg} \cdot \text{m}^2$，带有 20 位增量式光电编码器。Z 轴折算到电机轴的最大转速为

$$N=2664\text{r/min}<3000\text{r/min}(预选电机额定转速)$$

最大转矩： $T_{\max} = T_a = 0.483\text{N} \cdot \text{m} < 3.8\text{N} \cdot \text{m}$ (200W 电机最大转矩)

有效转矩： $T_{\text{rms}} = 0.145\text{N} \cdot \text{m} < 1.3\text{N} \cdot \text{m}$ (预选电机额定转矩)

该电机的转矩特性曲线如图 7-16 所示，由以上计算可知转矩虽有较大的余量，但根据惯量比可选择该电机。

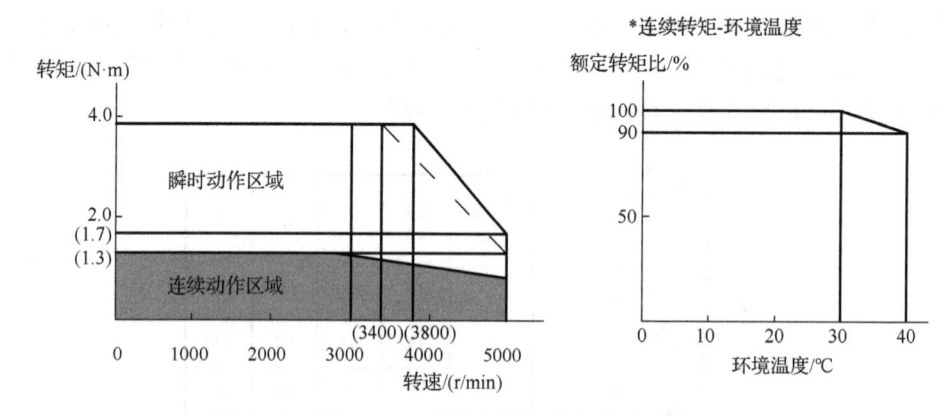

图 7-16 Z 轴电机转矩特性曲线

同理，可依据上述方法选出其他轴的运动电机，型号参数分别如下。

(1) XY 轴分别选用交流伺服电机型号为 MHMD042GIC 和 MSME022GIC 均不带制动，适用驱动器型号为 MBDHT2510E 和 MADHT1507E。

(2) 回转轴 ϕ 选用交流伺服电机型号为 MSME022GID(带制动)，适用驱动器型号为 MADHT1507E。

(3) 工作台换位电机选择。

工作台驱动采用齿轮齿条、蜗轮蜗杆传动方式。由工作台的工作参数选取齿轮、齿条：选择渐开线圆柱直齿齿轮，模数 $m = 3$，齿数 $Z = 18$，齿宽 $B = 30\text{mm}$，压力角 $\alpha = 20°$。渐开线直齿齿条，模数 $m = 3$，压力角 $\alpha = 20°$，长度 $L = 1700\text{mm}$，宽度 $B = 30\text{mm}$。

根据工作台平移时转速和力矩要求，选择 DG-M17 蜗轮蜗杆电机，具体参数见表 7-4。

表 7-4 DG-M17 蜗轮蜗杆电机参数

型号	额定电压	额定电流	额定转速	额定负载	最大负载	制动力矩
DG-M17	DC 24V	6A	(70±10)r/min	4.5N·m	17.8N·m	≥50N·m

5. 控制系统设计

机器人 4 个自由度的驱动电机为交流伺服电机，这 4 个电机均需要实现闭环控制，控制系统需通过增量式光电编码器反馈回来的位置信号实现闭环控制。送丝机和工作台驱动电机是直流电机，需要通过脉冲宽度调制(PWM)实现无级变速。焊接开关的启停、焊接夹具气缸的推拉采用继电器和电磁阀控制，属于 I/O 量。

1) 主控制器

主控制器选用深圳市雷赛智能控制股份有限公司生产的 SMC6490 四轴运动控制器。该控制器满足 4 个交流伺服电机的控制需求，其脉冲频率可达 5MHz，含有 4 轴直线、2 轴圆弧、连续曲线插补方式以及速度 S 形曲线控制等高级功能，其硬件基于 FPGA 和嵌入式处理器，可以保证系统高速精确控制，以及高可靠性和稳定性。

SMC6490 的接口包括：2 个 PWM 输出口；16 路带光电隔离的数字输入口；8 路带光电隔离的数字输出口，其中有两路可以强电流输出；16 路不带隔离的数字输入口和 16 路不带隔离的数字输出口，如果需要可以通过 ACC7480 光电模块进行隔离；1 个网络接口和 2 个 RS232 接口，可以连接触摸屏作为控制界面。

各轴电机采用增量式光电编码器作为速度和位置反馈，同时每个自由度采用三个光电开关作为标定运动位置的零点和正负极限保护位置，每次在机器人重新启动后需要进行机械系统零点的重新标定，即回零操作。

2) 交流伺服电机驱动器

根据电机功率、电压以及控制要求等考虑，交流伺服驱动器可选择与电机相对应的松下 A5 系列。焊接机器人各轴电动机对应的交流伺服驱动器型号见表 7-5。4 个轴的驱动器和电动机虽型号不同，但是外形基本相同。

表 7-5 焊接机器人各轴电动机对应的交流伺服驱动器型号

轴	X	Y	Z	ϕ
电动机	MHMD042GIC	MSME022GIC	MSME022GID	MHMD022GID
交流伺服驱动器	MBDHT2510E	MADHTI1507E	MADHT1507E	

3) 直流电机调速硬件电路方案

控制器提供了 2 路带隔离的 PWM 信号输出，输出频率可达 1MHz，占空比调节范围为 0～100%。两路 PWM 信号可分别对送丝机电机和工作台平移电机进行调速。直流电机驱动模块型号为 AQMH3615NS，该模块支持电机电压为 9～36V，电压为 24V 时输出功率为 360W，板内 5V 供电，可三线控制调速、正反转及制动，支持满 PWM 输出和电机正反转，PWM 有效范围为 0.1%～100.0%。

4) 人机交互

人机交互采用威纶通 MT6100i 触摸屏，与控制器通过 RS232 交互，人机操作界面开发采用威纶 EasyBuilder8000 组态软件设计。主要包括自动加工、手动操作、参数设定、程序编辑、上传下载和故障诊断 6 个功能，软件方框图如图 7-17 所示。自动加工界面实现调取数控程序自动加工；手动操作界面实现各轴位置运动控制；I/O 操作界面实现数字输入/输出接口的操作与状态监测；程序编辑界面可以新建、编辑、浏览、删除 G 代码程序或者修改程序的属性；上传下载界面实现加工程序上传 U 盘或下载到控制器 Flash 里。参数设定界面完成控制器参数设定、各轴运动参数设定等。部分软件界面如图 7-18 所示。

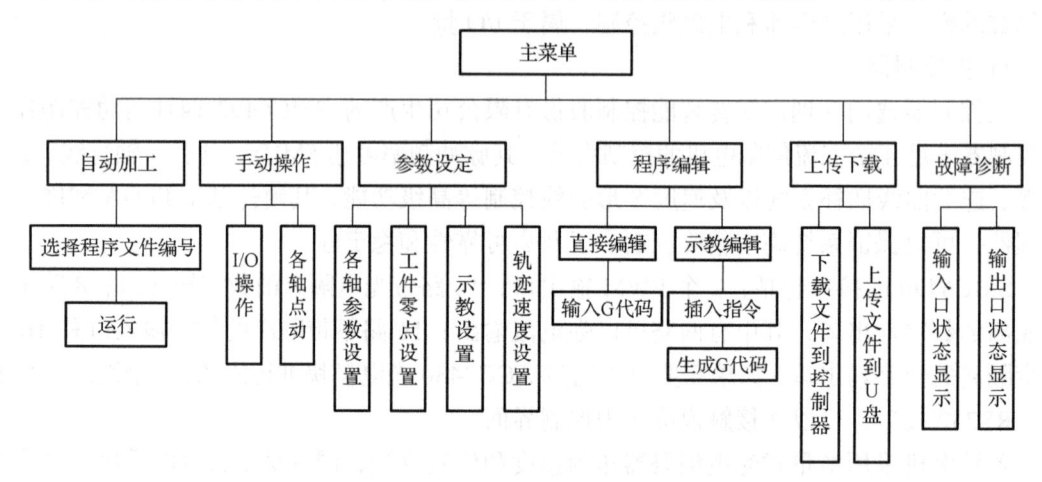

图 7-17 焊接机器人软件方框图

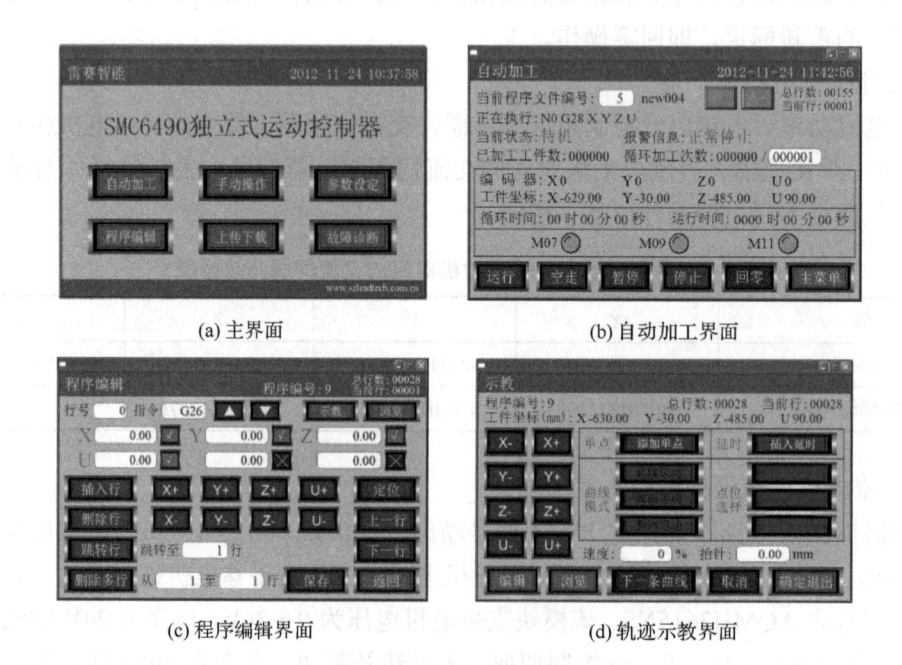

(a) 主界面

(b) 自动加工界面

(c) 程序编辑界面

(d) 轨迹示教界面

图 7-18 部分软件界面

6. 样机实验分析

(1) 焊接机器人样机。焊接机器人样机如图 7-19 所示，包括机器人主机、控制系统(控制柜)、焊机系统(送丝机和配电箱)、工作台与夹具。

(2) 焊接实验。以五档打孔护栏为例进行焊接实验。6 根护栏沿 Y 方向平行放置，焊缝共 10 列 60 条，均在沿 Y 方向的水平面内。每一列焊缝都在一条直线上，采用阵列式焊法，即同一列保持焊枪姿态不变焊枪沿直线运动，在每一列末端调整焊枪姿态角和运动方向。通过该方法缩短了焊枪调整姿态以及空行程的时间，提高了焊接效率。图 7-20 为实际生产中的焊接件成品。

图 7-19 焊接机器人样机

图 7-20 焊接件成品

7.2.2 数控旋压机

1. 工作原理及设计要求

已知 W81K 系列的小型数控旋压机床的工作原理如图 7-21 所示，其主要结构包括主轴系统、模具、旋转尾支撑、X-Y 两轴联动工作台以及切变机构、整形机构等，除主轴采用交流调速电动机驱动以外，其他动作均采用液压驱动。设备的主要技术参数如下：

(1) 可以实现管形产品、锥形产品、圆弧形产品和抛物线形产品的旋压成形；
(2) 编程方式为指令编程、示教编程；
(3) 主轴，功率为 15kW，转速为 200～1200r/min，无级变速；
(4) X-Y 两轴联动工作台，位置伺服控制，最大进给速度为 1m/min，单轴的进给力为 100kN，定位精度为 0.01mm，两轴的最大位移均为 600mm；
(5) 尾承油缸，驱动力为 60kN，行程为 400mm，开关控制；

(6) 切变油缸，驱动力为 60kN，行程为 200mm，开关控制；

(7) 整形油缸，驱动力为 60kN，行程为 200mm，开关控制；

(8) 退料油缸，驱动力为 40kN，行程为 200mm，开关控制。

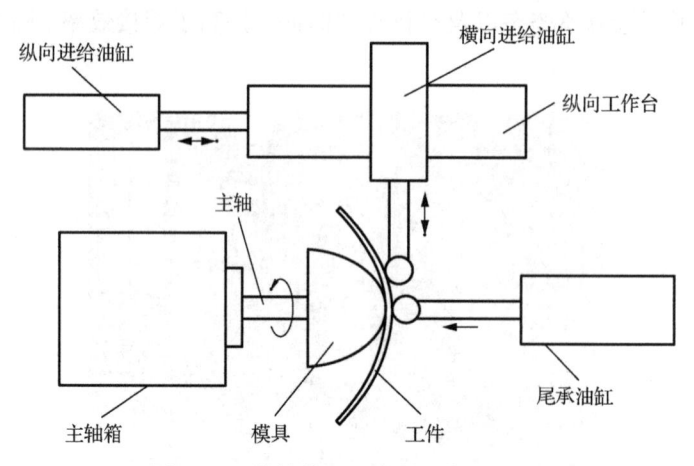

图 7-21　数控旋压机床的工作原理图

2. 系统控制方案设计

1) 总体控制方案

(1) 控制要求。由系统的特点和设计要求可知，控制系统要实现以下功能：

① 油缸的开关动作控制、液压站的启停、主轴启停，共需 16 个输出开关信号；

② 行程开关、状态信号、启停、急停等，共需 20 个输入开关信号；

③ X-Y 工作台油缸的位置伺服控制；

④ 主轴的调速控制；

⑤ 数据输入、轨迹编程及轨迹控制；

⑥ 数据、工作参数显示及总体协调控制；

⑦ 手动/自动操作转换功能。

(2) 控制方案。

根据控制要求系统要完成人机界面、轨迹计算、开关量控制、位置伺服控制等工作，需要实时性好、计算能力强、具有较好显示功能的控制系统。对于这种系统一般有两种比较常用的控制方案，即 PC 工控机集中控制和 PC-PLC 分级控制方案。

采用 PC 工控机集中控制系统时，X-Y 两轴的位置伺服一般选用成品的伺服控制模块，PC 用来完成总体控制、开关量输入/输出、轨迹插补算法、人机界面等任务，需要配备电磁阀驱动卡和光电隔离式输入信号卡。系统的功能都集中到 PC 上，PC 的任务比较重，调试不是很方便。另外，由于系统要处理的开关信号较多，要求系统有手动/自动转换控制功能，这些功能用 PLC 实现更方便可靠。因此，采用 PC-PLC 分级控制方案更有优越性。

PC-PLC 分级控制方案原理图如图 7-22 所示，它包括 PC 一体化工控计算机、PLC 和电液位置伺服控制模块三个部分。

工业 PC 采用研华股份有限公司生产的奔腾Ⅲ一体化计算机，主要承担人机界面、总体控制、轨迹插补、轨迹编程等工作。通过串行通信接口向 X 轴和 Y 轴位置伺服模块发送插补进给命令，通过串行通信接口与 PC 交换信息，通过光栅尺接口卡采集工作台的位置坐标值。

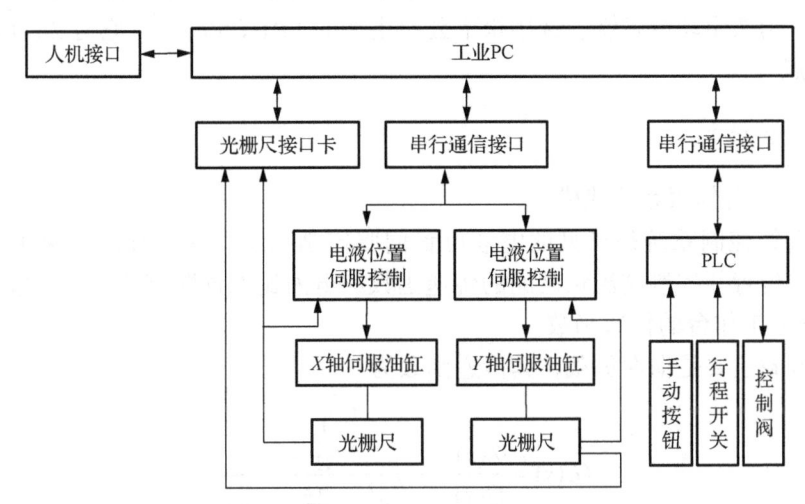

图 7-22 数控旋压机床控制方案原理图

PLC 承担系统的开关量检测、手动信号输入、开关控制量输出等工作。它主要完成以下三个部分的工作：

① 接受 PC 的命令，完成逻辑控制；
② 采集行程开关、手动按键的操作信息反馈给 PC；
③ 接受手动操作命令，完成手动操作功能。

电液位置伺服控制模块与光栅尺构成闭环位置伺服控制系统，接受 PC 发来的 X-Y 坐标运动命令，精确控制纵向和横向两个工作台的运动。

2) X-Y 两轴联动工作台的控制方案

X-Y 两轴联动工作台的两个进给坐标采用相互独立的电液位置伺服控制模块。电液位置伺服控制模块由 2000 系列 DSP 系统与光栅尺反馈传感器构成位置伺服控制系统，它接受 PC 发来的运动指令控制工作台运动。控制模块由光栅尺输入接口、开关量输入接口、4～20mA 电流环接口等组成，输入/输出信号与 DSP 光电隔离，以提高系统的抗干扰能力和安全性。电液位置伺服控制系统原理图如图 7-23 所示。

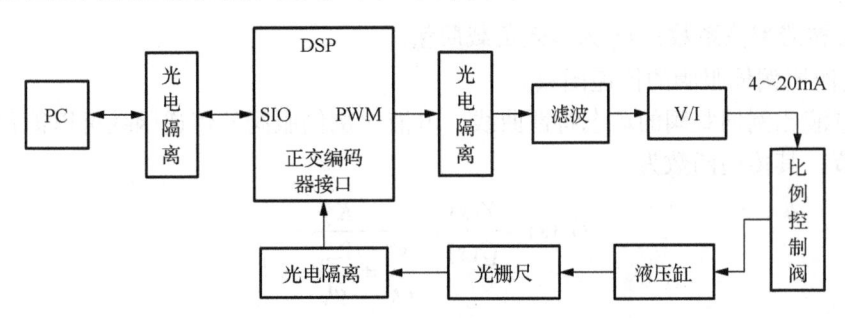

图 7-23 电液位置伺服控制系统原理图

3) PLC 控制系统

PLC 控制系统承担数控旋压机系统所有的开关量的输入/输出和逻辑控制任务，根据控制要求，需要输入点数为 20 点，24VDC 光电隔离输入型；需要输出点数为 16 点，交流继电器输出型，用来驱动电磁铁。选用松下公司生产的 FP1-C56PLC，它有 24 个输出节点、32 个输入节点。

3. 控制器设计

1) 液压工作台伺服系统建模

工作台进给控制系统是典型的电液位置伺服控制系统，系统开环传递函数包括两部分：工作台的位置与控制阀流量之间的传递函数和电液比例伺服阀的传递函数。

(1) 液压缸工作台的传递函数。

液压缸负载主要是惯性负载，其传递函数为

$$G_s(s) = \frac{Y(s)}{Q(s)} = \frac{\dfrac{1}{A}}{s\left(\dfrac{s^2}{\omega_n^2} + \dfrac{2\xi_n}{\omega_n}s + 1\right)} \tag{7-1}$$

对负载扰动的开环传递函数为

$$G_F(s) = \frac{Y(s)}{F(s)} = \frac{\dfrac{1}{A}\left(\dfrac{V_0}{2\beta_e} + K_m\right)}{s\left(\dfrac{s^2}{\omega_n^2} + \dfrac{2\xi_n}{\omega_n}s + 1\right)} \tag{7-2}$$

式中，ω_n 为液压缸-负载的固有频率；ξ_n 为液压缸-负载的阻尼比；K_m 为等效泄漏系数；V_0 为液压缸的有效容积；β_e 为液压油的压缩系数；A 为液压缸的有效活塞面积。

$$\omega_n = A\sqrt{\frac{2\beta_e}{m_0 V_0}} \tag{7-3}$$

$$\xi_n = \frac{\omega_n}{4A^2}\left(\frac{BV_0}{\beta_e} + 2K_m m_0\right) \tag{7-4}$$

式中，B 为黏滞摩擦系数；m_0 为等效负载质量。

(2) 电液比例伺服阀的传递函数。

根据电液比例伺服阀的动态特性曲线，电液比例伺服阀的传递函数可以简化为一个二阶振荡环节，其传递函数为

$$G_v(s) = \frac{Y(s)}{Q(s)} = \frac{K_v}{\dfrac{s^2}{\omega_v^2} + \dfrac{2\xi_v}{\omega_v}s + 1} \tag{7-5}$$

式中，K_v 为伺服阀增益，m^3/A；ω_v 为伺服阀的固有频率；ξ_v 为伺服阀的阻尼比。

(3) 系统模型。

根据液压缸负载和电液比例伺服阀的传递函数,得到阀控制油缸系统的模型如图 7-24 所示。

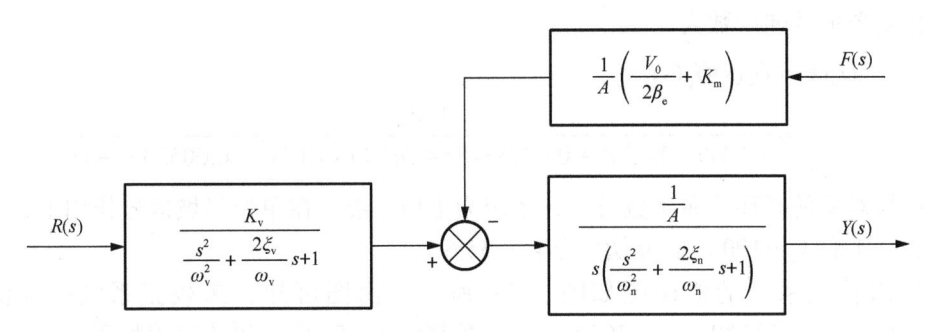

图 7-24 阀控制油缸系统的模型

2) 工作台位置控制系统设计

(1) 模型参数的确定。

由于 X-Y 工作台的两进给系统具有相似的特性,以横向进给油缸为例确定模型的参数。已知液压旋压机横向进给系统的参数为：$A = 0.01\text{m}^2$,液压缸的有效行程 $L = 500\text{mm}$,工作台的等效负载质量为 $m_0 = 100\text{kg}$,液压油的压缩系数 $\beta_e = 14 \times 10^8 \text{Pa}$,$K_v = 1.8\text{m}^3/\text{A}$,$\omega_v = 300\text{rad/s}$,$\xi_v = 0.8$。

① 液压缸负载参数计算。

液压缸负载的固有频率为

$$\omega_n = A\sqrt{\frac{2\beta_e}{m_0 V_0}} = A\sqrt{\frac{2\beta_e}{m_0 AL}} = 0.01\sqrt{\frac{2 \times 14 \times 10^8}{100 \times 0.01 \times 0.5}} = 748.3(\text{Hz})$$

阻尼系数主要取决于液压油缸的泄漏量,实际很难准确计算。对于一般的液压缸系统取阻尼系数 $\xi = 0.2$。得到油缸系统的传递函数为

$$G_s(s) = \frac{Y(s)}{Q(s)} = \frac{1/A}{s\left(\dfrac{s^2}{\omega_n^2} + \dfrac{2\xi_n}{\omega_n}s + 1\right)} = \frac{100}{s\left(\dfrac{s^2}{748.3^2} + \dfrac{2 \times 0.2}{748.3}s + 1\right)}$$

② 比例阀的传递函数。

$$G_v(s) = \frac{K_v}{\dfrac{s^2}{\omega_v^2} + \dfrac{2\xi_v}{\omega_v}s + 1} = \frac{1.8}{\dfrac{s^2}{300^2} + \dfrac{2 \times 0.8}{300}s + 1}$$

(2) 位置控制器设计。

由被控对象的开环传递函数可知,系统为 I 型系统,稳态位置误差为零。用频率设计方法对系统进行串联滞后校正设计,使之满足：在单位斜坡信号作用下,系统的速度误差系数 $K_v \geq 100$,系统校正后的相位裕量 $\gamma > 60°$。

① 开环特性分析。由上面的传递函数得到伺服阀、油缸系统开环模型是 I 型系统。

② 位置伺服控制器设计。伺服进给系统是高精度的位置伺服系统，希望系统具有较高的位置精度，且超调量很小。根据对象的特点宜采用滞后校正网络，通过滞后校正提高系统的增益，保证一定的幅值裕量和相位裕量。

被控对象的传递函数为

$$G_0(s) = G_s(s)G_v(s)$$
$$= \frac{1.8k_0}{s(1.786 \times 10^{-6}s^2 + 0.0005345s + 1)(1.11 \times 10^{-5}s^2 + 0.005333s + 1)}$$

由被控对象的开环传递函数可知，系统为 I 型系统，在单位斜坡信号作用下，速度误差系数 $K_v = 1.8 \times k_0 = 100$，取补偿增益 $k_0 = 55.6$。

绘制未校正系统的伯德图如图 7-25 所示。由图可知，未校正系统的幅值裕量 K_g=10.5dB，相位穿越频率 ω_g=264rad/s，相位裕量 γ=56.6°，幅值穿越频率 ω_c=98.1rad/s。计算得到的相位裕量不满足要求，因此需要进行校正。

根据系统要求，拟采取滞后校正，设滞后校正网络的模型为

$$G_c(s) = k_c \frac{Ts+1}{\beta Ts + 1} \tag{7-6}$$

式中，$\beta > 1$，一般可以取 $\beta = 10$。

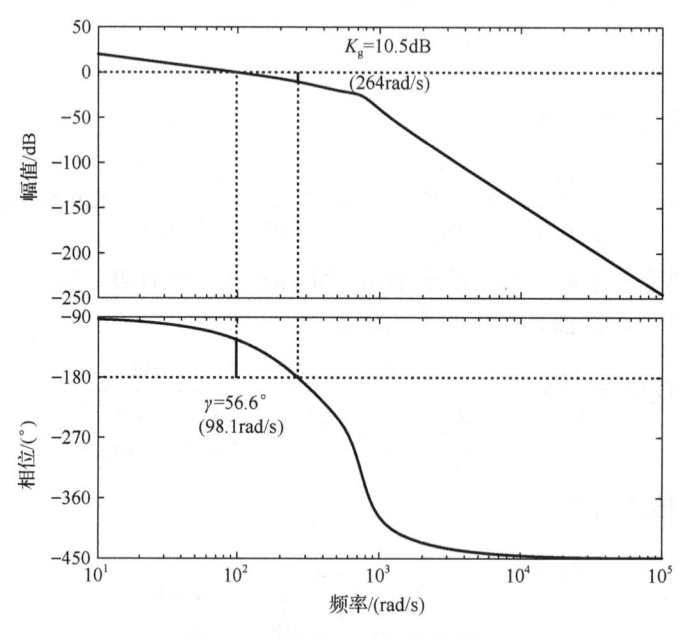

图 7-25 未校正系统的伯德图

按照滞后校正装置的设计方案，根据相位裕量大于 60° 的要求确定校正网络的参数，$T = 0.97$，$\beta = 2.89$，从而得出滞后校正装置的传递函数为

$$G_c(s) = 2 \times \frac{0.97s+1}{2.8s+1}$$

校正后系统的传递函数为

$$G_0(s) = G_s(s)G_v(s)$$
$$= \frac{200}{s(1.786\times10^{-6}s^2 + 0.0005345s + 1)(1.11\times10^{-5}s^2 + 0.005333s + 1)} \cdot \frac{0.97s+1}{2.8s+1}$$

根据校正后系统的模型参数，绘出伯德图，如图 7-26 所示，校正后系统的相位裕量为 66.2°，幅值裕量为 13.6dB，满足设计指标要求。

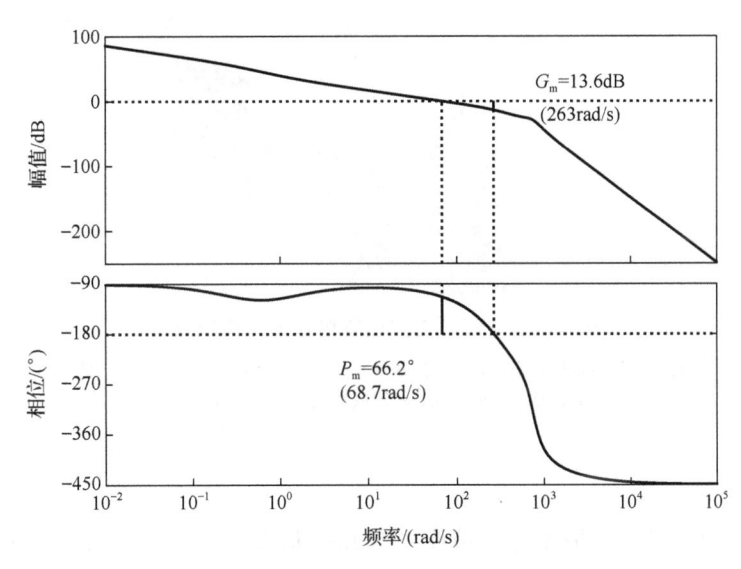

图 7-26 校正后系统的伯德图

7.2.3 深水闸刀式切管机

1. 深水闸刀式切管机的工作原理

我国自 1985 年在渤海埕北油田建成第一条海底输油管道以来，在不同海域已建成各种管道近百条，总长度在 3000km 以上。随着工作时间的推移，海底管道故障出现的频率逐年增加。水下破损油气管道维修时需要切断破损管段，更换新管。现在切割管道的方法是用乙炔气割法，首先需要将钢筋混凝土包层去掉再进行切割钢管作业，操作过程受到水下环境和管道内输送介质等很多因素的限制，操作麻烦，时间延续长，效率低。闸刀式切管机就是为管道维修而研制的设备之一，其水下工作示意图如图 7-27 所示。采用闸刀式切管机可以避免环境和切割要求的限制，如用特殊锯片能够一次切断钢筋混凝土包层和钢管层，用一般锯片可切断纯钢管，该机使用方便，切割效率高。该切管机虽然是为水下管道维修设计的，但也可应用于其他的切割任务，如轨道、钢筋、海上平台钢结构等。

闸刀式切管机简称闸刀锯，其主要工作过程可分为夹紧过程、切割过程和进给过程，在整个过程中要求能够对夹紧力进行实时监测，夹紧力的监测主要通过液压缸压力监测来实现，并能够从上位机控制切割速度以及进给速度。闸刀锯采用液压驱动方式，通过 PLC 控制电磁阀完成闸刀锯各部分的动作。

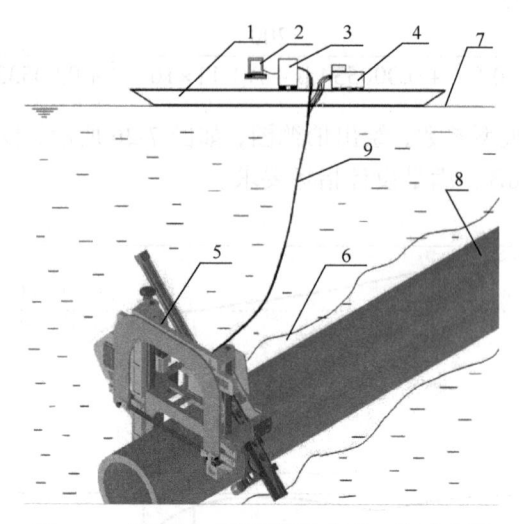

图 7-27 液压闸刀式切管机水下工作示意图

1-工作母船；2-计算机操作系统；3-测控系统；4-液压控制系统；5-液压闸刀式切管机；
6-海底；7-海平面；8-海底输油管道；9-脐带缆

2. 结构设计

深水闸刀式切管机由机械本体、液压系统和控制系统三部分组成。

其中，机械本体包括机架、切割机构、进给机构、让刀机构、夹持机构、浮力装置等。总体结构三维图如图 7-28 所示。

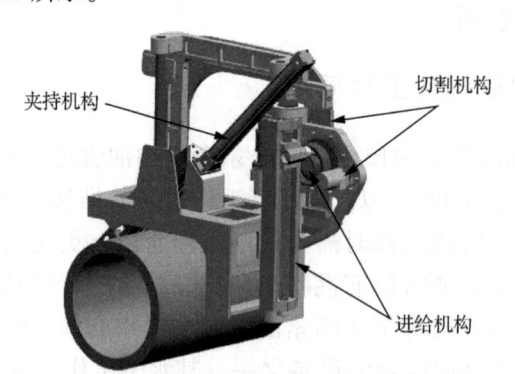

图 7-28 深水闸刀式切管机三维图

(1) 切割机构。切割机构由刀架、刀架支架、传动装置、液压马达组成。其工作原理是通过正弦机构将液压马达的回转运动转化为锯条的直线运动。切割机构工作原理如图 7-29 所示，大齿轮上固连一个偏心拨叉，拨叉只能在 T 形导槽中运动，同时机架由于导槽限制只能左右移动，两运动合成为闸刀锯的横向切割运动，此运动为正弦运动。液压马达为伊顿 M0H06E01B2，其参数如表 7-6 所示，齿轮减速器参数如表 7-7 所示。

第 7 章 机电一体化系统应用实例

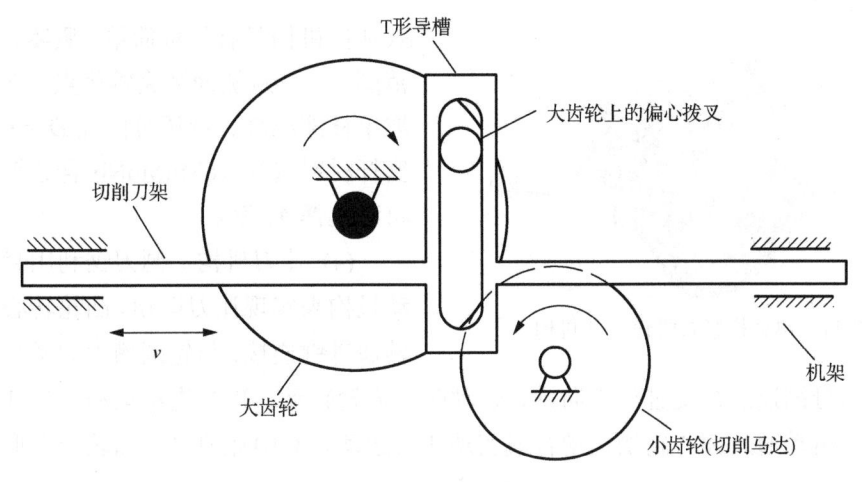

图 7-29 切割机构工作原理图

表 7-6 液压马达参数表

名称	排量/(mL/r)	额定压力/MPa	最大转速/(r/min)	最低转速/(r/min)	最大扭矩/(N·m)
伊顿 M0H06E01B2	97	12.4	585	55	155
EPM50	49.5	14	1210	10	94

表 7-7 齿轮减速器参数

输入功率/kW	最大输入转速/(r/min)	最小输入转速/(r/min)	减速比	转速范围/(r/min)	输出转矩/(N·m)
3.65	400	15	3	5～133	210～9594

(2) 进给机构。进给机构由液压马达、链传动减速机构、丝杠螺母、机架、刀架支架、导向柱组成。

液压马达通过链传动带动丝杠转动，大齿轮轴上通过键连接一个具有凸轮偏心结构的环形槽，环形槽约束丝杠螺母实现上下运动，带动刀架支架在导向柱上运动，刀架支架带动刀架上下运动，实现刀锯的进给运动，如图 7-30 所示。液压马达的型号为 EPM50，参数见表 7-6。

(3) 夹持机构。深水闸刀锯夹持机构选用单臂抱紧式设计方案，如图 7-31 所示。本系统的夹持机构采用液压缸夹紧设计，工作时活塞杆收缩带动夹钳运动，杆上夹钳与机座配合，达到管道夹紧的目的。单臂夹持装置只需一个液压缸驱动工作，在牺牲部分夹持力的条件下，降低液压系统负担，在满足夹持力需求条件下相对于双臂抱紧

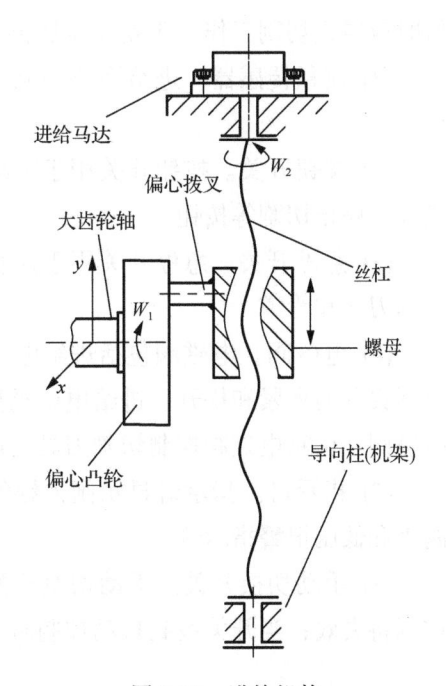

图 7-30 进给机构

图 7-31 单臂抱紧式管道夹持机构

式加持机构具有结构简单、紧凑，适应管径范围大，可从侧面装夹等优点。夹持机构选取单杆液压缸，液压缸内径 $D = 63$mm。活塞杆材料选择 18MnMoNb 合金钢，液压缸材料选择 45 钢。

(4) 让刀机构。闸刀锯利用封闭凸轮传动机构来实现让刀运动。凸轮转心与大齿轮轴通过键连接，凸轮圆槽中拨叉与进给系统中的丝杠螺母固连。系统进行横向锯切运动时大齿轮转动，进行进给运动时丝杠螺母上下运动，两个运动通过偏心轮槽运动合成实现让刀运动。其中让刀量为凸轮转心形心的偏心距离。

(5) 浮力装置。浮力装置选用合成复合泡沫材料，型号为 SBM-048。

3. 控制系统硬件设计

闸刀锯硬件系统设计包括液压部分设计和电气部分设计。闸刀锯液压原理图如图 7-32 所示。

系统主要被控对象为电磁阀，以及操作所需的输入按钮、输出指示灯及传感器。

(1) 限位开关。对应夹紧复位、进给复位和进给停止操作，安装了 3 个限位开关。

(2) 压力传感器。夹紧回路的压力传感器，用于实时监测夹紧缸中的压力。在压力过低时应停止切割工作，重新夹紧后再工作。

(3) 流量传感器。进给回路的流量传感器用于计算刀具进给速度，实现刀具进给速度调节。

(4) 按钮开关。按钮开关用于手动发送指令，包括启动、夹紧、切割、进给、退刀、松开、停止切割等按钮。

(5) 急停开关。急停开关用于控制闸刀锯在工作中出现紧急状况时切断电源，避免损坏闸刀锯和管道。

(6) 电磁阀。电磁阀包括进给电磁阀、夹紧电磁阀和切割电磁阀。夹紧电磁阀控制闸刀锯夹具的夹紧和松开。进给电磁阀控制工作时刀盘的纵向进给，包括进给电磁阀和退刀电磁阀。切割电磁阀控制切割刀具的启动和停止。

(7) 指示灯。指示灯显示闸刀锯的工作状态，包括夹紧复位、进给复位、进给限位、漏水和低压报警指示灯。

(8) 手动切换开关。手动切换开关用于切换操作方式，当开关拨到手动时，上位机的控制将失效；当开关拨到自动控制时，机械按钮控制将失效。

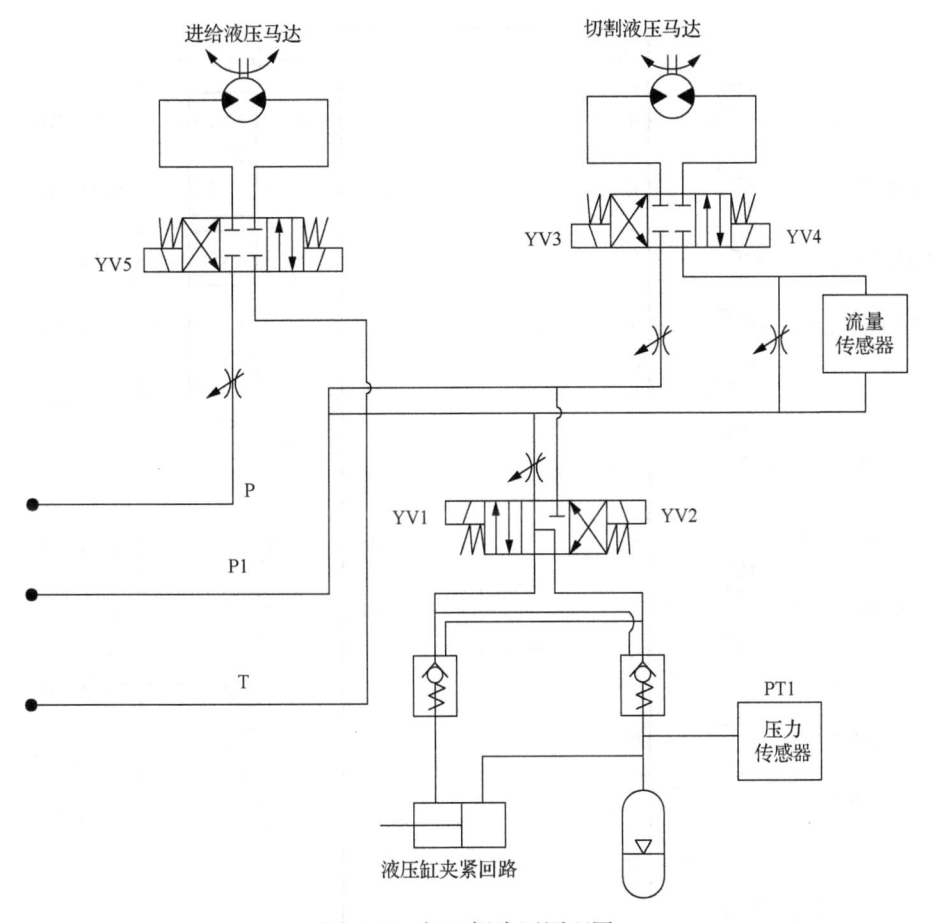

图 7-32 闸刀锯液压原理图

(9) PLC 选型。本系统需要 10 个数字量输入，1 个模拟量输入，11 个数字量输出。选择西门子 S7-1200 系列 PLC，型号为 CPU 1214C AC/DC/Rly。

控制系统 PLC 部分硬件接线图如图 7-33 所示。

4. 控制系统软件设计

根据系统控制要求，闸刀锯工作时的步骤如下。

(1) 按下启动按钮，闸刀锯开始工作。

(2) 夹具松开，直到夹具达到指定位置，触发夹紧复位开关，夹具停止运动；如果开关本来就已经被触发，则夹具不动，夹紧复位指示灯亮起。

(3) 刀盘开始纵向移动，直到刀盘触发进给复位开关，刀盘停止运动；如果开关本来就已经被触发，则刀盘不动；进给复位指示灯亮起。

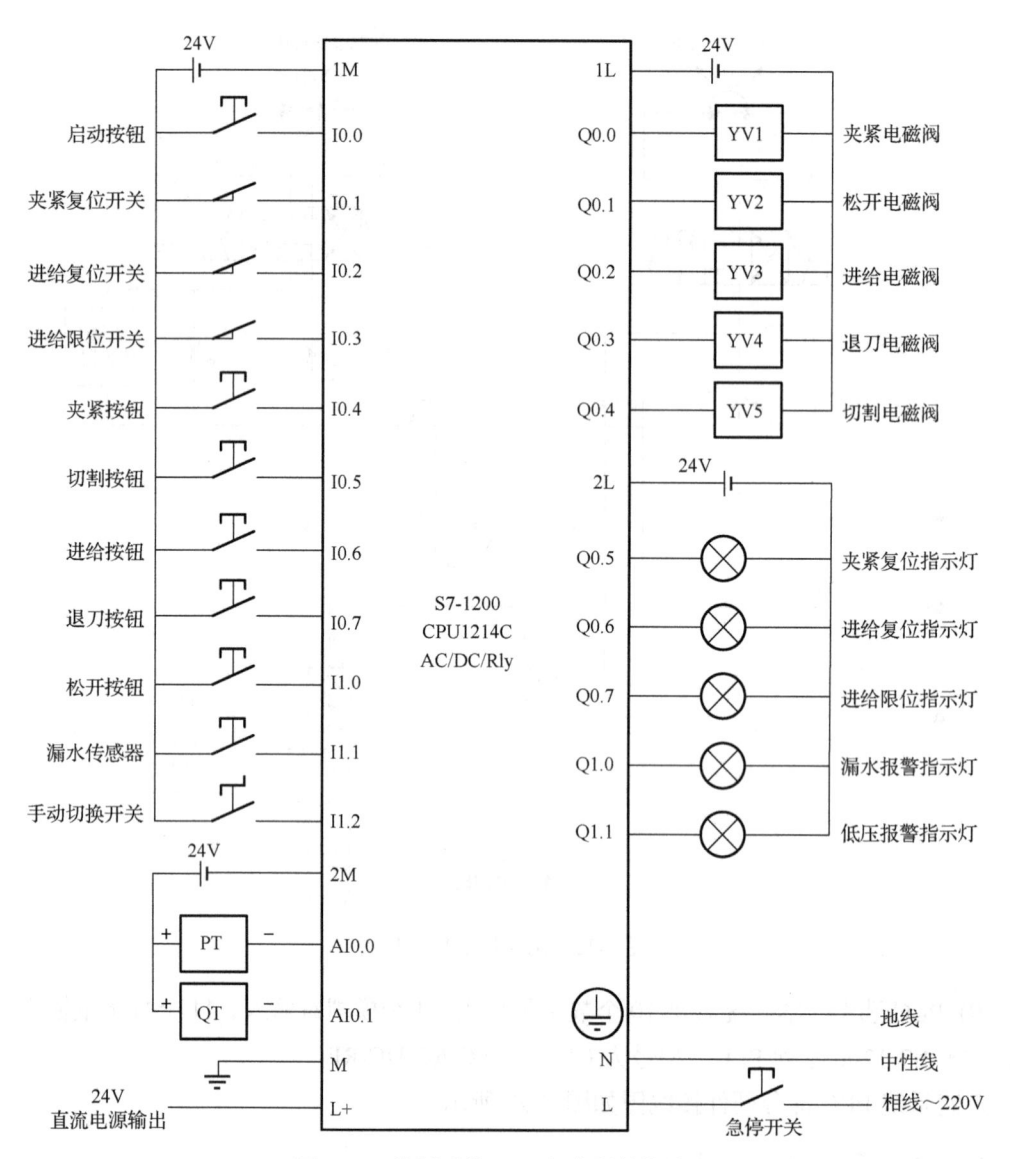

图 7-33 控制系统 PLC 部分硬件接线图

(4) 按下夹紧按钮，夹紧电磁阀工作，液压缸缩回，夹具夹紧，直到压力传感器返回压力值大于等于 9MPa，在整个工作过程中应实时监测，一旦压力低于 9MPa，则通过指示灯报警。

(5) 按下切割按钮，切割液压马达开始工作，带动刀具的左右运动，实现切割运动。

(6) 按下进给按钮，进给马达开始工作，带动整个刀盘向下进给，配合刀具的横向切割运动，将实现管道切断功能。

(7) 当刀盘进给到指定位置时，触发进给限位开关，刀盘停止进给，此时管道已经切断。

(8) 停止切割按钮，刀具的横向切割运动停止，刀具停止切割。

(9) 按下退刀按钮，刀盘向上运动，直到触发进给复位开关，刀盘停止运动。

(10) 按下松开按钮，夹具开始松开，直到触发夹紧复位开关，夹具停止工作。

(11) 在整个工作中，如果出现意外情况，按下急停开关，可以使所有的动作都停止。

(12) 整个工作过程中如果电控仓进水，则漏水传感器检测到信号，指示灯报警。

(13) 工作结束。

7.2.4　3D 打印机

1．3D 打印机概述

3D 打印机即三维立体打印机(3D printer，3DP)，是快速成形(rapid prototyping，RP)的一种工艺，把液态光敏树脂材料、熔融的塑料丝、石膏粉等材料通过喷射黏结剂或挤出等方式，采用层层堆积的方式分层制作出三维模型。按照 3D 打印的成形机理，通常将 3D 打印分为两大类：沉积原材料制造与黏合原材料制造，涵盖十多种具体的三维快速制造技术，较为成熟和具备实际应用潜力的技术有 5 种：熔融沉积成形(fused deposition modelling，FDM)、立体光固化成形(stereo lithography apparatus，SLA)、分层实体制造(laminated object manufacturing，LOM)、三维粉末粘接(three dimensional printing and gluing，3DP)和选择性激光烧结(selective laser sintering，SLS)。

目前主流的 FDM 桌面打印机结构形式主要分为 3 种：Prusa i3 结构、箱体结构、并联臂结构，如图 7-34 所示。

(1) Prusa i3 结构是 Reprap 打印机 prusa mendel 的第三代机型，采用框架结构，主体为矩形龙门架，实现打印头 z 轴与 y 轴方向的移动，打印平台安装在 x 轴方向的移动机构上。各轴由步进电机驱动，传动方式为传送带或丝杠螺母机构，如图 7-34(a)所示。

(2) 箱体结构打印机的打印头沿 x 轴和 y 轴方向移动，由步进电机带动同步带驱动；打印平台沿 z 轴方向移动，由步进电机带动丝杠驱动。其结构稳定，振动小，工作空间大，可以打印大型模型。Ultimaker 和 Makerbot 是该类型打印机的代表。Ultimaker 打印头采用十字交叉光杆的固定方式，使得打印更加稳定，也间接提升了打印的精度与速度，如图 7-34(b)所示。Makerbot 打印机由两个电机通过同步带分别控制打印头的两个轴向的运动。

(a) Prusa i3　　　　　　　(b) Ultimaker　　　　　　　(c) Delta

图 7-34　FDM 桌面打印机结构形式

(3) 并联臂结构又称 Delta 机型或三角洲机型，如图 7-34(c)所示。三角形结构增加了框架的稳定性，提高了打印速度。其特点是占地面积小，结构较简单，打印速度快。但由于其坐标定位的插值算法复杂，对打印精度有一定的影响。

2. Ultimaker2 打印机

本节以 Ultimaker2 打印机为例介绍 FDM 桌面打印机。

1) 机械结构

Ultimaker 打印机主体结构如图 7-35 所示。机械系统由主体框架、传动系统、挤出系统和打印平台四个部分组成。其中主体框架用于支撑整台成形设备的所有零部件的装配，是打印设备的基础结构；传动系统包括 X、Y、Z 三个轴，根据打印模型带动打印喷头组件和成形平台等功能执行件进行有规律的运行；挤出系统包括耗材供给的送丝机构和耗材加热的挤出头模块，将打印耗材输送入流道内并加热至熔融状态，最后从喷嘴挤出至成形平台上；打印平台是完成整个打印流程的工作平台，包括玻璃底板和热床。

X 轴和 Y 轴的传动机构主要引导喷头组件对打印模型的二维层面进行填充成形，该机构的传动精确程度直接影响了打印模型的成形质量，因此传动方式的选择对成形精度有着重要的影响。目前 3D 打印机二维层面成形所采用的传动机构一般为同步带或滚珠丝杠，这两种机构都可达到将旋转运动转化为直线运动的效果。其中滚珠丝杠因其构造精密，具有精度高、噪声小、传动效率高等特点，但在水平传动时跨距较大就会产生丝杠局部弯曲变形，从而影响传动精度，故不适合长距离传动；而同步带的传动方式则具备以下优势：①弹性变形小、传动精准、传动效率较高；②能量损失较少、节能效果较好；③适当加宽同步带宽度即可实现较大负载的平稳传动，调控性灵活。基于技术指标中打印速度、成形精度、负载等情况的综合考虑，选用同步带传动方式可以满足设计条件要求，如图 7-36 所示。X、Y 两轴传动机构相似。

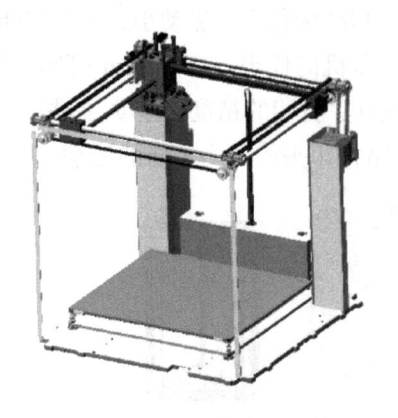

图 7-35 Ultimaker 打印机主体结构

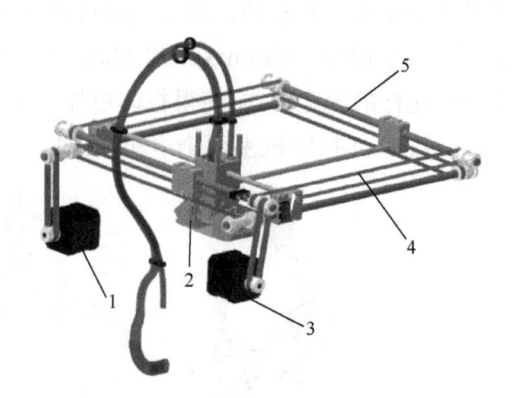

图 7-36 XY 轴传动机构

1、3-X、Y 轴电机；2-打印喷头；4、5-Y、X 轴传动机构

Z轴传动机构主要负责打印模型的垂直高度分层。机构的传动效率和传动精度直接影响打印模型层与层之间的黏合程度，进而影响打印件整体的成形精度和表面粗糙度，因此Z轴传动机构选用滚珠丝杠。

3D打印机喷头装置是打印机最主要的执行部件，打印机成形精度绝大部分取决于打印喷头装置的性能。为了提高打印速度和成形精度，需要减轻打印机喷头重量。打印机喷头由步进电机、加热器、喷嘴和风扇组成，加热器加热喷嘴，步进电机轴转动将耗材丝挤出到喷嘴，加热到熔融状态后黏在打印平台的热床上成形。热床的作用是给材料加热，把材料黏在上面，防止翘边。

2) 控制系统

3D打印机的工作流程为：系统上电后，读取打印模型文件并发送到触摸屏幕，用户选择要打印的模型后进行打印参数设置，进而启动挤出头和热床加热电路进行预热，并通过温度传感器实现温度闭环控制。预热完成后，控制系统将根据模型的G代码文件，控制3个轴向电机和挤出系统的步进电机完成打印工作，打印完成后，系统会对各个模块进行复位操作。

打印机控制系统硬件主要由控制器、电机驱动、温度测控、人机交互、通信、SD卡(U盘)、电源等功能模块构成，如图7-37所示。主控制器为高档单片机，负责读取打印程序、控制电机、显示、接收按键操作、通信等工作。SD卡(U盘)用于存储打印文件。

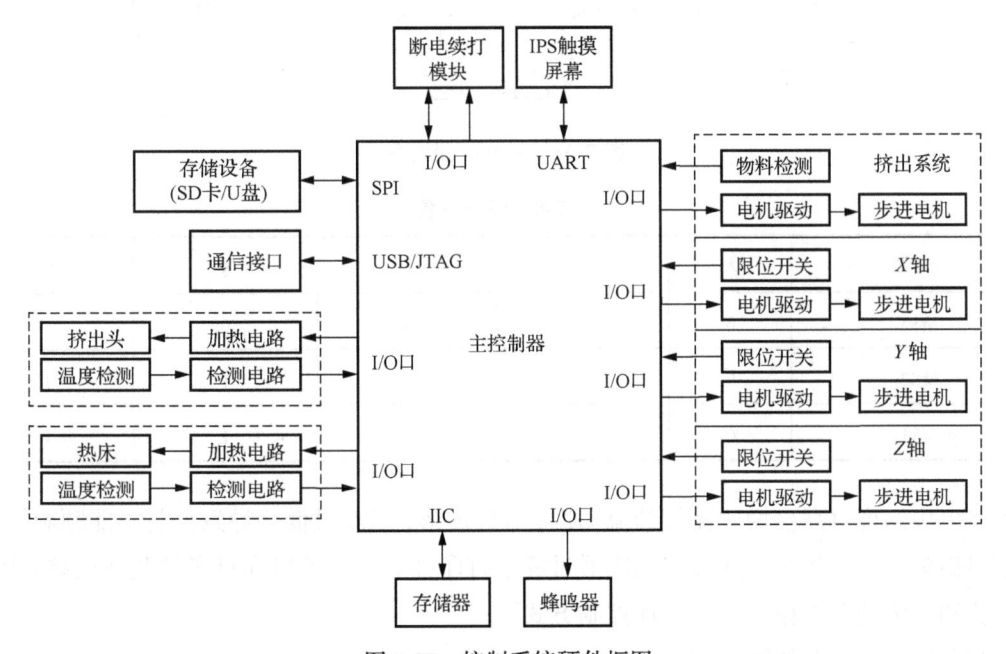

图7-37 控制系统硬件框图

步进电动机采用开环控制方式，XYZ三个轴分别设有限位开关，用于监测打印边界信号和实现归零操作。步进电动机的驱动电路为A4988，是一款带转换器和过流保护的DMOS

微步驱动器，具有全、半、1/4、1/8 及 1/16 五种步进模式，输出驱动性能可达 35V/±2A。X 轴步进电机驱动电路 A4988 的接线如图 7-38 所示。其中，①ENABLE(使能)接低电平则模块开始工作，接高电平则模块关机，接主控制器的 PA5 引脚；②MS1、MS2、MS3 为细分设置，由细分设置表 7-8 可知，电路中三个引脚接高电平，为 16 细分；③STEP 脉冲输入，输入一个方波则电机转动一个步距角，接主控制器的 PA3 引脚；④DIR 方向控制，低电平正转，高电平反转，接主控制器的 PA1 引脚。

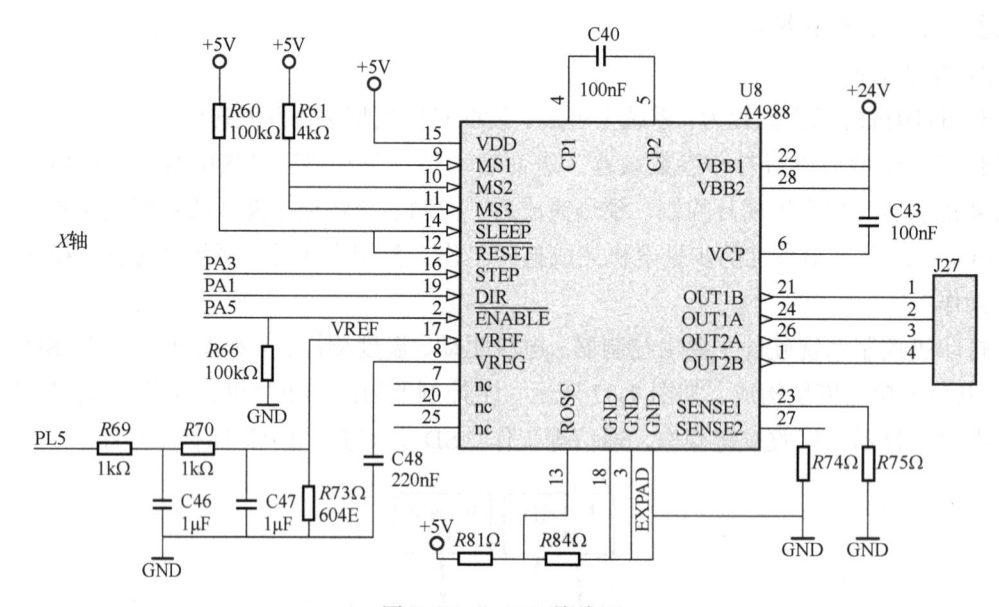

图 7-38　A4988 接线图

表 7-8　细分设置

细分数	无	2	4	8	16
MS3	0	0	0	0	1
MS2	0	0	1	1	1
MS1	0	1	0	1	1

挤出头温度过高会增加耗材的流动性，难以成形；温度过低会导致耗材不能顺利挤出，致使挤出头堵塞。热床温度会影响成形过程中打印件的黏着效果和打印件几何误差。因此挤出头和热床的温度控制采用闭环控制方式。

打印机控制电路如图 7-39 所示。

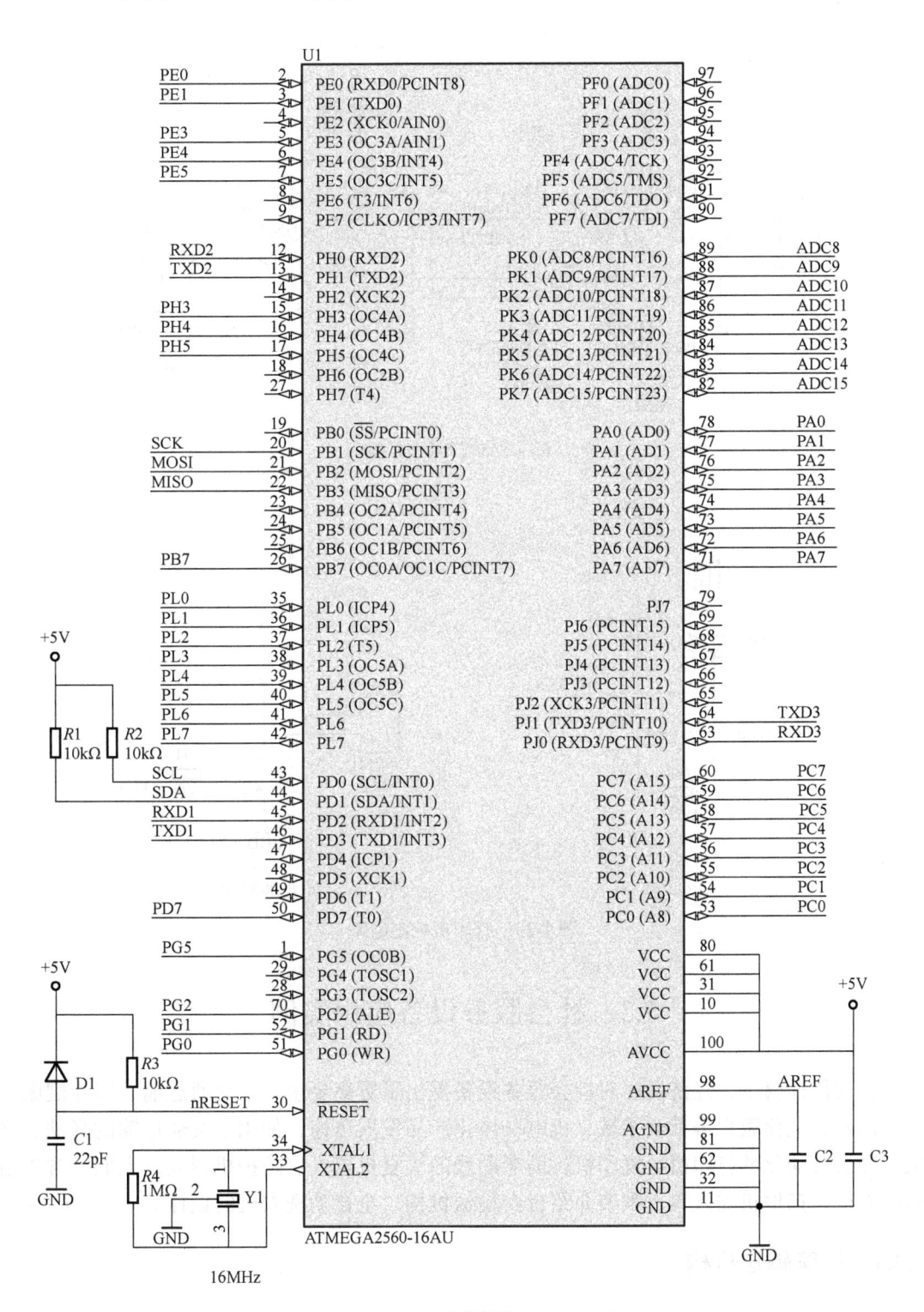

(a) 主控制器

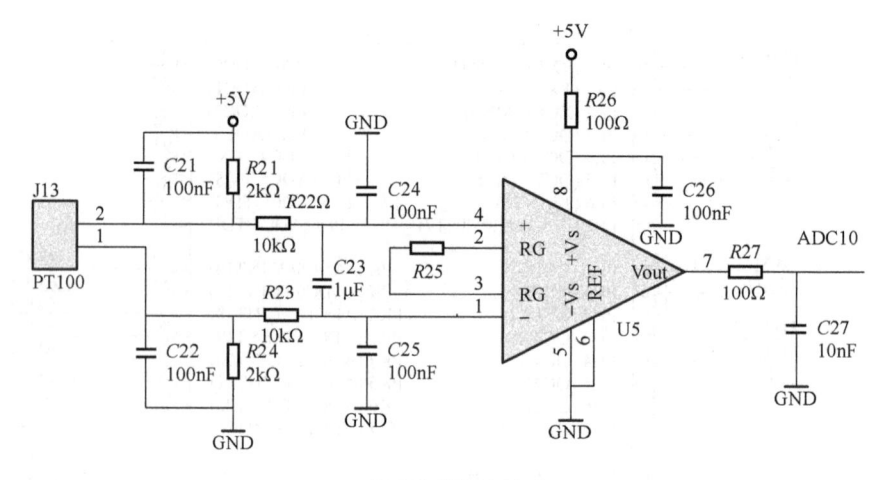

(b) 温度传感器检测电路

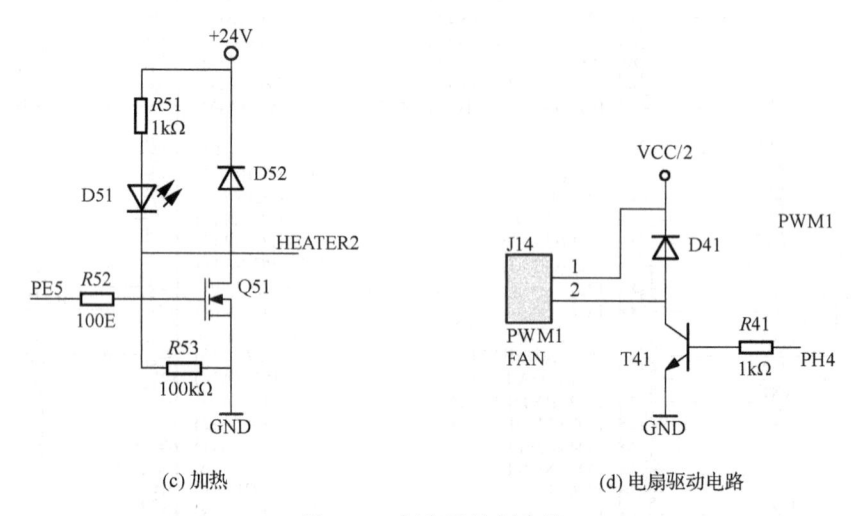

(c) 加热

(d) 电扇驱动电路

图 7-39　打印机控制电路

7.3　社会服务设备应用实例

在现代社会中，经济发展对社会服务设备提出了更高要求。在交通运输、医疗健康、养老助残、文化教育等社会领域，机电一体化产品发展迅速，如用于交通运输的高铁、飞机，办公自动化的打印机、复印机，助老助残的康复机器人、陪护机器人，人们日常生活的洗衣机、扫地机器人等。本节介绍行李输送机构、全自动洗衣机的设计。

7.3.1　行李输送机构

大型机场都配有自动行李输送机构，它是典型的机电一体化系统，多采用 PLC 进行控制。图 7-40 所示是某机场行李输送系统的构成图。

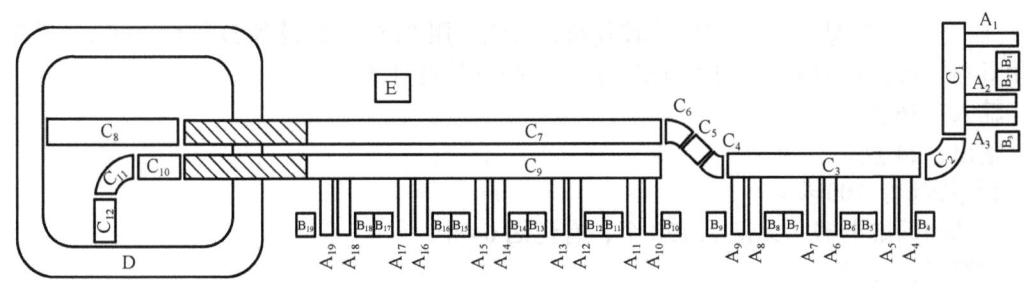

图 7-40 行李输送系统构成图

$A_1 \sim A_{19}$-称量输送机；$B_1 \sim B_{19}$-工作柜台；$C_1 \sim C_{12}$-转载输送机；D-行李转盘；E-控制系统

1. 行李输送机构的构成和功能

行李输送系统由 31 条胶带输送机、1 台行李转盘及控制系统组成。图 7-40 中，$A_1 \sim A_{19}$、$B_1 \sim B_{19}$、$C_1 \sim C_6$ 设在二楼候机厅，$C_{10} \sim C_{12}$ 设在一楼，$C_7 \sim C_9$ 设在二楼。

该系统可同时办理 10 个以上航班登机手续。旅客在工作柜台处办理登机手续，托运的行李从称量输送机送往转载输送机至行李转盘，由机场工作人员分拣后送往各航班。

2. 控制要求

该系统分为 A、B、C 三个分系统。

A 系统由 $A_1 \sim A_3$、$B_1 \sim B_3$、$C_1 \sim C_3$ 和 D 设备组成，当 $B_1 \sim B_3$ 工作柜台办理登机手续时，只需动用 A 系统。

B 系统由 $A_4 \sim A_9$、$B_4 \sim B_9$、$C_4 \sim C_8$ 和 D 设备组成，当 $B_4 \sim B_9$ 工作柜台办理登机手续时，只需动用 B 系统。

C 系统由 $A_{10} \sim A_{19}$、$B_{10} \sim B_{19}$、$C_9 \sim C_{12}$ 和 D 设备组成，当 $B_{10} \sim B_{19}$ 工作柜台办理登机手续时，只需动用 C 系统。

A、B、C 各分系统由各自的启停按钮来控制，称量输送机 A 的启停由工作柜台下边的脚踏开关来控制。在每一个工作柜台($B_1 \sim B_{19}$)上都设有启停按钮，但 $B_1 \sim B_3$ 上的启停按钮只能启停 A 系统；$B_4 \sim B_9$ 上的启停按钮只能启停 B 系统；$B_{10} \sim B_{19}$ 上的启停按钮只能启停 C 系统。

设备按逆流程启动，这样可避免同时启动时电流过大，而影响其他设备。逆流程启动顺序是：先启动下游输送设备，经延时后自下而上逐条向上游发展，如 C 系统输送设备的启动过程为 $D \xrightarrow{\Delta t} C_{12} \xrightarrow{\Delta t} C_{11} \xrightarrow{\Delta t} C_{10} \xrightarrow{\Delta t} C_9$。

设备的停车按顺流程进行，即先停上游输送设备，经延时后，自上而下逐条向下游发展，这样可以避免上游设备最后一件行李输出后，设备仍然运行而浪费能源，如 C 系统输送设备的停车过程为 $C_9 \xrightarrow{\Delta t} C_{10} \xrightarrow{\Delta t} C_{11} \xrightarrow{\Delta t} C_{12}$。

行李转盘 D 的停车，则由安装在行李转盘边缘上的停车按钮控制。这主要考虑到行李送到转盘后不一定马上能分拣，因此转盘的停车由分拣人员控制。

3. PLC 控制系统

1) PLC 控制系统的构成

PLC 的选择应考虑输入输出点有多少，以及控制设备的数量及要求。转载输送机

$C_1 \sim C_{12}$、行李转盘 D 的控制要求较复杂，因此采用 PLC 控制设备 D 与 $C_1 \sim C_{12}$。该系统采用日本三菱公司的 F1-60MR PLC，其主要技术性能如下。

输入：36 点。

输出：24 点。

程序容量：100 步。

内部辅助继电器：无记忆 128 个，有记忆 64 个。

定时器：32 个。

计数器：32 个。

PLC 各输入、输出点连接如图 7-41 所示。

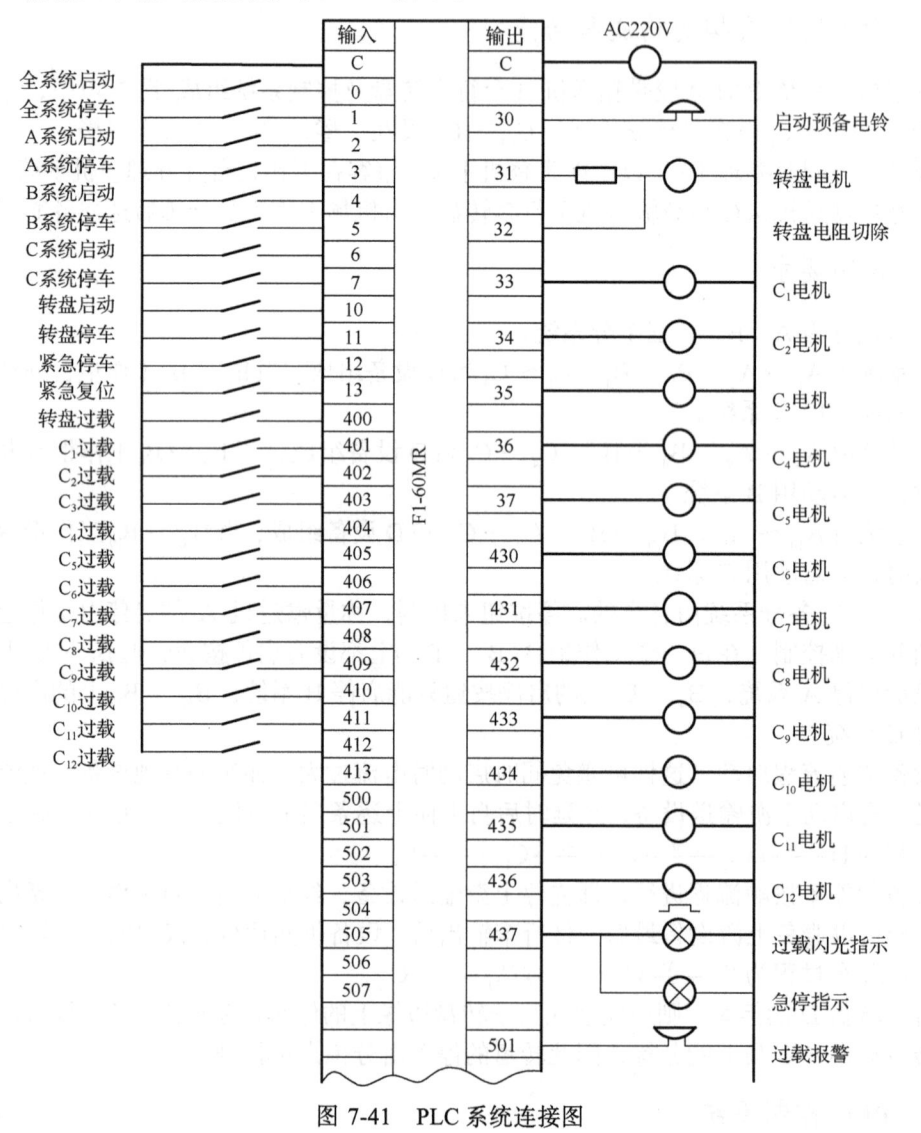

图 7-41　PLC 系统连接图

2) 软件设计

软件设计主要分以下两方面进行：①启动逆流程序设计；②停车顺流程序设计。

然后将两个程序的结果加以综合得到启停综合程序，如图 7-42 所示，图中只列举了 C 系统启停程序和综合程序。

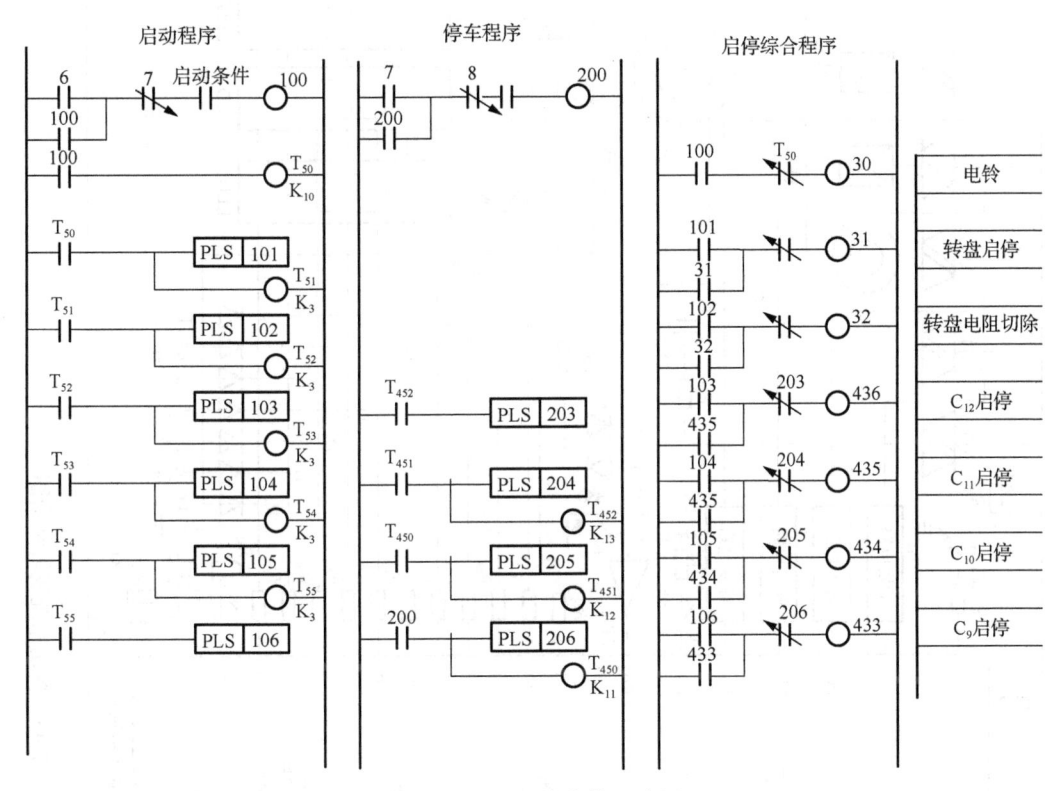

图 7-42　C 系统启停程序图

7.3.2　全自动洗衣机

家用电器大部分是机电一体化系统，其中全自动洗衣机是典型的机电一体化系统。传统洗衣机有两种：一种是机械控制方式，另一种是单片机控制方式。无论采用什么方式，它们都需人工选择洗涤程序、选择衣质和衣量，然后才能投入工作。从本质上讲，这种洗衣机还称不上全自动的，最多只能称为是半自动的。

用 MC6805R3 控制的模糊洗衣机和传统的洗衣机有很大的区别，它能自动识别衣质、衣量，自动识别肮脏程度，自动决定水量，自动投入恰当的洗涤剂，从而全部自动地完成整个洗涤过程。由于洗涤程序是通过模糊推理决定的，故有着极高的洗涤效能，不但显著提高了洗衣机的全自动化程度，也提高了洗涤的质量。在整个控制过程中，单片机 MC6805R3 和模糊控制软件起了决定性的作用。

1. 全自动洗衣机单片机控制系统结构

单片机 MC6805R3 对洗衣机的控制系统逻辑结构如图 7-43 所示。这个系统中包括电源电路、洗衣机状态检测电路、显示电路和输出控制电路。

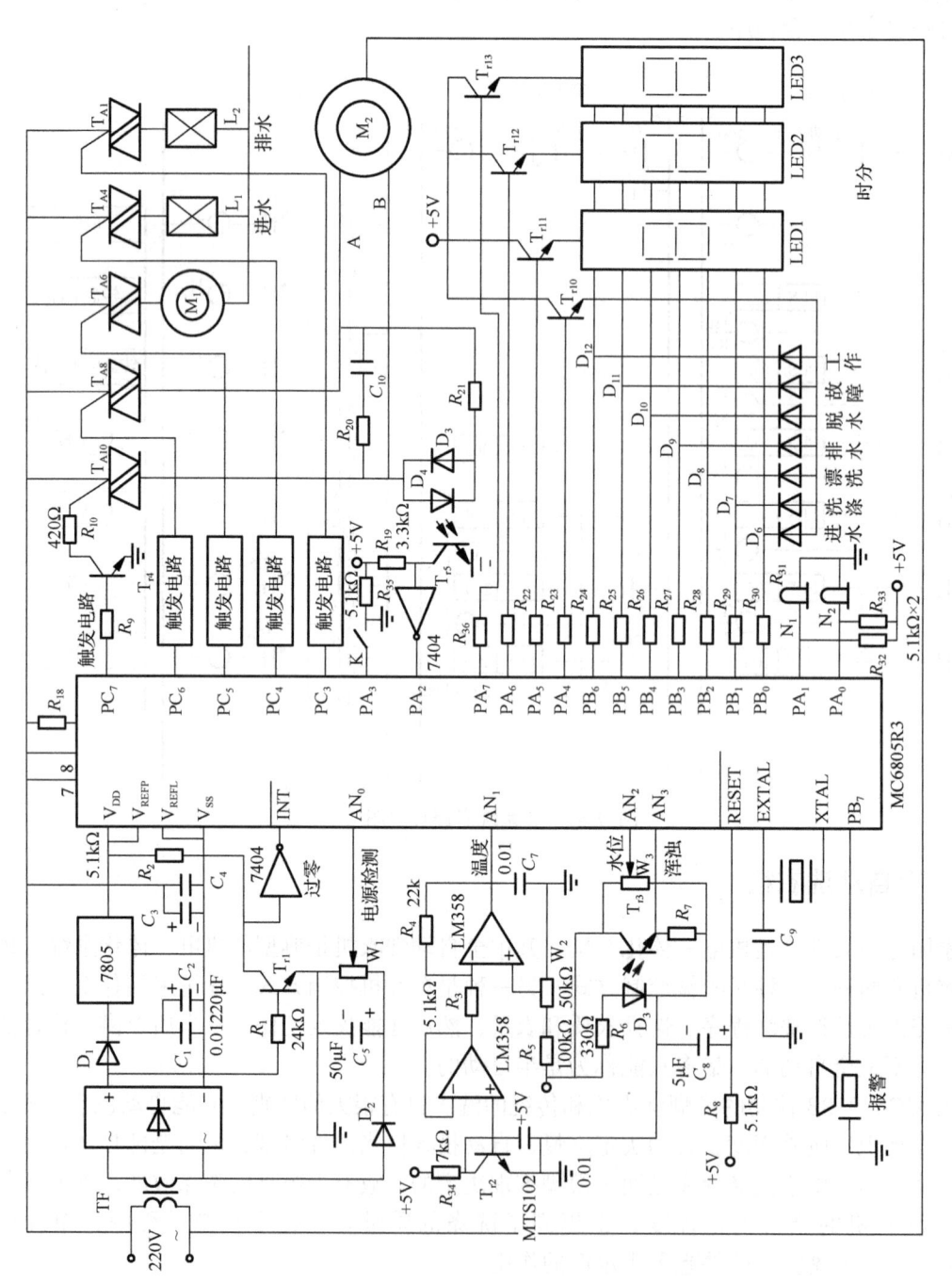

图 7-43 控制系统逻辑结构图

1) 电源电路

电源电路由变压器 TF、桥式整流器、滤波电容和集成稳压电路 7805 组成。电源电路中还有二极管 D_1，它用于隔离滤波电容与桥式整流电路，使之进行过零检测。7805 输出的+5V 电压和交流电源的一端相接，以组成双向晶闸管的直接触发电路。

2) 洗衣机状态检测电路

洗衣机状态检测电路一共有七个。它们分别是内桶平衡检测电路、衣质衣量检测电路、过零检测电路、电源电压检测电路、水位检测电路、浑浊度检测电路、温度检测电路。

(1) 内桶平衡检测电路由平衡开关 K 和电阻 R_{35} 组成，它用于检测内桶运行时的状态是否平衡稳定。

(2) 衣质衣量检测电路由电动机 M_2，二极管 D_4、D_5，电阻 R_{21}、光敏三极管 T_{r5}、电阻 R_{19} 和反相器 7404 组成。其中 D_4 是发光二极管，它和 T_{r5} 组成光电耦合管，用于隔离交直流信号以及产生衣质信号和衣量信号。

(3) 过零检测电路由电阻 R_1、R_2，以及晶体管 T_{r1} 和反相器 7404 组成。当桥式整流器产生全波整流信号输出时，通过 R_1 送到晶体管 T_{r1} 的基极，当整流信号为正时，T_{r1} 导通，整流信号为 0 时，T_{r1} 截止；T_{r1} 输出的信号再由 7404 反相之后送到单片机 $\overline{\text{INT}}$ 端。很明显，只要电源过零就会产生中断请求信号。

(4) 电源电压检测电路由整流二极管 D_2、滤波电容 C_5 和调整电位器 W_1 组成。由于 D_2 只是进行半波整流，所以当电源下降时，电位器 W_1 的抽头也会较灵敏地反映出电源下降的情况。电源电压的变化情况由单片机的 AN_0 端进行检测。

(5) 水位检测电路由电位器 W_3 和相应的机械部件组成。当水位变化时会使 W_3 的中间抽头产生位移，故送到单片机 AN_2 端的信号大小也产生变化。

(6) 浑浊度检测电路由红外发光管 D_3、红外接收管 T_{r3} 和有关电阻组成。被检测的水从 D_3 和 T_{r3} 之间流过，由于不同浑浊度的水从中流过，红外信号的强弱不同，故送到单片机 AN_3 端的信号大小反映了衣服的肮脏程度。

(7) 温度检测电路由 MTS102、LM358，以及有关电阻、电容组成。其中 MTS102 是水温检测器。第一级 LM358 用作阻抗隔离器，第二级 LM358 用作放大器，检测结果送到单片机 AN_1 端。

3) 显示电路

显示电路由晶体管 $T_{r10} \sim T_{r13}$、发光二极管 $D_6 \sim D_{12}$、七段发光二极管显示器 LED1～LED3 和相应的电阻组成。其中晶体管 $T_{r10} \sim T_{r13}$ 作为扫描开关管，用于选择 $D_6 \sim D_{12}$ 和 LED1～LED3；而 LED1～LED3 用于显示定时时间；$D_6 \sim D_{12}$ 用于显示洗衣机的现行工作状态。

4) 输出控制电路

输出控制电路由触发电路和相应的双向晶闸管组成，控制电路共有五种。L_1 是进水电磁阀，L_2 是排水电磁阀，M_1 是洗涤剂投入电动机，M_2 是主电动机。其中双向晶闸管 T_{A8}、T_{A10} 用于控制主电动机 M_2 的正反转；T_{A6} 用于控制洗涤剂投入电动机；T_{A4} 用于控制进水电磁阀；T_{A1} 用于控制排水电磁阀。所有的双向晶闸管都采用第Ⅱ、Ⅲ象限触发。

除了上述电路以外，还有工作启/停和状态设定电路。N_1是洗衣机全自动工作的启/停按键；N_2是功能选择按键，它可以设定洗衣机从某个程序开始进行工作。

所有的电路都在单片机的控制下工作。由于单片机有较多的I/O端口，对洗衣机这种需要检测和控制功能较多的家用电器是十分合适的，它可以使系统的逻辑结构达到十分简洁的形式。

2. 模糊全自动洗衣机的控制软件

在模糊全自动洗衣机中，浑浊度、衣质、衣量等都是通过对现行状态的检测，再通过模糊推理得出的。在模糊推理中，需要考虑推理的输入条件和输出结果。在模糊全自动洗衣机中，主要是考虑衣质、衣量、水温和浑浊度这几个条件，从这些条件求取水位、洗涤时间、水流、漂洗方式和脱水时间等。模糊全自动洗衣机的推理如图7-44所示。

从图7-44中可以看出，模糊全自动洗衣机是一个多输入/多输出的模糊推理和控制系统。在实际中，模糊推理的输入输出关系对于不同的因素有所不同。例如，浑浊度和水温可以确定洗涤剂投放的剂量和洗涤时间，而衣量、衣质等可以确定水位和水流、脱水时间等。因此，推理分为主要因素推理和顺序因素推理两种。通过这两种推理处理，不但使推理变得较为简单，而且可以在众多因素中清晰地区别出连锁关系的因素。

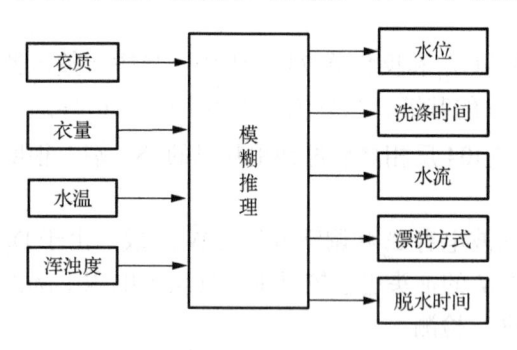

图7-44 模糊全自动洗衣机推理框图

考虑到洗衣过程中的两种情况：一种是静态的，即洗涤剂浓度；另一种是动态的，即洗衣水流及时间，也可以将推理分两大部分：洗涤剂浓度推理和洗衣推理。

洗涤剂浓度推理规则为：

(1) 如果浑浊度高，则洗涤剂投入量大；

(2) 如果浑浊度偏高，则洗涤剂投入量偏大；

(3) 如果浑浊度低，则洗涤剂投入量小。

洗衣推理规则为：

(1) 如果衣量少，衣质以化纤偏多，而且水温高，则水流为特弱，洗涤时间特短；

(2) 如果衣量多、衣质以棉布偏多，而且水温低，则把水流定为特强，洗涤时间定为特长；

……

洗衣推理如表7-9所示，它给出了洗衣推理的所有规则。很明显，这些规则的输入有三个因素，输出有两个因素，故它们也是一种多输入多输出推理。对于输入推理，各个因素的模糊量定义不同。衣量的模糊量为"多""中""少"；水温的模糊量为"高""中""低"；布质的模糊量为"强""中""弱"；时间的模糊量取"特长""长""中""短""特短"。在上述的模糊量中，各自的隶属函数都不同。水温、衣量和时间的模糊量如图7-45所示。

表 7-9 洗衣的模糊推理

衣量		水温								
		棉布偏多			棉布与化纤各半			化纤偏多		
		低	中	高	低	中	高	低	中	高
多	水流	强	强	强	强	强	中	中	中	中
	时间	特长	长	中	长	长	长	中	中	中
中	水流	强	中	中	中	中	中	中	弱	弱
	时间	长	中	短	长	中	中	中	中	短
少	水流	弱	弱	弱	弱	弱	弱	弱	弱	弱
	时间	中	中	短	中	短	短	中	短	特短

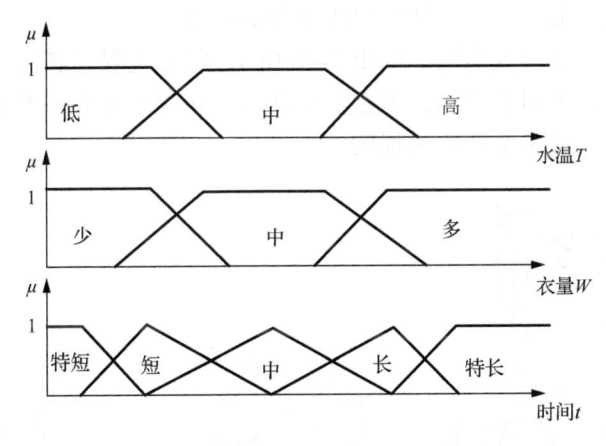

图 7-45 水温、衣量、时间的模糊量

对于主要因素推理和顺序因素推理这两种推理，它们之间有着隐含的推理关系。

主要因素推理是以采用人的思维中"主要因素起决定作用"原理执行的，在这种原理中，抛弃各种次要因素，以简明的形式产生因素少的推理原则，便于进行处理。顺序因素推理则是把前一种推理的结果作为本次推理的输入，从而推理出新的结果。在洗衣机中，如果考虑浑浊度、洗涤剂投入量、水流、洗涤时间等因素的推理，作为主要因素推理显然有：

如果浑浊度高，洗涤剂投入量大；

……

从表 7-9 中也可看出另一种主要因素推理有：

如果衣量多，衣质以棉布偏多，而且水温高，则水流为强，洗涤时间为中；

……

但实际上，洗涤剂投入量大时，要求洗涤时间较长才能洗得干净，故还需考虑顺序因素推理：

如果洗涤剂投入量大，则洗涤时间长；

如果洗涤剂投入量中，则洗涤时间中；

……

当顺序因素推理和主要因素推理推出的某一个因素的隶属度不同时，采用最大原则处理；而得到某个因素的模糊量不同时，采用"大者优先"的原则处理。

3. 洗衣机物理量检测

洗衣机在洗衣过程中起决定作用的物理量有衣质、衣量、浑浊度、水温四种。物理量都需要采用一定的方法检测出来，并且转换成单片机能接受的形式送入单片机中，才能进行处理和执行模糊推理。

1) 浑浊度的检测

衣物的肮脏程度、肮脏性质和洗净程度等都需要检测，以便进行工作过程的整定和控制。浑浊度的检测采用红外光电传感器。利用红外线在水中的透光和时间的关系，通过模糊推理得出检测结果，而这个结果就可以用于控制推理。

浑浊度检测器的结构与安装情况如图 7-46 所示。红外发射管和红外接收管分别安装在排水管的两侧，在红外发射管中能以恒定电流使红外线以一定的强度发射，红外接收管中接收到的红外线强度反映了水的浑浊程度。

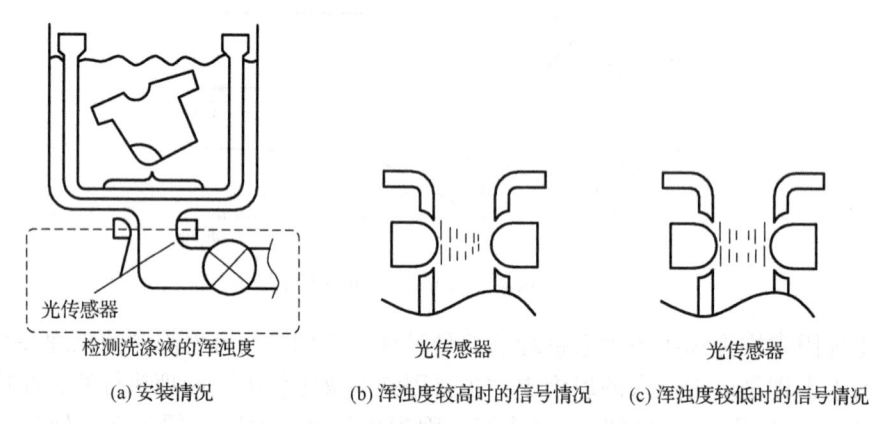

(a) 安装情况　　(b) 浑浊度较高时的信号情况　　(c) 浑浊度较低时的信号情况

图 7-46　浑浊度检测器的结构与安装

图 7-46(a)表示红外光电传感器的安装情况；图 7-46(b)和(c)表示水的浑浊度较高和较低时红外线透光率变化的情况。

根据红外接收管所接收到的红外线强度，就可以得出水的浑浊度。通过实验可知在洗涤过程中红外线透光率的变化情况，以及有关因素的关系，这种关系如图 7-47 所示。图 7-47(a)给出了洗涤开始到漂洗结束的整个过程透光率的变化曲线。从曲线中可以看出，随着洗涤的开始，衣物中的脏物溶解于水，使透光率下降；同时，随着洗涤剂的投入，衣物中的污物进一步溶解和脱落于水，故透光率进一步下降，并达到一个最低值，然后随着漂洗的进行，衣物变干净，水质也变清，从而使红外线透光率渐渐升高，最后达到初始值。一般而言，当透光率再次达到初始值时，说明衣服洗涤干净，这时可以停止漂洗。

图 7-47(b)表示了衣物轻度污脏和重度污脏进行洗涤时红外线透光率的变化曲线。重污时，透光率较差；轻污时，透光率较高。利用这种特性可以判别衣物的污脏程度。图 7-47(c)表示了衣物的污脏性质。油污时透光率较高，泥污时透光率较低。图 7-47(d)表示了洗涤剂

的类型。液体洗涤剂的透光率高,粉末洗涤剂的透光率较低。按照图 7-47 给出的透光曲线,就可以根据洗衣机中水的透光率来判别衣物的污脏程度、污脏性质,以及洗涤剂的种类,从而可以按此进行洗涤过程控制。

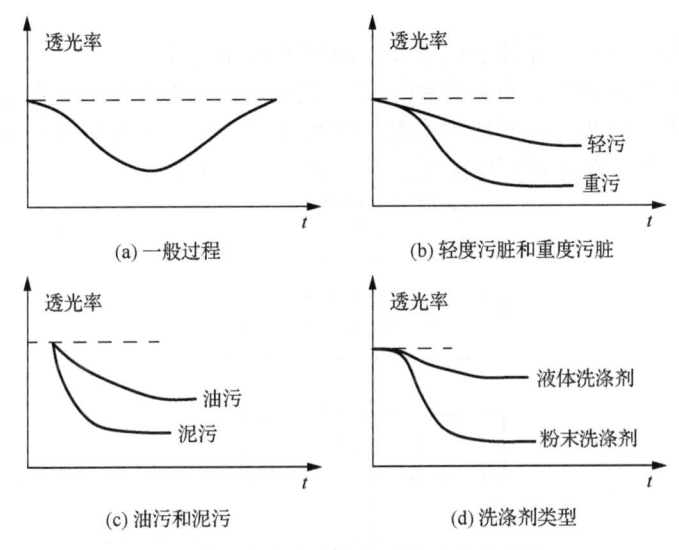

图 7-47 洗涤全过程的透光率变化曲线

2) 衣量和衣质的检测

衣量和衣质的检测是在洗涤之前进行的。在水位一定的时候,衣量和衣质的不同就会产生不同的布阻抗。通过给定一定的水位,然后在这个给定水位条件下使主电动机进行间断旋转,则不同布阻抗就会使主电动机制动的性能不同,利用主电动机在不同布阻抗时的制动特性,就可以推断出衣质和衣量。不同衣质和衣量的布阻抗曲线如图 7-48 所示。从图中可知,硬质布的布阻抗较高,软质布的布阻抗较低,但两者有同样的布阻抗区间。

在进行衣质和衣量检测时,首先注入一定的水位,然后启动主电动机旋转,接着断电让主电动机以惯性继续运转直到停止。在主电动机断电的时间内,由于主电动机的惯性,所以它处于发电机状态,并且会产生感应电势输出。布阻抗的大小不同,使主电动机处于发电机状态的时间长短不同,只要检测出主电动机处于发电机状态的时间长短,就可以反过来推理出布阻抗的大小。当然,主电动机发电时间长,布阻抗就小;主电动机发电时间短,布阻抗就高。

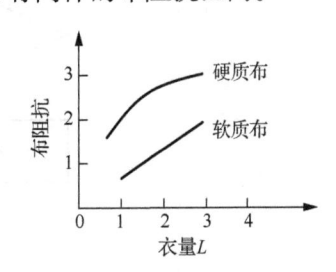

图 7-48 布阻抗曲线

通过对主电动机的正反转控制绕组输出电势的整流和检测,由光电隔离后形成脉冲信号送入单片机,而单片机只要计算出主电动机在停电时产生的计数脉冲个数就可以知道布阻抗的大小。脉冲个数多,布阻抗小;反之亦然。在得出布阻抗之后,通过模糊推理就可以产生相应的布质及布量。

3) 水温的检测

水温一般为 4~40℃,在一些特殊的洗衣机中,有时会加入热水,水温较高,但水温一般不会超过 60℃，因为水温太高对衣服有损坏。水温检测采用线性度好、对温度敏感的温度传感器 MTS102。

4. 控制软件

控制软件由主控程序、各种子程序和中断服务程序组成。

主控程序如图 7-49 所示。所有模糊推理在洗涤之前都基本执行完毕，所以在程序判别出是启动之后，就开始进行一系列的检测工作和推理工作。在推理工作完成之后，开始进行洗涤工作。在洗涤过程中若产生故障，则系统会自动报警。

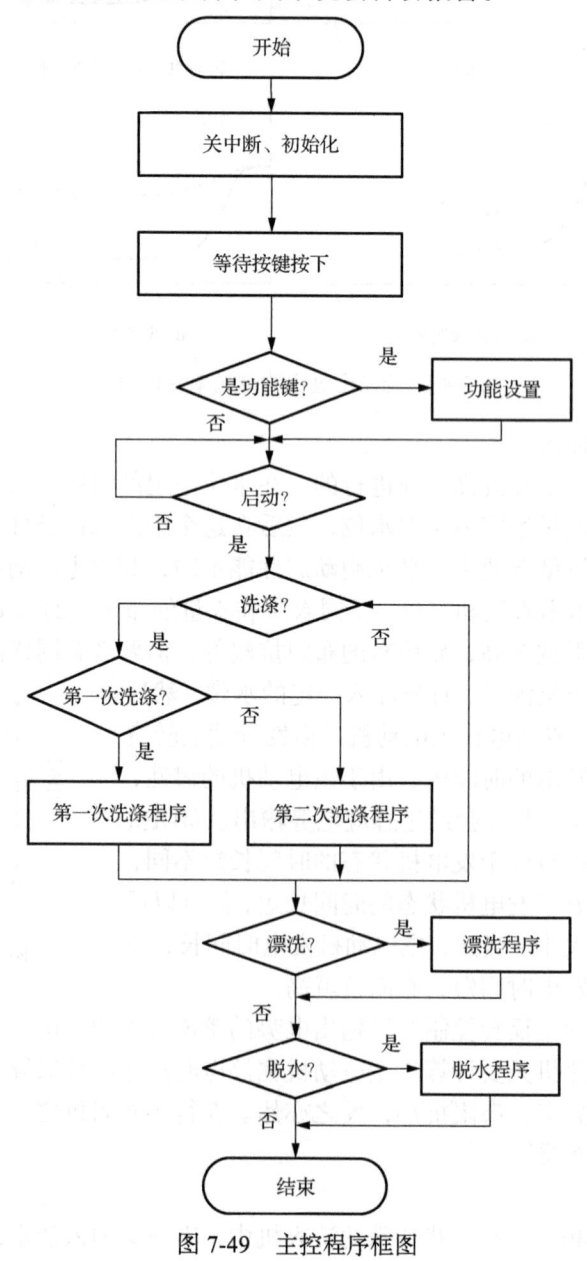

图 7-49 主控程序框图

习 题

7-1 试按机电一体化系统的六个结构要素对全自动洗衣机的各个组成部分进行分类。

7-2 设计一个教学机器人,要求它能实现分拣、码垛等功能,具体要求为:

(1) 具有 6 个自由度,串联关节型;

(2) 工作半径为 580mm;

(3) 抓重 2kg;

(4) 最大速度为 0.17m/s;

(5) 位置精度为±3mm;

(6) 工作范围:第 1 轴的工作范围为±150°,第 2 轴的工作范围为±100°,第 3 轴的工作范围为±70°,第 4 轴的工作范围为±150°,第 5 轴的工作范围为±120°,第 6 轴的工作范围为±160°;

(7) 工作环境:学校实验室。

试写出设计该教学机器人的工程路线。

习题参考答案

扫描下面的二维码即可查看和下载习题参考答案。

下载习题参考答案

参 考 文 献

戴夫德斯·谢蒂, 理查德 A. 科尔克, 2016. 机电一体化系统设计[M]. 薛建彬, 朱如鹏, 译. 北京: 机械工业出版社.
丁金华, 王学俊, 魏鸿磊, 2019. 机电一体化系统设计[M]. 北京: 清华大学出版社.
方红, 唐毅谦, 喻晓红, 等, 2020. 计算机控制技术[M]. 2版. 北京: 电子工业出版社.
龚仲华, 2021. FANUC 工业机器人从入门到精通[M]. 北京: 化学工业出版社.
郭健, 张立勋, 王岚, 2019. 机械电子学[M]. 3版. 哈尔滨: 哈尔滨工程大学出版社.
郭文松, 刘媛媛, 2017. 机电一体化技术[M]. 北京: 机械工业出版社.
洪华杰, 张连超, 范世珣, 2020. 机电控制系统设计与应用[M]. 北京: 国防工业出版社.
机电一体化技术手册编委会, 1994. 机电一体化技术手册[M]. 北京: 机械工业出版社.
姜培刚, 2021. 机电一体化系统设计[M]. 2版. 北京: 机械工业出版社.
梁景凯, 刘会英, 2020. 机电一体化技术与系统[M]. 2版. 北京: 机械工业出版社.
刘龙江, 2019. 机电一体化技术[M]. 3版. 北京: 北京理工大学出版社.
王立权, 弓海霞, 陈曦, 等, 2018. 机电控制与可编程控制器技术[M]. 北京: 高等教育出版社.
闻邦椿, 2020. 机械设计手册. 机电一体化技术及设计: 单行本[M]. 6版. 北京: 机械工业出版社.
曾励, 竺志大, 2020. 机电一体化系统设计[M]. 2版. 北京: 高等教育出版社.
张立勋, 2003. 机电一体化系统设计基础[M]. 北京: 中央广播电视大学出版社.
张立勋, 黄筱调, 王亮, 2007. 机电一体化系统设计[M]. 北京: 高等教育出版社.
赵松年, 2004. 机电一体化系统设计[M]. 北京: 机械工业出版社.